21世纪高等学校规划教材 | 计算机科学与技术

操作系统原理

韩其睿 主编

清华大学出版社
北京

内 容 简 介

本书是一本为高等学校师生编写的教材，讲述了当代操作系统的基本原理，全书由7章组成，详细介绍了进程的概念、进程间通信、线程、信号量、消息传递、处理机调度、存储管理、输入/输出设备管理、文件系统等。考虑到实验教学的要求，本书安排了Linux操作系统的一些实例，还配有丰富的习题以及习题答案。

本书可作为高等学校计算机技术、软件工程、网络工程专业学生的教材，也可供相关技术人员参考。

图书在版编目(CIP)数据

操作系统原理/韩其睿主编. —北京：清华大学出版社，2013(2022.8重印)
21世纪高等学校规划教材·计算机科学与技术
ISBN 978-7-302-32725-7

Ⅰ.①操… Ⅱ.①韩… Ⅲ.①操作系统—高等学校—教材 Ⅳ.①TP316

中国版本图书馆CIP数据核字(2013)第130858号

责任编辑：刘向威 王冰飞
封面设计：傅瑞学
责任校对：白 蕾
责任印制：刘海龙

出版发行：清华大学出版社
网 址：http://www.tup.com.cn，http://www.wqbook.com
地 址：北京清华大学学研大厦A座 **邮 编**：100084
社 总 机：010-83470000 **邮 购**：010-62786544
投稿与读者服务：010-62776969，c-service@tup.tsinghua.edu.cn
质量反馈：010-62772015，zhiliang@tup.tsinghua.edu.cn
课件下载：http://www.tup.com.cn，010-83470236
印 装 者：三河市龙大印装有限公司
经 销：全国新华书店
开 本：185mm×260mm **印 张**：13.75 **字 数**：333千字
版 次：2013年8月第1版 **印 次**：2022年8月第11次印刷
印 数：14001～15000
定 价：39.00元

产品编号：051040-02

出版说明

随着我国改革开放的进一步深化，高等教育也得到了快速发展，各地高校紧密结合地方经济建设发展需要，科学运用市场调节机制，加大了使用信息科学等现代科学技术提升、改造传统学科专业的投入力度，通过教育改革合理调整和配置了教育资源，优化了传统学科专业，积极为地方经济建设输送人才，为我国经济社会的快速、健康和可持续发展以及高等教育自身的改革发展做出了巨大贡献。但是，高等教育质量还需要进一步提高以适应经济社会发展的需要，不少高校的专业设置和结构不尽合理，教师队伍整体素质亟待提高，人才培养模式、教学内容和方法需要进一步转变，学生的实践能力和创新精神亟待加强。

教育部一直十分重视高等教育质量工作。2007 年 1 月，教育部下发了《关于实施高等学校本科教学质量与教学改革工程的意见》，计划实施"高等学校本科教学质量与教学改革工程"（简称"质量工程"），通过专业结构调整、课程教材建设、实践教学改革、教学团队建设等多项内容，进一步深化高等学校教学改革，提高人才培养的能力和水平，更好地满足经济社会发展对高素质人才的需要。在贯彻和落实教育部"质量工程"的过程中，各地高校发挥师资力量强、办学经验丰富、教学资源充裕等优势，对其特色专业及特色课程（群）加以规划、整理和总结，更新教学内容、改革课程体系，建设了一大批内容新、体系新、方法新、手段新的特色课程。在此基础上，经教育部相关教学指导委员会专家的指导和建议，清华大学出版社在多个领域精选各高校的特色课程，分别规划出版系列教材，以配合"质量工程"的实施，满足各高校教学质量和教学改革的需要。

为了深入贯彻落实教育部《关于加强高等学校本科教学工作，提高教学质量的若干意见》精神，紧密配合教育部已经启动的"高等学校教学质量与教学改革工程精品课程建设工作"，在有关专家、教授的倡议和有关部门的大力支持下，我们组织并成立了"清华大学出版社教材编审委员会"（以下简称"编委会"），旨在配合教育部制定精品课程教材的出版规划，讨论并实施精品课程教材的编写与出版工作。"编委会"成员皆来自全国各类高等学校教学与科研第一线的骨干教师，其中许多教师为各校相关院、系主管教学的院长或系主任。

按照教育部的要求，"编委会"一致认为，精品课程的建设工作从开始就要坚持高标准、严要求，处于一个比较高的起点上。精品课程教材应该能够反映各高校教学改革与课程建设的需要，要有特色风格、有创新性（新体系、新内容、新手段、新思路，教材的内容体系有较高的科学创新、技术创新和理念创新的含量）、先进性（对原有的学科体系有实质性的改革和发展，顺应并符合 21 世纪教学发展的规律，代表并引领课程发展的趋势和方向）、示范性（教材所体现的课程体系具有较广泛的辐射性和示范性）和一定的前瞻性。教材由个人申报或各校推荐（通过所在高校的"编委会"成员推荐），经"编委会"认真评审，最后由清华大学出版社审定出版。

目前，针对计算机类和电子信息类相关专业成立了两个“编委会”，即“清华大学出版社计算机教材编审委员会”和“清华大学出版社电子信息教材编审委员会”。推出的特色精品教材包括：

（1）21世纪高等学校规划教材·计算机应用——高等学校各类专业，特别是非计算机专业的计算机应用类教材。

（2）21世纪高等学校规划教材·计算机科学与技术——高等学校计算机相关专业的教材。

（3）21世纪高等学校规划教材·电子信息——高等学校电子信息相关专业的教材。

（4）21世纪高等学校规划教材·软件工程——高等学校软件工程相关专业的教材。

（5）21世纪高等学校规划教材·信息管理与信息系统。

（6）21世纪高等学校规划教材·财经管理与应用。

（7）21世纪高等学校规划教材·电子商务。

（8）21世纪高等学校规划教材·物联网。

清华大学出版社经过三十多年的努力，在教材尤其是计算机和电子信息类专业教材出版方面树立了权威品牌，为我国的高等教育事业做出了重要贡献。清华版教材形成了技术准确、内容严谨的独特风格，这种风格将延续并反映在特色精品教材的建设中。

清华大学出版社教材编审委员会
联系人：魏江江
E-mail：weijj@tup.tsinghua.edu.cn

前言

本书是一本为高等学校师生编写的教材，旨在介绍操作系统的概念、结构和原理，目标是向读者展现操作系统的本质特点。

操作系统作为计算机系统软件的核心，无论理论上还是实践上都有着丰富的内容。计算机系统和用途多种多样，包括面向单用户的个人计算机、中等规模的共享系统、大型计算机和超级计算机以及诸如实时系统的专门系统，适应它们的操作系统也在不断地发展。这些操作系统在结构上、原理上和技术上各有不同的特点。

虽然操作系统多种多样，但是一些基本概念和原理被广泛使用，构成操作系统的理论基础。本书比较详细地讨论了操作系统原理，包括进程的概念、进程间通信、线程、信号量、消息传递、调度算法、存储管理、输入/输出设备管理、文件系统等。

全书共分7章：第1章简要介绍系统硬件结构，操作系统的概念、功能、特征、结构、发展历史、类型等。第2章主要讨论进程和线程的概念，包括进程状态、控制、组织和进程通信。第3章主要讨论处理机管理、调度策略和算法。第4章详细介绍进程的竞争与死锁的处理方法。第5章介绍存储管理的概念和方法。第6章对文件系统做详细介绍，包括磁盘的组织、文件的目录结构、文件保护和文件共享等内容。第7章讨论输入/输出管理，包括I/O控制方式、缓冲技术等。考虑到实验教学的要求，每一章最后都根据本章介绍的原理给出了Linux系统实例。

Linux操作系统作为目前一种主流操作系统，具有一系列的优点。Linux系统的一个重要特点是其源代码的开放性，这为操作系统的学习和实践提供了方便。

本书第1章由韩其睿编写；第2章第1节至第3节由任淑霞编写，第4节至第7节由姚清爽编写；第3章由王佳欣编写；第4章第1节至第4节、第7节由马洁编写，第5节、第6节由冯堃编写；第5章第1节、第2节由孙学梅编写，第3节至第5节由赵茜编写；第6章由李昕编写；第7章由陈香凝编写。全书由韩其睿负责审阅定稿。

编 者

2013年6月

目 录

第1章 计算机系统概述

本章简要介绍计算机系统、计算机硬件结构及其相应的技术；讨论操作系统的定义、地位、特征、功能等；介绍操作系统的发展历史和分类；并对现代操作系统的结构进行论述；最后分别介绍 UNIX 系统、Linux 系统和 Windows 系统的发展、结构和特点。

当今计算机系统由硬件系统和软件系统两大部分组成。硬件系统是指计算机的物理设备，包括 CPU、存储器、输入/输出控制器和总线等。软件系统是各种程序和数据的集合。硬件系统是软件系统运行的基础，软件系统对硬件系统的功能进行扩充和完善。硬件系统和软件系统的有机结合构成了功能强大的计算机系统。计算机系统所有的硬件和软件，统称为计算机的资源。人们总是希望能够充分、有效、方便地利用计算机的所有资源，操作系统(Operating System，OS)正是因此而发展起来的。

1.1 计算机硬件结构

硬件是计算机系统的核心，单纯的硬件系统通常称为裸机。硬件系统是计算机系统快速可靠工作的基础，操作系统在硬件基础上工作，并对硬件资源进行控制和管理。随着电子技术的发展，计算机硬件技术不断地改进和创新，同时影响着操作系统的发展。因此掌握一些硬件知识对理解操作系统的原理和技术是必要的。

1.1.1 基本构成

计算机硬件系统有 4 个主要的结构化部件，它们是：处理器(控制器和运算器)、主存储器、输入/输出模块(I/O 控制器、外部设备)和系统总线。这些部件以某种方式连接，协同工作，以实现计算机的执行程序这一主要功能。硬件系统连接结构如图 1-1 所示。

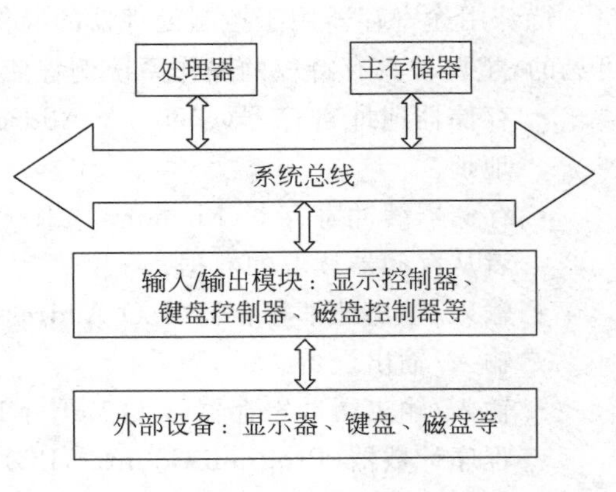

图 1-1 计算机硬件系统连接结构

1. 处理器(Processor)

处理器用于控制计算机的操作，执行数据处理功能，是计算机硬件的核心，又称 CPU (Central Processing Unit)，处理器由控制器、运算器和一组寄存器组成。

2. 主存储器(Main Memory)

主存储器又称内存,用于存储数据和程序。处理器需要的程序和数据都在主存储器中存放,处理器与主存储器直接交换信息。其他部件与处理器的信息交换要通过主存储器。

3. 输入/输出模块(I/O Modules)

输入/输出模块用于完成用户信息(程序和数据)和计算机能处理的二进制信息之间的变换和移动。输入/输出模块包括一些通信设备、终端、辅助存储器和I/O控制器等。

4. 系统总线(System Bus)

系统总线是为处理器、主存储器和输入/输出模块之间提供信息通信的设施。

按照冯·诺依曼型计算机工作原理,用户使用输入设备将程序和数据通过I/O模块送入到主存储器中,处理器则从主存储器中逐条取出程序指令,按指令要求完成读取数据、处理数据、写入数据等操作,并将最终处理结果通过I/O模块交由输出设备输出。整个运行过程都是在处理器的控制下完成的,指令和数据都通过系统总线来传送。

1.1.2 处理器

处理器由控制器和运算器组成。控制器负责根据读入的指令决定计算机的操作,如:是否访问I/O设备,是否访问内存或者是否进行数据运算。运算器负责对数据进行加减乘除等算术运算和比较两个数大小等逻辑运算。计算机的全部工作都是在处理器的控制下进行的。如何有效地使用处理器一直是计算机技术研究的重要内容。

1. 寄存器

处理器中包括一组寄存器(Register),有的处理器有上百个寄存器。它们提供一定的存储能力。寄存器的访问速度快但价格昂贵。处理器将指令和数据先加载到寄存器中,然后再进行处理,这样可以提升处理器的处理速度。寄存器可分为特殊用途寄存器和一般用途寄存器。

特殊用途寄存器用于控制处理器的操作,在大多数计算机中,此类寄存器对于用户是不可见的,主要被具有特权的操作系统例程使用。这类寄存器包括:

- 存储器地址寄存器(Memory Address Register,MAR),存放下一次读写的存储器地址。
- 存储器缓冲寄存器(Memory Buffer Register,MBR),存放将要写入存储器的数据或者从存储器读取的数据。
- 输入/输出地址寄存器(I/O Address Register,I/O AR),存放下一次读写的特定的输入/输出设备。
- 输入/输出缓冲寄存器(I/O Buffer Register,I/O BR),存放将要输入/输出的数据。
- 程序计数器(Program Counter,PC),存放下一次读取指令的存储器地址。
- 指令寄存器(Instruction Register,IR),存放从主存储器中取出的指令。

一般用途寄存器用于存取数据和内存地址，如数据寄存器(Data Register)和地址寄存器(Address Register)等。此类寄存器对于用户是可见的。由于寄存器的存取速度比主存储器的存取速度快，用户在编程时可以优先使用这些寄存器，减少处理器对主存储器的访问次数，提高处理器的使用效率。

2. 指令的执行

计算机按照程序进行工作。程序是计算机指令的集合。程序存放在内存中。计算机执行程序时，每次在内存中取出一条指令，执行该指令；然后再取下一条指令并执行。程序执行是由不断重复的取指令和执行指令过程组成的。一个单一的指令需要的处理称为一个指令周期，其过程如图 1-2 所示。

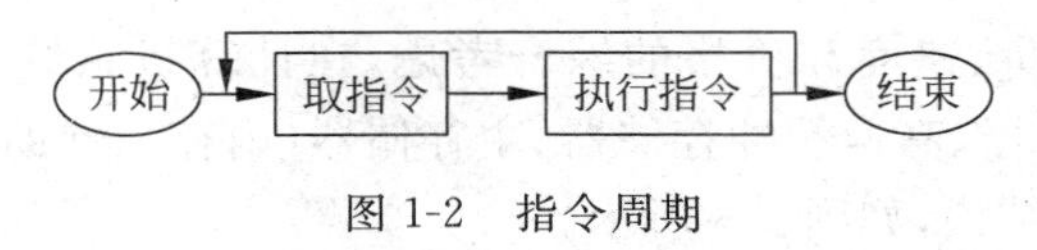

图 1-2　指令周期

在每个指令周期的开始，处理器从存储器中取一条指令，指令的地址靠程序计数器保存。一般情况下，每执行完一条指令后，程序计数器总是按顺序指向下一条指令。取出的指令存入处理器的一个寄存器中，该寄存器称为指令寄存器，处理器根据指令的操作内容执行操作。这些操作动作一般包括如下几种。

- 数据传输：将数据在内存和寄存器间进行传递。
- 输入/输出：通过 I/O 模块将数据传送到输出设备或从输入设备输入数据。
- 数据处理：对数据执行算术运算或逻辑运算。
- 程序控制：某些指令可以改变程序的执行顺序。处理器可从该类指令中取出下一条指令在内存中的位置，并将其保存在程序计数器中。

人们利用计算机的指令，可以编写出功能强大的各种复杂程序，计算机通过处理器按程序不断地取出指令，执行指令，如此反复，完成各项任务。

3. 数据交换

计算机的主要功能是处理数据。计算机处理器一般只与内存交换数据。要处理的数据先装入内存，处理器根据指令从内存中取出数据，进行处理，处理后的数据也是先送到内存，然后再送到其他设备(如输出设备或磁盘)。内存与外部设备的数据交换是在处理器的控制下完成的。这是计算机数据交换的主要方式。

为了减轻处理器的压力，在某些情况下，允许 I/O 模块直接与内存交换数据，现在大多数控制器都提供了这种功能，称为直接内存存取(Direct Memory Access，DMA)。此时处理器允许 I/O 模块具有对存储器读写数据的特权，这样 I/O 设备与存储器之间的数据传递就无须通过处理器来完成。

另外为了加快处理数据的速度，有些 I/O 模块可以与处理器直接交换数据，正如处理器可以通过指定存储单元的地址启动对存储器的读写一样，处理器可以不经过内存，直接从 I/O 模块中读数据，送入到处理器的寄存器；或将处理器的寄存器中的数据直接写向 I/O 模块。

1.1.3 存储设备

计算机处理的信息都在存储设备上存储。计算机存储器的设计目标归纳为3个问题：容量、速度和价格。从计算机的性能方面来看，存储器的存储容量越大越好，存储器的存储容量大，才能将大型软件一次存入并运行；存储器的速度越快越好，为了达到最佳性能，存储器的存取速度最好能跟得上处理器的速度，这样计算机系统的整体速度才能提高。但是，大的容量和快的速度是建立在高的价格上的。在实际的计算机系统中，存储器的设计往往是综合考虑容量、速度和价格因素给出的折中方案。

1. 存储器的层次结构

基于对存储器的容量、速度和价格的综合考虑，在计算机系统中使用多种不同的存储器，它们一般包括：寄存器、高速缓冲存储器、主存储器(内存)、辅助存储器(外存)。这些存储器大都采用一种层次结构，如图1-3所示。

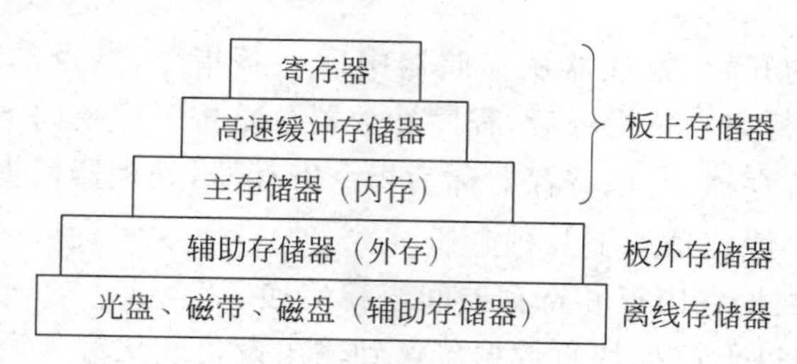

图1-3 存储器的层次结构

速度最快的寄存器是交换数据最频繁的器件，它和控制器、计算器一起放在处理器的芯片上，以充分提高系统效率。寄存器价格较贵，因此容量较小。

与处理器直接打交道的内存采用了速度较快的半导体存储器，计算机工作时，处理机频繁地与内存交换信息，因此，内存的速度是至关重要的，它直接影响计算机系统的速度。由于半导体存储器价格贵，因此其容量往往做得不是很大。

处理器的速度远远高于主存储器的存取速度，因此使用高速缓存作为主存储器和处理器的寄存器之间的数据移动的缓冲，可以提升系统的性能。

存储容量较大的辅助存储器采用较为便宜的磁盘存储器，但其存取速度较慢。它作为内存储器的后备设备存在，与处理器交换信息的频率大大降低，其存取速度对计算机系统的性能影响相对较小。由于其价格便宜，可以做成大容量存储设备。

这种层次结构使得各种存储器针对各自的要求，发挥各自的优势，从而达到容量、速度和价格综合指标的最优化。

2. 寄存器

寄存器集成在处理器芯片上，详细参见1.1.2处理器部分。

3. 主存储器(内存)

主存储器又称内存，是计算机内部的主要存储器，内存可分为只读存储器(Read Only

Memory,ROM)和随机存取存储器(Random Access Memory,RAM)。ROM 中的数据是一次性写入的,之后便不能修改,常用于存放一些基本的程序和数据,如启动程序、初始化数据等。ROM 中的数据可永久保存,不会因为电源关闭而丢失。RAM 的内容则可以快速地进行读写,用于操作系统、用户程序以及数据的存放。目前使用的 RAM 通常是易失性的,即计算机关机时,RAM 中存储的内容会丢失。

4. 高速缓冲存储器

高速缓冲存储器简称高速缓存(Caching)。在计算机运行过程中,处理器需要从主存储器中取出指令和数据,并将处理的结果写入主存储器。长期以来,处理器的速度远远高于主存储器的存取速度,使得处理器经常要停下来等待从主存储器中读取数据,这就影响了计算机系统的性能。如果采用和处理器中寄存器同样的技术构造主存储器,可以大大提高主存储器的存取速度,使其和处理器的速度匹配,但是这样做成本太高。高速缓存是既可提升系统性能又不增加许多成本的重要机制。

高速缓存用于主存储器和处理器中寄存器之间的数据移动,如图 1-4 所示。由主存储器到高速缓存的数据移动为块移动,由高速缓存到处理器寄存器的数据移动为字移动。

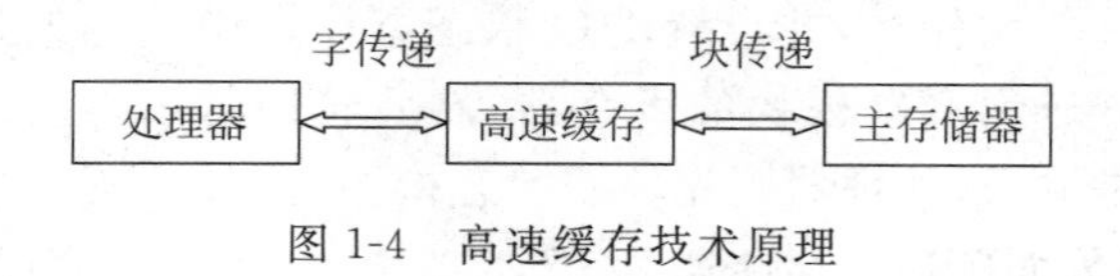

图 1-4　高速缓存技术原理

高速缓存采用存取速度接近于处理器速度的存储器,但其容量较主存储器要小很多。高速缓存器包含主存储器中部分数据的副本。当处理器要读取数据时,首先检查这个数据是否在高速缓存器中。如果在,则从高速缓存器中读取该数据;如果不在,则按照一定数量大小将该数据连同其附近的数据由主存储器送入高速缓存器,处理器再从高速缓存器中读取该数据。按照局部性原理,设计适当的高速缓存器的大小及良好的管理策略,可使得高速缓存在提升系统性能上达到良好效果。但是,如果处理不当,高速缓存非但不能提升系统性能,甚至还会使系统性能下降。

5. 磁盘

寄存器、高速缓存、主存储器都具有一类特点:速度较快、容量较小、价格较贵和数据易失性等。作为计算机系统中常见的辅助存储器的磁盘,则具有速度较慢、容量较大、价格较便宜和数据非易失性等特点。磁盘采用磁介质存储数据,在电源关闭后,磁盘中的数据仍然保存。因此,磁盘常用于存储大量的程序和数据,作为主存储器的后备,如在内存扩充技术中,将磁盘作为虚拟内存使用。除磁盘外,光盘、磁带作为辅助存储器也在广泛使用,它们都具有容量较大、价格较便宜和数据非易失性等特点。

1.1.4 I/O 结构

处理器通过总线和 I/O 模块与外部设备打交道。处理器将信息通过总线传递到 I/O 模块,I/O 模块再传递到对应的外部设备。

1. 总线(Bus)

处理机与主存储器、I/O 模块交换信息都是通过总线进行的，这些通过总线传递的信息包括数据、数据传输的地址(存储器单元的地址和外部设备的 I/O 地址)以及控制外部设备的控制信号。因此，总线一般包括数据总线(负责计算机系统各部件间的数据传送)、控制总线(负责传送对磁盘及其他外部设备的控制信号)和地址总线(负责传送要访问的存储器单元的地址和外部设备的 I/O 地址)。由于各种信号都要经过总线，总线的速度应该和处理器匹配。

2. I/O 模块

一个外部设备包括两个部分：I/O 模块和设备本身。与处理器打交道的是 I/O 模块，外部设备由 I/O 模块控制执行，外部设备与处理器的数据的交换也由 I/O 模块负责。I/O 模块中设置有若干寄存器，用于存放控制信息、状态信息和输入/输出的数据。

I/O 模块可能的技术有 3 种：可编程 I/O、中断驱动 I/O 和直接内存访问(DMA)。

1) 可编程 I/O

当处理器要执行一个 I/O 指令时，它给相应的 I/O 模块发命令，I/O 模块执行请求的动作，启动外部设备，告诉它做什么，并设置 I/O 状态寄存器中相应的位。如果是输出，处理器将主存储器中的数据送到 I/O 模块的寄存器，然后轮回状态检测寄存器，确认外部设备是否完成操作。如果是输入，处理器则先轮回状态检测寄存器，确认外部设备是否将数据准备好，之后将准备好的数据送到主存储器。

2) 中断驱动 I/O

可编程 I/O 的问题在于外部设备的执行速度相对于处理器来说是很慢的，处理器通常要等待较长的时间。在等待期间处理器要不断地询问 I/O 模块的状态，这样就降低了处理器的利用率。在中断驱动 I/O 中，处理器向 I/O 模块发布命令后并不轮回检测，而是继续做其他工作。当外部设备完成被要求的工作，I/O 模块准备好与处理器交换的数据，由 I/O 模块向处理器发出请求服务的信号，处理器响应 I/O 模块的服务请求，停止其正在处理的工作，去处理与 I/O 模块有关的任务。这种方式称为中断技术。中断驱动 I/O 方式有效地提升了处理器的利用率和系统的性能。由于计算机系通常有多个 I/O 模块，在中断驱动 I/O 模式下，处理机要弄清中断是哪个 I/O 模块发出的；当多个 I/O 模块都发出中断申请时，处理器必须决定先处理哪个中断。这些都需要一定的管理机制才能使其有条不紊地工作。

3) 直接内存访问(DMA)

中断驱动 I/O 比可编程 I/O 提高了处理器的效率，但仍需处理器干预主存储器与 I/O 模块间的数据传送。当要移动大量数据时，需要一种更有效的技术：直接内存访问(DMA)。当处理器要读或写一块数据时，它可给 DMA 模块发出一条命令，将 I/O 模块与内存间的数据传送工作交给 DMA 模块处理。DMA 模块接受指令后，独立负责传送数据块的任务。当 DMA 将整个数据块传送完毕，它向处理器发出一个中断请求。在整个数据块的传送过程中，处理器不需要参与，而且可以处理其他工作。但在传送数据期间，DMA 模块控制着总线和内存，当处理器需要使用总线传送其他数据时，它要等待 DMA 模块。这会影响处理器的效率。但总的来说，对大量 I/O 数据移动，DMA 比中断驱动 I/O 和可编程 I/O 更有效。

1.2 操作系统的概念

计算机硬件是计算机系统的基础。计算机系统所做的工作最终都靠硬件完成，计算机按照人们编写的程序驱动硬件工作。人们在使用计算机之初遇到以下两种问题：

(1) 计算机硬件的核心是控制器和运算器(CPU)，它只能执行二进制代码的指令。这些二进制代码的指令单调、枯燥、很难记忆。如果没有软件支持，用户用计算机干任何事情都要直接使用二进制代码指令，这非常不便。因此需要提供一种软件，使人们能够方便地使用计算机系统。

(2) 计算机系统包含了多种硬件设备，这些硬件各有不同用途，发挥着各自的作用，但是它们需要相互配合，相互协调。为了提升计算机系统整体性能，计算机的硬件结构采用了多项技术，这些技术的应用增加了硬件间相互配合的困难。因此需要提供一种软件，对这些硬件资源进行有效的控制和管理，使系统高效地运行。

操作系统就是这样一种计算机软件，其目标就是要解决以上问题。操作系统的出现和发展使得计算机系统更易于使用。操作系统以更有效的方式使用计算机系统的各种资源。

1.2.1 操作系统的定义与地位

1. 操作系统的定义

下面给出操作系统定义如下：

操作系统是计算机系统中的一个系统软件，它能有效地控制和管理计算机系统中的硬件及软件资源；合理地组织计算机系统的工作流程；提供用户与计算机硬件之间的软件接口，使用户能够方便、有效、安全、可靠地使用计算机；使整个计算机系统高效地运行。

2. 操作系统的地位

计算机系统是硬件和软件结合而成的一个复杂的整体，其中硬件包括处理器、主存储器、I/O控制器、外部设备和系统总线，软件包括操作系统、编译程序、编辑程序、各种工具软件以及各种应用程序等。它们各处于不同的地位，起着各自不同的作用。图1-5给出了计算机系统的层次结构。

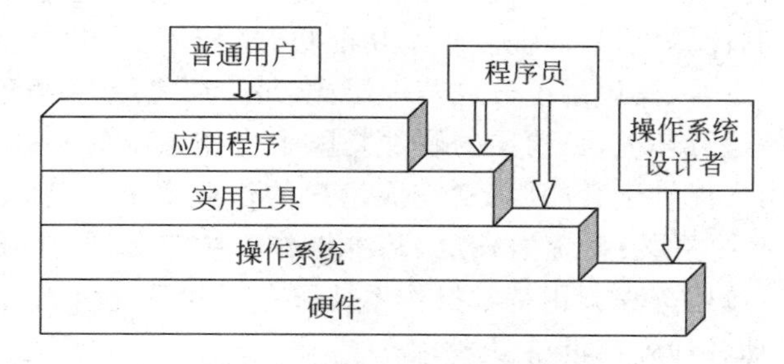

图1-5　计算机系统的层次结构

硬件是计算机系统的核心，操作系统是与硬件直接相邻的第一层软件，它对硬件进行管理，对硬件功能进行扩充。其他软件则是建立在操作系统之上的，在操作系统的支持下完成丰富多彩的任务。应用软件是紧邻用户的一层软件，用户使用应用软件完成各项工作任务。程序员利用编译程序、编辑程序、各种工具软件来开发应用软件。应用程序的开发、运行都要在操作系统的支持下完成。操作系统在计算机系统中占有十分重要的地位。当今的计算机都需在其硬件平台上加载相应的操作系统，才能构成一个可以协调运转的计算机系统。

1.2.2 如何理解操作系统

1. 操作系统是一种软件

操作系统是一种软件，它具有一般软件的特点。它的外部形式，即它的操作命令定义集和它的界面，完全确定了操作系统这个软件的使用方式，比如操作系统的各种命令、各种系统调用及其语法定义。研究操作系统要从这些外部特征上把握操作系统性能。

操作系统是一种系统软件，与一般应用软件的结构不同，比如操作系统是直接同硬件打交道的，其他应用软件在操作系统的环境下运行。研究操作系统要更好地把握住它的这种特点。

2. 操作系统为用户提供服务

从服务用户和机器扩充的观点来看，操作系统为用户使用计算机提供了许多服务功能和良好的工作环境，通过操作系统控制，用户可以更加方便地使用计算机。操作系统一般提供以下服务：

- 用户接口。操作系统为用户使用计算机系统提供了很多服务和良好的工作环境。用户通过操作系统来使用计算机系统，使计算机功能更强，使用更方便。
- 程序执行。操作系统必须能将程序加载到内存中，并能控制程序的运行。
- I/O 操作。操作系统必须提供使用外部设备的管道，为用户提供 I/O 操作的支持。
- 文件管理。必须给用户提供文件管理的服务，使用户可方便、有效、安全地管理文件。
- 错误处理。程序运行中难免会出错，如网络连接失败、打印机缺纸等硬件错误和访问非法内存、被零除等软件错误，操作系统必须检测这些错误并进行适当处理。

3. 操作系统是一种虚拟机

操作系统为用户提供了一种虚拟机，用户不再直接使用硬件机器（称为裸机），而是通过操作系统来使用和控制计算机，从而拥有一个功能更强、使用更方便的计算机（称为虚拟计算机）。从虚拟机的观点看，操作系统分成若干层次，每一层完成特定的功能，提供对上一层的支持，构成上一层的运行环境，最内层的硬件是整个操作系统的基础，操作系统通过逐个层次的功能扩充，向用户提供全套的服务，完成用户的作业要求。例如，Windows 2000/XP 操作系统就包括：硬件抽象层、系统内核层、基本操作系统服务层、应用进程层。普通用户与应用进程层打交道，应用进程调用基本操作系统服务层和系统内核层提供的服务，系统内核通过硬件抽象层驱动各种外部设备。

4. 操作系统是一种资源管理器

一个计算机系统包含有多种硬件和软件资源，如处理器、存储器、外部设备、各种程序和数据。现代计算机系统都支持多个用户、多个任务，而且一出现涉及多个用户的任务就需要争夺系统资源。那么，如何协调分配系统资源，以使系统有条不紊地工作，使系统资源得到高效的利用，成为必须面对的一个问题。这就需要操作系统起到一个管理者的作用。操作系统作为资源管理器要负责以下工作：

- 记住资源的使用状态。比如哪些资源处于空闲，哪些资源已被使用，被谁使用。
- 确定资源的分配策略。比如按什么原则对资源进行分配和调度。
- 执行资源的分配。根据用户要求和资源分配策略，具体执行资源的分配工作。
- 执行资源的回收。用户作业不再用的资源，系统应及时回收。

操作系统资源管理器内容包括：处理器管理、内存管理、外部设备管理和文件管理。

5. 进程的观点

进程概念是操作系统的基础。这一概念是由 Multics 的设计者在 20 世纪 60 年代首次使用的。大家知道，操作系统由多个程序组成，同时，操作系统还要管理和控制其他程序的进行。这些程序同时存在于计算机系统中并行运行，人们把这些运行的程序就称为进程。计算机系统的运行过程就是各种进程的推进，操作系统的重要任务是保证进程的正常推进。现在计算机系统大多是多用户、多任务系统，系统中往往有多个进程在运行，一个进程在执行时需要处理器、内存、外部设备等系统资源，进程之间会产生竞争(如同时竞争使用同一设备)，进程之间有时也会要求同步(如相互协调完成统一任务)。操作系统的重要任务就是对进程进行有效地调度管理，操作系统将负责进程的建立和撤销，提供进程间通信的机制，控制和协调进程的运行，有效地分配和回收进程使用的资源，使整个计算机系统有条不紊地工作。

1.2.3 操作系统的特征

操作系统与其他软件不同，其特征主要有：并发性、共享性和随机性。

1. 并发性

“并发”是指同时存在多个平行的活动，例如 I/O 操作与主机同时运行，在内存中同时存在几道运行程序等。由于并发的出现，需要系统解决一个问题，即如何从一个活动切换到另一个活动，如何保护一个活动使其免受另一些活动的影响，以及如何在相互依赖的活动之间实施同步等。程序的并发性体现为两个方面：用户程序与用户程序的并发运行和用户程序与系统程序的并发运行。

在单处理器环境下，并发执行的程序实际是交替运行的，但从宏观上看，这些程序可视作是同时运行的。

2. 共享性

共享性是指操作系统程序与多个用户程序共用系统中的各种资源。例如多道程序对 CPU、主存储器以及外部设备的共享。此外，还有多个用户共享一个程序副本、多个用户共享同一数据库等，这些对于提高资源利用率、消除冗余信息是极为有利的。与共享有关的问题是如何合理分配资源，多道程序存取同一数据时如何保证数据的完整性和一致性，多道程序执行时如何保护程序免遭破坏等。

3. 随机性

由于操作系统是在一个随机的环境中运行的，它必须对发生的不可预测事件进行响应。例如多道程序运行过程中提出对资源的请求，程序运行中产生错误以及各种外部设备的中断请求等都是不确定的，这就是随机性的含义。而操作系统必须随时响应并及时处理这类事件，并确保在处理任何一种事件序列中正确执行各道程序。

1.2.4 操作系统的功能

如前所述，操作系统的主要作用是，管理计算机系统中的硬件及软件资源；合理地组织计算机系统的工作流程；提供用户与计算机硬件之间的软件接口。操作系统一般有处理器管理、存储管理、设备管理、文件管理、进程调度和用户接口、网络服务、错误检测和处理等功能。

1. 处理器管理

中央处理器(CPU)是计算机系统中最宝贵的硬件资源。为了提高 CPU 的利用率，现代操作系统大都采用了多道程序技术和分时技术。在多道程序系统中，多个程序同时执行，这些执行的程序称为进程。这些进程在处理器的控制下各自独立地向前推进，完成各自的操作。处理器管理的任务是把 CPU 的时间合理地分配给各个程序，使处理器得到充分有效的利用。

2. 存储管理

存储管理主要管理计算机的内存资源。当多道程序共享有限的内存资源时，存储管理要为每个进程分配存储空间，并记住分配了哪些空间，哪些空间尚未分配，进程完成后，要将分配给它的存储空间收回。存储管理要保证各道程序互不冲突，互不侵扰。如果程序较大，内存资源不够用时，要通过内存、外存的管理解决内存的扩充问题，存储管理将程序的一部分先放在外存，需要运行该部分时再调入内存，将内存中暂不运行的部分替换，这样可以利用较小的内存运行较大的程序，对用户来说，好像是内存空间增大了。

3. 设备管理

计算机系统配置有多种 I/O 设备，设备管理程序对系统中所有 I/O 设备进行管理。由于多道程序竞争使用设备，要按照一定的分配原则对设备进行分配；外部设备多种多样，要为用户使用 I/O 设备提供简单的命令；I/O 设备的速度一般远远低于处理器的速度，可通过缓冲技术和中断技术使 I/O 设备与处理器工作尽可能匹配，因此也要对缓冲器和中断申请进行有效的管理。

4. 文件管理

系统的信息资源(程序和数据)是以文件的形式存放在外存储器(磁盘、光盘等)中的，需要时再把它们装入内存。文件管理要有效地管理外存储器空间，包括存储器空间的分配和回收，要有效地支持文件的存储、检索和修改，解决文件的共享、保密和保护问题，使用户能够方便、安全地访问文件。计算机系统的信息量越来越大,如何能方便、快速、安全地查找、存取这些海量的数据,保护信息完整等都是文件管理要做的工作。

5. 进程调度

进程是现代操作系统的重要概念。操作系统负责进程的调度管理。具体任务包括:进程的建立和撤销;安排处理器在这些进程间转换,交替为它们服务;进程间的通信;进程的状态转换(就绪、执行、阻塞/挂起);以及进程的同步与互斥,进程的死锁管理等。

6. 用户接口

操作系统为用户使用计算机系统提供了良好的工作环境和用户界面。用户因之可以方便地使用计算机系统。典型的操作系统界面有两类:命令行界面和图形化界面。

此外,操作系统还有网络服务、错误检测和处理等功能。

1.3 操作系统的发展和分类

操作系统是随着计算机技术的发展而发展起来的,操作系统的许多概念都是在其发展过程中出现并逐步完善的。因此,了解操作系统的历史,有助于更深刻地了解操作系统的内容和原理。

1.3.1 操作系统的发展

1. 手工操作

早期的计算机没有操作系统,程序员使用机器语言进行程序设计,并直接与计算机硬件打交道。用户使用计算机时,通过输入设备(如卡片阅读机)将程序输入到计算机,然后扳动按键启动程序,使之运行。在计算机运行期间,整台计算机连同外围设备全部被该用户占用。用户人工操作的时间占了大部分比重,计算机系统运行时间,特别是 CPU 的运行时间只占很少比重。因此,在手工操作阶段,计算机系统的利用效率很低。

2. 早期批处理

20 世纪 50 年代中期,晶体管的出现使得计算机硬件快速发展,计算机的运算速度因此大幅度提高,但手工操作方式大大影响了计算机的运行效率,一个作业与下一个作业之间的大量时间被人工占用。由于早期的计算机设备是非常昂贵的,为了提高计算机的利用率,人们设计了监督程序,用以实现作业与作业之间的自动转换。在这样的系统中,操作员将作业“成批”地放在输入设备(如卡片阅读机)上,由监督程序进行管理。监督程序每次从输入设备中读取一个作业,把它放在存储器的用户程序区域,并将控制权交给这个作业,当作业结束或出现错误时,控制权返还给监督程序,监督程序处理作业的善后工作,并读入和启动下一作业。这样,实现了作业与作业之间的自动转换,减少了人工干预时间。这种处理方式称为批处理方式。

为了使监督程序可靠地工作,系统要考虑以下的功能:

(1) 内存保护。当用户程序运行时，不能改变监督程序所在的存储空间的内容。如果用户程序试图这样做，处理器硬件将发现错误，并将控制权交给监督程序，监督程序取消这个作业，输出错误信息，并读入和启动下一作业。

(2) 特权指令。某些机器级指令被设计成特权指令，只能由监督程序执行。如果用户程序要执行特权指令，处理器硬件将发现错误，并将控制权交给监督程序。例如，I/O 指令属于特权指令，监督程序可以控制所有 I/O 设备。用户程序要执行 I/O 时，它必须请求监督程序执行这个操作。

(3) 定时器。用于防止一个作业独占系统。当一个作业占用系统时间超过指定时间时，用户程序被停止，控制权交给监督程序。

上述这些功能都需要硬件的支持。

内存保护和特权指令引入了操作模式的概念。操作模式分为系统模式(又称内核模式)和用户模式。监督程序运行在系统模式，在这种模式下，可以执行特权指令，内存空间均可访问；用户程序运行在用户模式，在这种模式下，不可以执行特权指令，受保护的内存空间不允许访问。

批处理方式大大减少了人工操作时间，提高了计算机的运行效率，但是，仍受到输入/输出设备速度的影响。例如，读卡片和打印的时间要比作业在处理机上运行的时间长得多，昂贵的处理机资源的时间浪费仍然很可观。为解决这一问题，人们引入了脱机技术。脱机处理方式是使用一台性能较低的计算机(称为卫星机)，进行输入/输出的处理。输入时，由卫星机将卡片或纸带上的程序储存到磁带上，再送到主机上执行；输出时，主机将结果输出到磁带上，再由卫星机负责送到输出设备。脱机技术使得主机摆脱了占用时间较长的输入/输出处理，可腾出时间来处理其他作业，从而提高了处理机的利用率。

无论是联机处理还是脱机处理，这种批处理方式都是串行执行作业，称为单道程序顺序处理。

3. 多道程序批处理系统

硬件技术的发展，特别是主存容量的增大、管理外部设备的控制器和直接存储器存取(Direct Memory Access，DMA)的出现以及中断技术的发展，使得计算机的体系结构发生了很大的变化，软件系统也随之相应变化，出现了多道程序批处理系统。“多道”是指在计算机内存中同时可以存放多道作业，这些作业并行运行；“批处理”是指用户与作业之间没有交互作用，用户不能直接控制作业的运行。

在单道程序顺序处理过程中，任何时候，只有一个用户程序驻在主存，一个用户程序运行完毕，系统再装入另一道程序，程序与程序之间按顺序执行，这使得计算机的利用效率仍然很低。在多道程序系统，多个用户程序同时驻在主存，处理器在这些作业间自动转换，交替为它们服务，使得这些作业交替运行。由于主存中保存了多道程序，当一个作业在等待一次输入/输出操作时，处理器将为它发出 I/O 命令，启动并交由设备控制器执行 I/O 操作，然后处理机可执行另一个作业，从而可以有效地利用 CPU 和外部设备。从宏观上看，系统中有多个程序同时在运行，称为多道程序并行处理。

在多道批处理系统中，用户的作业首先存放在外存缓冲存储器中，形成一个作业队列；操作系统按照一定的调度原则或根据作业的优先程度从作业队列中调一个或多个作业进入内存，并按照一定的方式组织它们在处理机上运行；待作业运行完毕，由用户索取运行结果，系统做好善后工作。

多道程序并行处理比单道程序顺序处理要复杂一些。内存中要存放多个作业和操作系统，为了不致产生混乱，这就需要内存管理(Memory Management)。另外，内存中的作业按照什么顺序投入运行，这就需要调度管理。在多道批处理系统中，计算机内存中同时有多道作业在运行，处理器在这些作业间转换，交替为它们服务。从宏观上系统中有多个程序同时在运行，从微观上每一时刻只有一道程序在运行。内存管理和调度管理成为现代操作系统的重要内容。多道程序并行处理的实现需要外部设备的控制器和直接存储器存取(DMA)等硬件和中断技术的支持。

多道批处理系统一般用于计算中心等较大型计算机系统中，因为大型计算机往往对机器资源使用的有效性以及机器的吞吐量有较高要求，多道批处理系统可充分利用中央处理器及各种设备资源。多道批处理系统要求对资源的分配及作业的调度精心设计，有较强的管理功能。20 世纪 70 年代早期的各种大型机都配备这种类型的操作系统。

4. 分时系统(Time Sharing System)

多道程序系统使系统资源得到较充分地利用，但其实质上仍属于批处理系统。在批处理系统中，用户不能与机器直接交互。用户为了完成一项任务，要事先写好一个完整程序，提交给计算机系统，等待计算机运行后取得结果。从提交作业到取回运行结果，用户往往要等较长时间，这给程序开发工作带来极大不便。程序员在调试程序时思路经常被打断，不能及时发现问题和修改程序，这延缓了程序开发进程。而早期的手工操作，计算机的利用效率又极低。

分时系统的开发使用，使得程序员能通过打字机式的终端直接与计算机交互，又可以使系统资源得到较充分地利用。分时系统的特征是一台计算机上挂有若干终端，每个终端提供给一个用户，不同用户可以通过自己的终端同时访问系统。在分时系统中，系统将处理机的时间分割成很小的时间段，每个时间段称为时间片，系统将处理机的时间片轮流分配给每个终端，用户程序以很短的时间为单位交替执行。由于调试程序的用户常常只发简短的命令，因此计算机能够为很多用户的交互提供快速服务，并且在空闲时还能在后台运行大的作业。分时系统为程序员调试程序提供了极大的方便，也提高了处理机的利用率。对于每个用户来说，就好像各自都拥有一台计算机。贝尔实验室设计的 UNIX 操作系统便是分时系统的一个杰出范例。

分时系统具有多路性、交互性、“独占”性和及时性的特征。多路性是指同时有多个用户用一台计算机，宏观上看是多个人同时使用一个 CPU，微观上是多个人在不同时刻轮流使用。交互性是指用户可根据系统响应结果进一步提出新请求(用户直接干预每一步)。“独占”性是指用户感觉不到计算机在为其他人服务，就像整个系统为他自己所独占。及时性是指用户的请求能够及时得到响应。

批处理系统和分时系统都使用了多道程序设计技术。批处理系统的多道程序设计的主要目标是充分利用处理器，分时系统的多道程序设计的主要目标是减少系统对用户命令的响应时间，及时响应用户的要求，从而可以同时支持多个用户。

常见的通用操作系统是分时系统与批处理系统的结合，其原则是：分时优先，批处理在后。前台响应频繁交互的作业，如终端的请求，后台处理时间性要求不是很强的作业。

分时和多道程序引发了操作系统的许多新问题，多个作业在内存中，多个用户同时与计算机交互，这些作业交替运行，在运行中还会发生对计算机资源（如打印机、外存储器等）的争夺等问题，这就需要内存管理、作业的调度管理、资源管理和中断技术等。

多道程序系统和分时系统的出现，标志着操作系统的正式形成。

5. 网络操作系统和分布式操作系统

20 世纪 90 年代，国际互联网的出现迅速地改变了计算机领域的面貌，操作系统的研究活动也发生了深刻的变化。在这一背景下，SUN 公司甚至提出了“网络就是计算机”的理念。随着互联网，特别是全球信息网（World Wide Web，WWW）的快速发展，人们开始大量使用电子邮件、FTP、Gopher 等网络上应用软件，个人计算机都开始连接网络。基于计算机网络的、按照网络体系结构和标准协议开发的网络操作系统（Network Operating System）出现了，如 UNIX、Windows NT、Windows 2000、Windows XP、Linux 等，这些操作系统都可以执行网络浏览器（Browser），内置了通过局域网或电话系统进入互联网的软件。网络操作系统是网络功能与操作系统的整合。网络操作系统除了具有原有操作系统的功能，还加入了资源共享、用户通信、网络管理、安全控制等主要功能。

分布式操作系统（Distributed Operating System）是为适应计算平台向异构、网络化演变而出现的操作系统。分布式操作系统是由多个连接的处理器资源组成的计算机系统，它们在操作系统控制下可合作执行一个共同任务。这些资源可以是物理上相邻的，也可以是分开的。分布式操作系统的特点是将多台计算机管理起来，使它们联合，协调工作，完成一个共同任务。

分布式系统通常架构在局域网（LAN）或广域网（WAN）上，由多台计算机组成。每台计算机上各执行一个分布式操作系统或整个分布式操作系统的一部分。每个用户使用系统上的远程资源就像使用自己内部资源一样，用户不必远程登录。整个系统的文件管理由操作系统统一管理，用户不必知道文件存于什么位置。因此，对用户来说，使用分布式系统就像使用自己的单机系统一样。

总的来说，分布式系统将分布的多台计算机和外部设备组织在一起，使它们协调工作，形成功能强大的计算机系统。分布式系统可以提高系统计算速度，实现资源共享，并可提高系统的可靠性。

集群式系统（Clustered System）是分布式系统的一种。一个集群式系统是由一组处理器紧密联结在一起，共享系统中存储设备的计算机系统。集群式系统使用了多个处理器来进行运算工作。但是，和一般的并行系统不同，集群式系统是将两个或两个以上的独立系统结合在一起而形成的。有了集群式操作系统，可以用许多低成本的微型机等产品构造出高运算性能的计算机群。

6. 实时系统（Real Time System）

操作系统发展的另一条主线是实时系统。

所谓实时系统，是指能够对来自外部的作用和信号在限定时间内做出快速响应的系统。例如，在机票预订系统中，顾客提出预定座位要求后，系统应快速地给出回答，否则，顾客将失去耐心。再如，在过程控制系统中，如果某个环节的参数发生变化，传感器将接收到的信号传给计算机系统，计算机系统应及时做出响应，以保证生产正常安全地进行。这些都对系统响应时间有严格的要求。

现有 3 种比较典型的实时系统：过程控制系统(Process Control System)、信息查询系统(File Interrogation System)和事务处理系统(Transaction Processing System)。

实时系统对时间的要求比较严格，因此，实时系统要求具有实时时钟。实时系统处理的事务带有很大的随机性，有可能在某些时候系统中的任务超过了它的处理能力而产生过载现象，因此，实时系统必须有防护机构，系统一旦过载便拒绝接受任务，直至过载现象消除。实时系统处理的对象往往都很重要，任何故障都会造成重大损失，因此，实时系统必须有高的可靠性，一般采用双机系统，即有一台后备机和主机并行运行，以保证可靠性。一旦主机出现故障，后备机自动投入运行。

1.3.2 操作系统的分类

随着大型机、微型机、单片机、多处理器计算机以及计算机网络技术的发展，出现了各种各样的操作系统。这些操作系统各有特点，一个实际的操作系统往往综合了多种类型操作系统的特点。下面介绍一些常见的操作系统类型。

1. 批处理操作系统(Batch Operating System)

在该系统中，要求用户将作业交给系统操作员，系统操作员随后将作业成批地输入到计算机系统进行处理，从而实现同时运行多道作业。这种系统的优点是：作业流程自动化、效率高、吞吐率高。

2. 分时操作系统(Time Sharing Operating System)

分时操作系统是指一个主机连接多个终端，每个终端有一个用户在使用，多个终端用户同时使用同一计算机资源，主机轮流为各个终端用户服务。分时系统的优点是用户可以直接和计算机交互。

3. 个人计算机操作系统 (Personal Computer Operating System)

随着个人计算机(PC)的发展，个人计算机操作系统随之问世。个人计算机操作系统是一种单用户多任务的操作系统。它能满足一般人操作、学习、游戏等方面的应用。个人计算机操作系统界面友好，使用方便、价格便宜。

4. 网络操作系统(Network Operating System)

网络操作系统是基于网络的。是各种计算机操作系统上按网络系统结构协议标准开发的系统软件，包括网络管理、通信、安全、资源共享功能和各种网络应用。

5. 分布式操作系统 (Distributed Operating System)

分布式系统架构在局域网(LAN)或广域网(WAN)上，由多台计算机组成一个系统。分布式操作系统的特点是将多台计算机管理起来，使它们联合，协调工作，完成一个共同任务。

6. 集群式操作系统(Clustered Operating System)

集群式系统是分布式系统的一种。一个集群式系统是由一组处理器紧密连接在一起,共享系统中存储设备的计算机系统。集群式系统将两个或两个以上的独立系统结合在一起来进行运算工作。

7. 多处理器操作系统 (Multiprocessor Operating System)

大部分的计算机系统都是单处理器系统,即系统中只有一个 CPU。多处理器系统中具有多个处理器,这些处理器共享系统中的总线、时钟、内存及其他资源。多个处理器可以单独工作,也可以协调工作。多处理器系统的优点是可以提高吞吐量、提高系统可靠性。但是要协调好多个处理器的工作,需要操作系统提供支持。

8. 实时操作系统 (Real Time Operating System)

实时操作系统要求对来自外部的作用和信号在限定时间内做出快速响应,并控制所有实时设备和实时任务协调一致工作。实时操作系统主要追求的目标是在严格时间范围内对外部请求作出反应,要求高可靠性和完整性。

9. 嵌入式操作系统(Embedded Operating System)

嵌入式系统是指可置于某产品内部的由计算机硬件、软件与其他机械设备组合而成的微电脑系统。随着单片机技术的发展,微电脑的应用越来越广泛。嵌入式系统几乎覆盖了所有微电脑控制的设备,如微波炉、电梯以及计算机中磁盘、光驱控制器等。嵌入式操作系统是对嵌入式系统以及它所操作、控制的各种部件装置进行协调、调度、指挥和控制的系统软件。

1.4 操作系统的结构

随着计算机技术的发展,人们对操作系统的要求越来越高,包括其功能性、安全性、效率及适应性等,操作系统的大小和复杂性也不断增加,这些都给操作系统的结构提出了更高的要求。多年来,人们一直致力于研究和改善操作系统的结构,希望得到功能完善、性能良好、容易升级维护的操作系统。

目前已产生多种多样的系统结构,几乎每个操作系统都有自己的结构特征。对现有的操作系统的结构进行归纳总结,发现其结构可分为几种类型,如简单模块组合结构、层次结构、微内核结构。应该说明,对于一个实际的操作系统来说,很难将其严格划分到某一类型。设计系统的工程师会根据实际问题,权衡每种类型的特点做出整合,使系统的综合指标更优。

一个大型程序总是由一些模块组成。模块化的结构有助于软件的开发过程,有利于限定诊断范围和修正错误。操作系统作为一种大型、复杂软件,即是由若干模块按照一定结构方式组合而成的,各个模块完成特定的功能,模块和模块之间通过接口交换信息、建立联系。良好的模块结构和尽可能简单的接口对于操作系统是十分重要的。

1.4.1 简单模块组合结构

早期的操作系统和一些中小型操作系统(如MS-DOS)属于这种类型。这种系统中的模块不是按照程序和数据本身的特性划分,而是按照它们完成的功能来划分的。在系统内部,不同模块的程序之间可以不加控制的相互调用和转移,信息的传递方式可以根据需要随意约定,因而造成模块间的循环调用。这种结构的特点是模块间的接口简单直接,系统效率高,缺点是由于模块间联系紧密,独立性差,要更换、修改或添加一个模块比较困难,因而给系统扩展或升级带来困难。它适用于规模较小、效率要求较高的场合。

1.4.2 层次结构

良好的模块结构要求模块独立性好,模块之间的依赖和调用关系清晰、有序,相互影响小。层次结构 (Layered Structure)正是基于这点的设计方法。

层次结构的设计方法是把系统看成一系列的层,较高层的功能是建立在较低层提供的服务的基础上的,最内层是计算机的硬件,硬件的外层是操作系统的第一层,每一层是对其下层功能的扩充。层次结构的设计方法把系统的功能模块按照调用的顺序排列成若干层,每层是执行操作系统所需功能的相关子集。不同层之间的模块只能单向调用,每层只能调用下层的模块,较低层模块为高一层模块提供服务,较高层模块依赖于低一层模块。只要下层模块是正确的,就为上层模块的设计提供了可靠的基础。

在理想情况下,这种调用是单向的,没有循环调用现象,但实际上考虑效率等因素很难完全做到这一点。但操作系统设计者力争减少循环调用,例如同层之间的模块可以相互调用,下层模块不允许调用上层模块。

层次结构的优点是:模块组织结构和依赖关系清晰,不同层的模块之间联系减弱,当需要更换或修改一个模块时,不需要对其他层模块做改动,只需要保证该层模块设计正确,因此,易于修改、扩展和升级。缺点是较之简单模块组合结构,其效率有所降低,过去可以直接通信的问题,现在可能要通过若干层的调用。

层次结构中各功能模块应放在哪一层,整个系统应分为多少层,在不同的操作系统中会有很大不同,但也有一些原则遵循。

(1) 为了增加操作系统的适应性,便于操作系统移植到其他机器上,需要把与机器硬件特点紧密相关的软件(如中断处理、输入/输出管理等)放在紧靠硬件的一层。经过这样一层的扩充,计算机的硬件特性被隐藏起来。当需要移植时,只需更换或修改这一层的软件模块,其他层的软件可不变或做很少的改动。如 Windows 2000/XP 建立了硬件抽象层,以隔离软件和硬件的联系。

(2) 对于一个操作系统,往往有多种操作方式,如前台的分时作业处理,后台的批处理作业或者实时控制。为便于操作系统的操作方式的转换,通常把多种操作方式共同使用的基本部分放在内层。这样当操作方式改变时,这基本部分可以不变,只改变与各操作方式相关部分即可。

(3) 进程作为系统运行的基本成分是操作系统的核心控制内容。为了给进程提供必要的运行环境和条件,要求部分软件为进程提供服务,为进程服务的功能模块构成操作系统的内核,放在系统内层。

系统的内层和外层都可进一步分层。层数多,模块间联系松散,结构清晰,便于修改和扩充,但效率降低。层数少,可提升效率,但可能会影响修改、扩充。

1.4.3 微内核结构

随着计算机网络技术的发展,分布式处理成为一种广泛使用的方式。分布式系统构建在网络环境上,多台计算机通过网络连接,构成计算机网络系统。这些计算机协同工作,但又相对独立。为了适应这种情况,人们提出了微内核的操作系统结构。微内核结构(Microkernel Architecture)又称客户/服务器结构。Windows NT 的早期版本就是典型的微内核结构的操作系统。

微内核结构的操作系统由两部分组成:运行在核心态的内核和运行在用户态的进程层。内核提供操作系统的基本操作,如线程调度、虚拟存储、消息传递、设备驱动、中断处理以及内核的原语操作等。内核通常采用层次结构,它构成基本的操作系统。微内核只提供一个很小的功能集合,其他操作系统服务是由运行在用户模式下,且与其他应用程序类似的进程提供的,在这些进程中,每个进程提供一组服务,称为服务进程。这些服务进程可以提供各种系统功能,如文件系统服务、网络系统服务等,服务进程为客户进程提供服务时,必须通过内核进行,内核可以控制和操纵所有进程。客户进程需要服务时发出消息,内核将消息传给服务进程,服务进程提供服务,其结果又通过内核用消息方式返回给客户进程。

微内核结构把内核与服务程序分离开,操作系统在内核中建立起最小机制,把更多的内容留给用户空间的服务进程,服务程序可以根据特定的应用和环境定制,因而,带来了很大的灵活性,很适合于分布式环境。

微内核结构的优点是可靠和灵活。微内核结构的操作系统的服务进程间是独立的,联系很松散,只要其微内核不出问题,即使服务进程产生问题,也不会引起系统其他服务进程或系统其他组成部分的损害或崩溃,因而系统可靠性好。另外,服务进程间的独立性、联系的松散性,使得更改和添加服务功能变得容易,可以根据特定的应用和环境定制服务程序,系统的可维护性好。

微内核结构的缺点是效率低,进程层的服务要通过内核才能完成,服务进程和客户进程要通过内核的消息传送提供服务,因而降低了系统的效率。

1.5 UNIX 操作系统

1.5.1 UNIX 操作系统的历史

UNIX 操作系统最初是在贝尔实验室开发的。1970 年,贝尔实验室一位曾参加过 Multics 系统研制的计算机科学家 Ken Thompson 在 DEC 公司的 PDP-7 机器上开发了一个简化的单用户版的 Multics。他的工作促成了后来的 UNIX 操作系统的诞生。很快,UNIX 操作系统就在学术界、政府部门和商业公司流行开来。UNIX 操作系统吸收了

Multics 的许多思想。

UNIX 操作系统发展的第一个重要的里程碑是从 PDP-7 移到 PDP-11 上，它暗示了 UNIX 将成为所有计算机的操作系统。第二个重要的里程碑是用 C 语言重写 UNIX。这是一个前所未有的策略。UNIX 除了内核外，其余 90%的程序都是用 C 语言写的。

早期的 UNIX 的源代码是公开的，许多组织开发了他们自己的 UNIX 版本。其中有两个重要的版本：一个是 AT&T 的 System Ⅴ，另一个是加州大学伯克利分校的 BSD (Berkeley Software Distribution)。

后来，AT&T 与 Sun Microsystems 公司联合开发了 SVR4，它几乎完全重写了 System Ⅴ 的内核，产生了一个整洁的、有些复杂的实现版本。SVR4 汲取了商业设计者和学院设计者的成果，合并了任何 UNIX 系统曾经开发的大多数重要特征，并以一种完整的有商业生存力的方式实现这些特征。SVR4 可以在从 32 位微处理器到超级计算机的很宽范围的机器上运行，是已开发的最重要的操作系统之一。

加州大学伯克利分校的 BSD 最初在 PDP 上运行，后来在 VAX 机上运行。UNIX 版本的 BSD 系列在操作系统设计原理的发展中扮演着重要角色，它广泛用于学院中的安装，成为许多商业 UNIX 产品的基础。

为了使相同的程序能在所有的 UNIX 系统上运行，IEEE 组织制订了一个标准，称为 POSIX，大多数的 UNIX 版本现在都支持该标准。POSIX 定义了一组最小的系统调用接口，所有兼容的 UNIX 版本都必须支持这组函数接口。实际上，Linux、Windows 等操作系统现在也都支持 POSIX 接口。

几乎所有的 UNIX 操作系统都支持一种叫做 X Window 的窗口系统，这套系统是由 MIT 开发的，它支持基本的窗口管理，用户可以使用鼠标来创建、删除和移动窗口，或者调整窗口的大小。UNIX 给用户提供了一个类似于 Macintosh 或 Microsoft Windows 的图形用户界面。

UNIX 操作系统主要用于工作站和其他高档计算机，尤其是采用了高性能 RISC 芯片的计算机。

1.5.2 UNIX 操作系统的结构

UNIX 操作系统由 UNIX 内核、系统调用接口、UNIX 命令和库组成，如图 1-6 所示。系统调用接口是内核和用户的边界，它允许高层软件使用特定的内核函数。用户程序可以直接调用操作系统服务，也可以通过库函数调用。

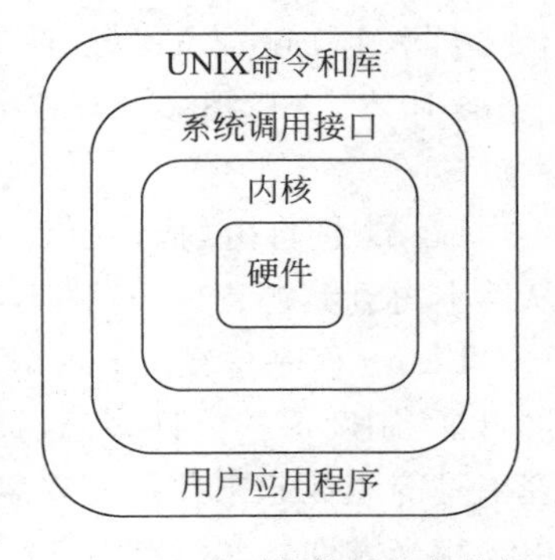

图 1-6 UNIX 操作系统的结构

UNIX 操作系统的内核分为两个主要部分：进程控制子系统和文件管理子系统，如图 1-7 所示。进程控制子系统负责内存的管理、进程的调度和分派、进程的同步和进程间的通信。文件系统按字符流或块的形式在内存和外部设备间交换数据。对面向块的数据传送，使用高速缓存方法，主存中的一个系统缓冲区介入用户地址空间和外部设备之间。

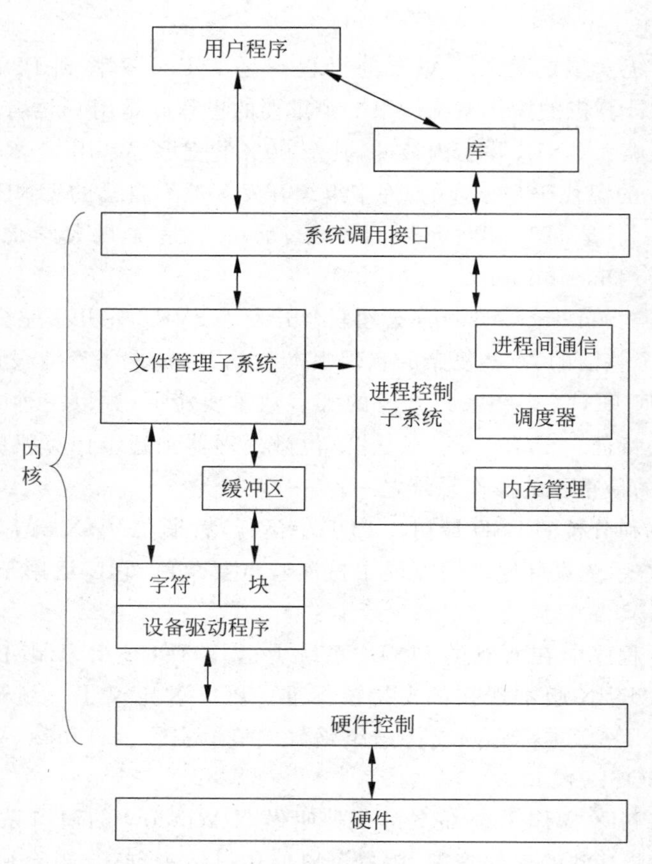

图 1-7 UNIX 操作系统的内核

1.6 Linux 操作系统

1.6.1 Linux 操作系统的历史

Linux 操作系统是一种基于 PC 的多用户、多任务操作系统。Linux 最初的版本是由芬兰一名学生 Linux Torvalds 写的。1991 年，Linux Torvalds 在 Internet 上公布了最早的 Linux 版本，之后很多计算机爱好者进一步地开发，并在 Internet 上传播，促进了 Linux 的发展。

Linux 是自由的，它的系统源代码和一些应用程序源代码都向用户公开，任何人都可以从网上得到其源程序，这样不仅降低了用户费用，而且可以改写或修改源程序。

Linux 程序是在 Linux 领导下的小组开发的，它受到国际上的自由软件委员会的“公用许可证”制度保护。许多公司、厂家将 Linux 内核与一些外层程序、应用软件、资料文档、管理工具等组装起来并加上安装界面形成了所谓的发行套件，对于广大用户来讲，其安装和使用都相当方便。

Linux 成功的关键是因为 Linux 内核的质量，很多天才的程序员都对 Linux 有贡献，从而造就了这一在技术上给人留下深刻印象的产品。Linux 是高度模块化和易于配置的，这样使得它很容易在各种不同的硬件平台上显示出最佳的性能。当今 Linux 已成为功能相当全面的 UNIX 系统，可以在很多平台上运行，包括 Intel Pentium Itanium、Motorola/IBM Power PC 等。

目前在国内比较流行的 Linux 版本有 Red Hat Slackware 和 Debian 等。而且汉化的 Linux 已经流行，如 Xteam Linux 中文版、Turbolinux 中文版等。

1.6.2 Linux 操作系统的特点

1. 多用户、多任务

Linux 是针对微机环境而设计的一个 UNIX 的变体，实现了真正的多用户、多任务环境，允许多个用户同时执行不同的程序。

2. 支持多文件系统

Linux 可支持多种不同的文件系统，EXT2 是 Linux 最为常用的文件系统，该系统性能优越，易于向后兼容。Linux 还支持诸如 MS-DOS、Windows 的 FAT 系统等，用户可以使用统一的操作面对不同的文件系统。

3. 网络功能强

Linux 对网络的支持比其他许多操作系统都更出色，它能够与 Internet 或其他任何使用 TCP/IP 或 IPX 协议的网络相连接。Linux 是各类服务器的最佳选择之一，在相同的硬件条件下，它通常比 Windows NT、Novell 和大多数 UNIX 系统性能更优越。

4. 符合 Posix 标准

Linux 是 UNIX 的完整实现，完全符合 Posix 1003.1 标准。Linux 借鉴了 UNIX 的成功经验，但也有自己的特色。Linux 具有 UNIX 的可靠性、稳定性以及强大的网络功能。UNIX 的绝大多数命令可以在 Linux 里找到并有所增强，UNIX 下的许多应用程序可以容易地移植到 Linux 下。

5. 软件丰富

Linux 有着丰富的程序设计语言，几乎所有主流程序设计语言都可在 Linux 上运行。Linux 也符合 X/Open 标准，大部分基于 X 的程序不需要任何修改就能在 Linux 上运行。Linux 的 DOS“仿真器”和 Windows“仿真器”可以运行大多数 DOS 应用程序和 Windows 应用程序。

6. 支持硬件多

Linux 可以在从微型机到大型机的多种平台上运行。

1.6.3 Linux 操作系统的结构

1. Linux 的层次结构

Linux 的总体结构为分层结构如图 1-8 所示。

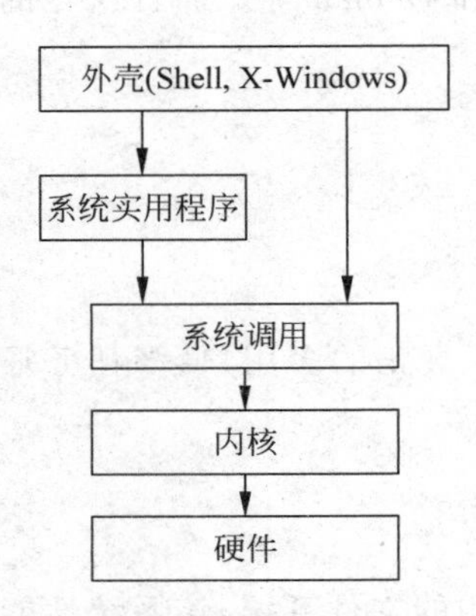

图 1-8 Linux 的总体结构

Linux 系统分为几个层次，紧靠硬件的是 Linux 的核心，也叫内核，它包括操作系统的一般功能，如进程管理、存储管理、设备管理、网络管理、文件管理。这些功能通过系统调用为用户程序使用。系统实用程序包括：编辑程序、高级语言编译程序等，最外层是 Linux 面向用户的界面，包括语言环境 Shell（外壳）和图形用户界面 X-Windows，用户通过外壳使用 Linux 系统，外壳和系统实用程序通过系统调用实用 Linux 内核的功能，进而操作系统的各种硬件。

2. Linux 的模块结构

大多数 UNIX 内核是单体的。单体内核是指在一大块代码中包含了操作系统功能，并作为一个单一进程运行，具有唯一地址空间。内核中的所有部件可以访问所有的内部数据结构和例程。

Linux 没有采用单体内核的方法，它的结构是一个模块的集合。Linux 的内核模块结构如图 1-9 所示。

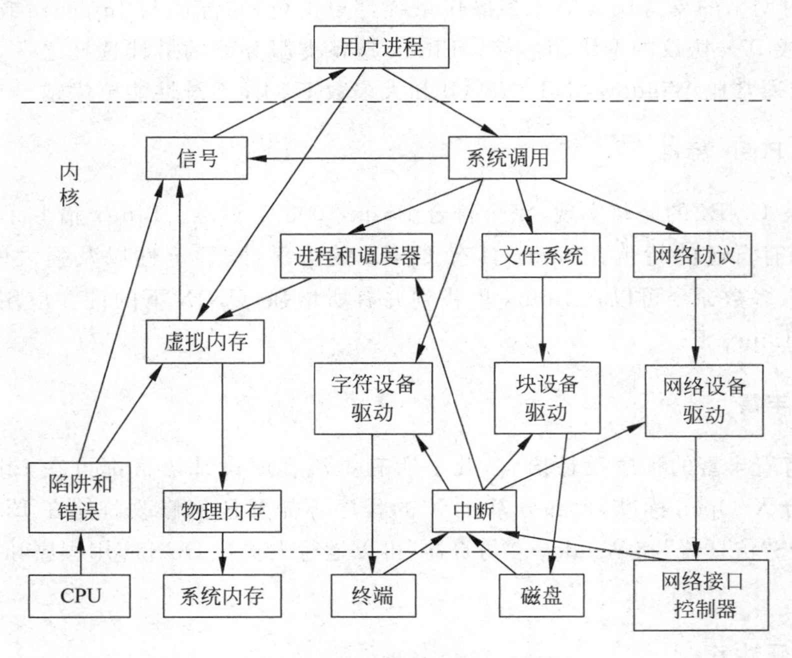

图 1-9 Linux 的内核模块结构

Linux 的模块可以通过命令自动地加载和卸载，这些相对独立的块称为可加载模块（Loadable Module）。实质上一个模块就是内核在运行时可以链接或断开链接的一个对象文件。

Linux的内核的开发与规范工作是由Linux本人领导的小组进行管理和控制的，任何人都可以通过网络免费得到。一般用户所接触到的Linux系统一般都是在这个内核基础上加上各外围实用程序界面和工具软件形成的软件包。

1.7 Windows操作系统

1.7.1 Windows操作系统的历史

Windows操作系统是从另一个完全不同的操作系统MS-DOS开始的，DOS操作系统是微软为IBM个人计算机开发的。DOS的界面是命令行形式。

1981年美国Xerox公司宣布推出了世界上第一个商用的GUI(图形用户接口)系统。当时，Apple Computer公司创始人之一Steve Jobs在参观Xerox公司的PARC研究中心后，认识到图形用户接口的重要性以及广阔的市场前景，开始着手研究开发自己的GUI系统，并于1983年成功研制Apple Lisa这个GUI系统。

微软公司内部也制定了"界面管理者"的计划，1983年5月，微软公司将这一计划命名为Microsoft Windows。1985年11月，微软公司正式发布Windows 1.0版；1987年12月，Windows 2.0正式供货；1990年5月，微软推出Windows 3.0。从此在许多独立软件开发商和硬件厂商的支持下，微软Windows在市场中逐渐取代DOS成为操作系统平台的主流软件。

1995年，微软推出Windows 95，它可以独立运行而无须DOS的支持。Windows 95采用32位处理技术，兼容以前的16位应用程序，在Windows发展史上起到了承前启后的作用。Windows 95是16位和32位混合在一起的操作系统。

1998年6月，微软公司发布Windows 98。Windows 98兼容16位应用程序，且具有许多Windows 95不具备的新的特点，如Internet Aware、FAT32、Win32驱动程序模型以及多种加强功能。

Windows发展的另一条主线是Windows NT，早在1989年微软就成立了Windows NT开发小组。Windows NT操作系统的设计目标在于具有健壮性、可拓展性、可维护性、可移植性和高性能以及兼容Posix，并满足美国政府的C2安全标准。

第一版Windows NT(3.1)于1993年发布，它与Windows 3.1具有相同的GUI。但是Windows NT(3.1)是一个全新的32位操作系统，具有支持老的DOS和Windows应用程序的能力并提供了对OS/2的支持。

Windows NT 4.0与Windows NT 3.X具有相同的内部结构，主要的结构变化是在Windows NT 3.X作为Win32子系统一部分的几个图形组件(在用户模式下运行)被移到Windows NT执行体(在内核模式下运行)中。显著的外部变化是Windows NT 4.0提供了与Windows 95相同的界面。

2000年，微软发布了Windows 2000。Windows 2000是在Windows NT技术上构建的，是Windows NT的一个重要的升级版本。Windows 2000重点增加了支持分布式处理的服务和功能。

Windows 2000 包括 Windows 2000 Professional 和 Windows 2000 Server，二者在微内核、执行体结构和服务上相同。但 Windows 2000 Server 提供了全面的 Internet 和应用软件服务。

2001 年，微软发布了更新的桌面操作系统 Windows XP。Windows XP 是一个消费型操作系统和商业型操作系统融合具有统一系统代码的 Windows，是一个既适合于家庭用户，也适合于商业用户的新型 Windows。

2003 年微软发布了新的服务器版本 Windows 2003 Server，包括 32 位和 64 位两种，Windows 2003 Server 主要为 Intel 的 Itanium 硬件设计。

1.7.2 Windows 操作系统的结构

下面以 Windows 2000/XP 为例介绍 Windows 操作系统的结构。

Windows 2000/XP 是高度模块化的，它融合了分层操作系统和微内核操作系统的特点。Windows 2000/XP 结构如图 1-10 所示。

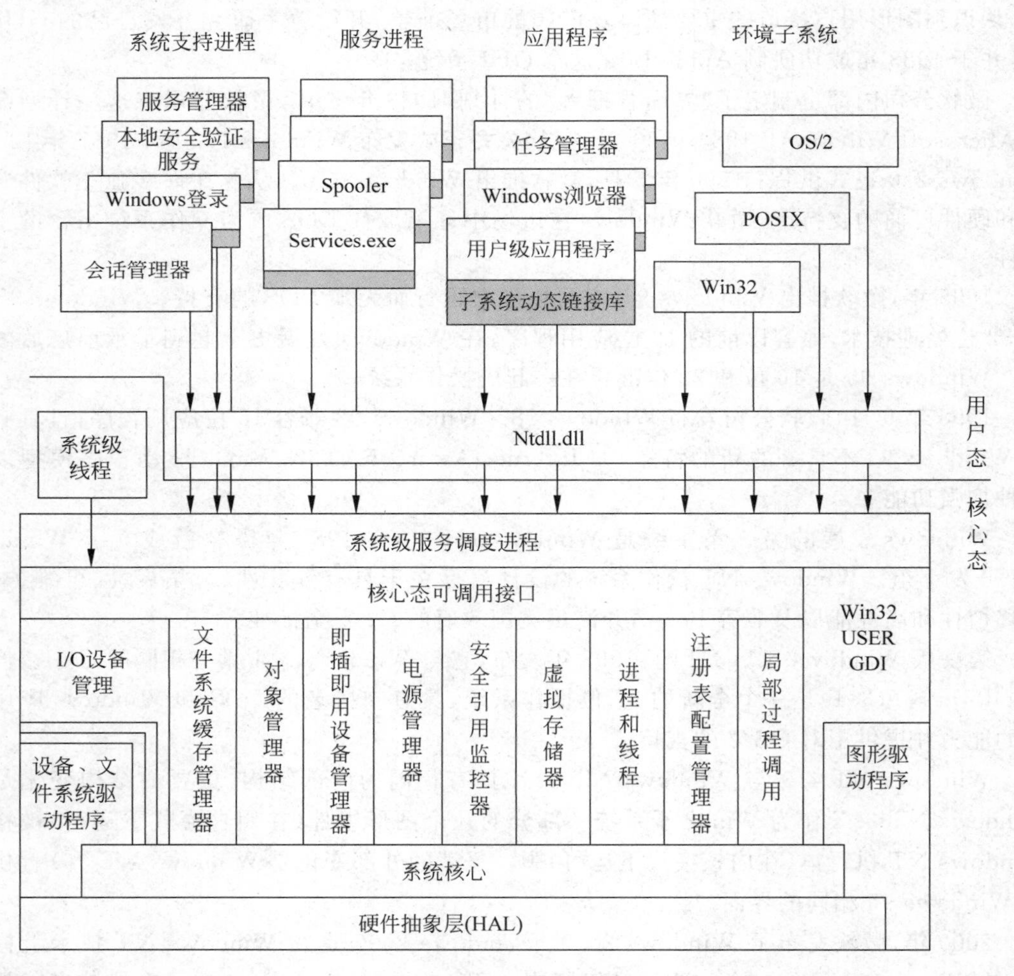

图 1-10 Windows 2000/XP 结构

Windows 2000/XP 和其他许多操作系统一样，通过硬件机制实现了核心态（管态，kernel mode）和用户态（目态，user mode）两个特权级别。当操作系统为核心态时，CPU 处于特权模式，可以执行任何指令，并且可以改变状态；而在用户态下，CPU 处于非特权模式，只能执行非特权指令。一般来说，操作系统至关紧要的代码都运行在核心态，而用户程序运行在用户态。当用户使用了特权指令，操作系统能借助于硬件提供的保护机制剥夺用户程序的控制权并作出相应处理。

Windows 2000/XP 把对性能影响很大的系统组件放在核心态下运行。例如，内存管理器、高速缓存管理器、对象及安全管理器、网络协议、文件系统以及所有的线程和进程管理器都在核心态下运行。在核心态下，这些组件可以和硬件交互，组件之间也可以交互。和纯粹的微内核操作系统不同，Windows 2000/XP 将很多系统服务的代码放在了核心态，包括像文件服务、图形引擎等这样的功能组件。其原因是性能要求，如果用纯粹的内核方法，则许多非内核函数需要进行多次进程和线程切换和模式切换，这样会降低系统的效率。

Windows 2000/XP 的核心态部分包括以下几种类型：

- 执行体（Executive）。包含了基本的操作系统服务，例如内存管理、进程和线程管理、安全控制、I/O 以及进程间的通信。
- 内核（Kernel）。包含了最低级的操作系统功能，包括线程调度、进程切换、异常调度、中断处理、多处理器同步等。同时它也提供了执行体实现高级结构的一组例程和基本对象。
- 设备驱动程序（Device Drivers）。包括文件系统和硬件设备驱动程序，硬件设备驱动程序将用户的 I/O 函数调用转换为对特定硬件设备的 I/O 请求。
- 硬件抽象层（Hardware Abstraction Layer，HAL）。将内核、设备驱动程序和执行体同硬件分离开来，使得每个机器的系统总线、直接存储器访问控制器、中断控制器、系统计时器和存储器模块对内核来说看上去都是相同的。
- 窗口和图形系统（Windowing and Graphics System）。实现图形用户界面函数。

Windows 2000/XP 的用户态部分包括以下 4 种类型：

- 特殊系统支持进程。例如登录进程和会话管理器，它们不是 Windows 2000/XP 的服务。
- 服务进程。Windows 2000/XP 的服务，例如事件日志服务。
- 应用程序。它们是 Win32、Windows 3.1、MS-DOS、POSIX 和 OS/2 1.2.这 5 种类型之一。
- 环境子系统。它们向应用程序提供运行环境，Windows 2000/XP 有 3 个环境子系统：Win32、POSIX 和 OS/2 1.2。

服务进程和应用程序不能直接调用操作系统服务，它们必须通过子系统动态链接库和系统交互。子系统动态链接库的作用是将文档化函数转换为适当的 Windows 内部系统调用。这样就使得操作系统的组件受到保护，以免被错误的应用程序侵扰，并使得 Windows 2000/XP 操作系统非常坚固稳定。

1.7.3 Windows 2000/XP 的特点

1. 多任务

Windows 2000/XP 是一个多任务的操作环境，它允许用户同时运行多个程序，或在一个程序中做几件事。

2. 采用面向对象技术

Windows 2000/XP 的核心态组件使用了面向对象设计原则，例如，它们不能直接访问某个数据结构中由单独组件维护的信息，这些组件只能使用外部的接口传送参数并访问和修改这些数据。但是 Windows 2000/XP 不是一个严格意义的面向对象系统，Windows 2000/XP 的大部分代码是使用 C 语言编写，并采用了基于 C 语言的对象实现。

3. 可移植性

Windows 2000/XP 的设计目标之一就是能够在各种硬件体系结构上运行。首先，Windows 2000/XP 使用了分层设计，依赖于处理器结构或平台的系统底层部分被隔离在单独的模块之中，系统的高层可以被屏蔽在各种硬件平台之外。HAL 和内核在可移植性上起了关键作用。依赖于体系结构的功能在内核中实现；在相同的体系结构中，因计算机硬件而异的功能在 HAL 中实现。其次，Windows 2000/XP 几乎全部用高级语言写成，只有那些必须和硬件直接通信的部分或性能极度敏感部分是用汇编语言写的。汇编语言程序主要分布于内核和 HAL，只有极少量分布在执行体、Win32 子系统的核心部分和用户态库中。

4. 支持对称多处理(Symmetric MultiProcessing，SMP)

在 SMP 中不存在主处理器，操作系统和用户线程能被安排在任一处理器上运行，所有处理器共享一个内存空间。Windows 2000/XP 能在任何可用的处理器上运行，它的完全可重入代码可以同时在多个处理器上运行，在不同的处理器中每一个线程基本上都可以同时执行，核心以及设备驱动程序和服务进程内部的精确同步允许更多的组件在多处理器上同时运行。

5. 有丰富的 Windows 软件开发工具

随着 Windows 操作系统的普及，各个软件公司纷纷推出新一代可视化开发工具，如 VB、VC++、Builder、Delphi 等。

本章小结

计算机系统包括硬件系统和软件系统两大部分。硬件系统是软件系统运行的基础，软件系统是对硬件系统的功能进行扩充和完善。

计算机硬件系统有 4 个主要的结构化部件：处理器、主存储器、输入/输出模块(I/O 控制器、外部设备)和系统总线。计算机系统在处理器控制下,按程序指令运行。程序和数据在主存储器中存放,系统内的信息交换通过总线传送。输入/输出模块完成用户信息和计算机能处理的二进制信息之间的变换和移动。为了提升系统的性能,多项硬件技术被使用,如DMA、中断技术、高速缓存技术等。

操作系统是计算机系统中的一个系统软件,它能有效地控制和管理计算机系统中的硬件及软件资源;合理地组织计算机系统的工作流程;提供用户与计算机硬件之间的软件接口,使用户能够方便、有效、安全、可靠地使用计算机;使整个计算机系统高效地运行。操作系统处于计算机软件系统的核心位置。

操作系统的特征为并发性、共享性和随机性。操作系统一般有如下功能:处理器管理、存储管理、设备管理、文件管理、进程调度、用户接口、网络服务、错误检测和处理等。我们要从以下几方面理解操作系统:操作系统是一种软件,操作系统为用户提供服务,操作系统是一种虚拟机,操作系统是一种资源管理器;此外,理解进程的概念。操作系统的结构有模块结构、层次结构和微内核结构几种类型。

从操作系统的类型看,操作系统分为批处理操作系统、分时操作系统、个人计算机操作系统、网络操作系统、分布式操作系统、集群式操作系统,以及实时操作系统和嵌入式操作系统等。

目前使用比较广泛的操作系统有 UNIX 操作系统、Linux 操作系统和 Windows 操作系统。

习题 1

一、问答题

1. 计算机硬件和软件指的是什么?它们之间有什么关系?
2. 计算机硬件结构包括哪几个部件?各有什么用途?
3. 处理器由什么组成?
4. 总线传送哪几类信息?
5. 计算机内信息交换方式有哪几种?为什么采用这些方式?
6. I/O 模块技术有哪 3 种?
7. 什么是操作系统?
8. 在计算机系统中,操作系统处于什么地位?
9. 操作系统有哪些功能?
10. 操作系统的特征是什么?
11. 操作系统一般提供哪些服务?
12. 资源管理一般做哪些工作?
13. 如何理解操作系统是虚拟机?
14. 操作系统的发展经历了哪些阶段?
15. 操作系统通常分为哪几类?
16. 操作系统的结构有哪几种类型?

二、选择题

1. 一个完整的计算机系统应该包括________。

A. 硬件系统和软件系统　　B. 硬件系统

C. 主机和外部设备　　D. 主机、键盘、显示器和辅助存储器

2. 计算机软件系统是由________组成。

A. 操作系统和网络通信软件　　B. 系统软件和应用软件

C. 数据管理软件和编译软件　　D. 语言处理软件和工具软件

3. 关于操作系统，下述说法错误的是________。

A. 操作系统是系统软件

B. 操作系统负责管理硬件资源和软件资源

C. 操作系统提供用户与计算机硬件之间的软件接口

D. 操作系统是计算机系统的核心，其他软件都是建立在操作系统之上的

4. 下列4种操作系统中，以"及时响应外部事件"为主要目标的是________。

A. 多道程序批处理操作系统　　B. 网络操作系统

C. 分时操作系统　　D. 实时操作系统

5. 分时操作系统的主要特点是________。

A. 个人独占计算机资源　　B. 自动控制作业运行

C. 高可靠性和安全性　　D. 多个用户共享计算机资源

习题1参考答案

一、问答题

1. **答**：硬件系统是指计算机的物理设备，包括CPU、存储器、输入/输出控制器和总线等。软件系统是各种程序和数据的集合。硬件系统是软件系统运行的基础，软件系统是对硬件系统的功能进行扩充和完善。硬件系统和软件系统的有机结合构成了功能强大的计算机系统。

2. **答**：计算机硬件系统有4个主要的结构化部件，它们是：处理器、主存储器、输入/输出模块(I/O控制器、外部设备)和系统总线。处理器用于控制计算机的操作，执行数据处理功能。主存储器用于存储数据和程序。输入/输出模块完成用户信息(程序和数据)和计算机能处理的二进制信息之间的变换和移动。系统总线是为处理机、主存储器和输入/输出模块提供信息通信的设施。

3. **答**：处理器由控制器、运算器和一组寄存器组成。

4. **答**：通过总线传递的信息包括数据、数据传输的地址(存储器单元的地址和外部设备的I/O地址)以及控制外部设备的控制信号。

5. **答**：计算机处理器一般只与内存交换数据。内存与外部设备的数据交换是在处理器的控制下完成的。这是计算机数据交换的主要方式。为了减轻处理器的压力，在某些情况下，允许I/O模块直接与内存交换数据，称为直接内存存取(Direct Memory Access，DMA)。另外，为了加快处理数据的速度，有些I/O模块可以与处理器直接交换数据，处理器可以不经过内存，直接从I/O模块中读数据，送入到处理器的寄存器；或将处理器的寄存器中的数据直接写向I/O模块。

6. **答**：I/O模块可能的技术有3种：可编程I/O、中断驱动I/O和直接内存访问(DMA)。

7. **答**：操作系统是计算机系统中的一个系统软件，它能有效地控制和管理计算机系统中的硬件及软件资源；合理地组织计算机系统的工作流程；提供用户与计算机硬件之间的软件接口，使用户能够方便、有效、安全、可靠地使用计算机；使整个计算机系统高效地运行。

8. **答**：操作系统是与硬件直接相邻的第一层软件，它对硬件进行管理，对硬件功能进行扩充。其他软件则是建立在操作系统之上的，在操作系统的支持下完成着丰富多彩的任务。

9. **答**：操作系统的主要作用是，管理计算机系统中的硬件及软件资源；合理组织计算机系统的工作流程；提供用户与计算机硬件之间的软件接口。操作系统一般有如下功能：处理器管理、存储管理、设备管理、文件管理、进程调度、提供用户接口。此外，操作系统还有网络服务、错误检测和处理等功能。

10. **答**：操作系统特征包括：并发性，"并发"是指同时存在多个平行的活动；共享性，共享性是指操作系统程序与多个用户程序共用系统中的各种资源；随机性，操作系统是在一个随机的环境中运行的，它必须对发生的不可预测事件进行响应。

11. **答**：操作系统一般提供以下服务，用户接口，操作系统为用户使用计算机系统提供了很多服务和良好的工作环境；程序执行，操作系统必须能将程序加载到内存中，并能控制程序的运行；I/O操作，操作系统必须提供使用外部设备的管道，为用户提供I/O操作的支持；文件管理，必须给用户提供文件管理的服务，使用户能够方便、有效、安全地管理文件；错误处理，程序运行中难免会出错，操作系统必须检测这些错误并适当处理。

12. **答**：操作系统作为资源管理器要负责以下工作：记住资源的使用状态；确定资源的分配策略；执行资源的分配；执行资源的回收。

13. **答**：操作系统为用户提供了一种虚拟机，用户不再直接使用硬件机器(称为裸机)，而是通过操作系统来使用和控制计算机，从而拥有一个功能更强、使用更方便的计算机(称为虚拟计算机)。从虚拟机的观点看，操作系统分成若干层次，每一层完成特定的功能，提供对上一层的支持，构成上一层的运行环境，最内层的硬件是整个操作系统的基础，操作系统通过逐个层次的功能扩充，向用户提供全套的服务，完成用户的作业要求。

14. **答**：操作系统的发展经历了手工操作阶段、早期批处理阶段、多道程序批处理系统阶段、分时系统阶段、网络操作系统阶段和分布式操作系统阶段。

15. **答**：操作系统通常分为批处理操作系统、分时操作系统、个人计算机操作系统、网络操作系统、分布式操作系统、集群式操作系统、多处理器操作系统、实时操作系统、嵌入式操作系统等。

16. **答**：操作系统的结构有简单模块组合结构类型、层次结构类型、微内核结构类型。

二、选择题

1. A　2. B　3. D　4. D　5. D

第2章 进程与线程

进程是操作系统最核心的概念，它是对正在运行的程序的抽象。线程是进程的一个实体，是系统实施调度的独立单位。

本章主要介绍了进程的概念、进程的状态与转换、进程的控制、进程的组织、进程的通信、线程的概念以及 Linux 系统中的进程。

2.1 进程的概念

2.1.1 多道程序设计

早期的操作系统设计中，内存中除操作系统的程序外，只有一个用户程序在里面，并且系统中的其他资源也由这个程序单独使用，不与其他用户程序共享上述资源，这个程序称为单道程序。单道程序严格按照顺序方式执行，其程序活动具有顺序性、封闭性和可再现性 3 个特点：

(1) 顺序性。指程序所规定的每个动作都在上个动作结束后才开始。

(2) 封闭性。指只有程序本身的动作才能改变程序的运行环境。

(3) 可再现性。指程序的执行结果与程序运行的速度无关。

但单道程序系统具有许多明显缺点，如造成资源浪费和效率低等，因此现代计算机系统中几乎不再采用这种技术，而是广泛采用多道程序设计技术。多道程序设计是在内存中同时存放多道程序，这些程序在管理程序的控制下交替地在 CPU 上运行。虽然 CPU 执行指令的方式仍是顺序执行，即在某一时刻只能有一个程序在 CPU 上执行，但 CPU 的调度程序的出现，使得多个程序可以交替地在 CPU 上运行。从宏观上看，系统中的多个程序都"同时"得到执行，即实现了程序的并发执行。

多道程序系统具有提高资源利用率和增加作业吞吐量的优点，但同时伴随而来的程序的并发执行和系统资源的共享使得采用多道程序技术的操作系统工作变得更复杂，不像单道程序系统那样简单、直观。

程序并发执行之所以使操作系统的工作变复杂，是因为它在执行时产生以下 3 个特征：

(1) 失去封闭性。并发执行的多个程序共享系统中的资源，因此这些资源的使用状态不再由某个程序所决定，而是受到并发程序的共同影响，多个并发程序执行时的相对速度是不确定的，何时发生控制转换并非由程序本身决定，而是与整个系统当时所处的环境有关，因此有一定的随机性。

(2) 程序与计算不再一一对应。程序是静态的概念,由有序指令组成,而“计算”是指令在处理机上的执行过程,是动态的概念。在并发执行过程中,一个被共享的程序可以由多个用户作业调用,从而形成多个“计算”。

(3) 并发程序在执行时互相制约。并发程序的执行过程并非是顺序性的,而是会走走停停,即“执行-暂停-执行”的活动规律。各个程序的执行状态与当时所处的环境资源有关。这种停顿的原因不是程序本身造成的,而是与并发的其他程序相互影响的结果。

2.1.2 进程的概念

进程是操作系统中最基本、最重要的概念。由于并发程序技术的出现,程序这个静态概念已经不能反映并发程序执行过程中出现的特征,为此引入“进程”来描述程序动态执行过程的性质。

1. 进程的概念

进程这个术语是1960年由MULTICS系统引入并实现的,但直到目前为止,关于进程的定义及名称均不统一。实际进程最重要的属性是动态性和并发性,因此可以对进程做如下定义:进程是程序在并发环境中的执行过程。

从进程的定义可以看出,进程既与程序有关,又与程序不同,二者之间一般认为有如下区别:

(1) 动态性。进程是程序的一次执行过程,有自己的生命过程,会动态产生和消亡,即进程的存在是暂时的,故进程是动态、主动的概念;而程序是一组指令的有序集合,本身可作为软件资源长期保存,其存在是永久的,因此程序是静态、被动的概念。

(2) 并发性。进程作为资源申请和调度的单位存在,是可以独立运行的,能与其他进程并发执行;而通常的程序是不能作为一个独立运行的单位来并发运行的。

(3) 非对应性。程序和进程不具有一一对应关系。一个程序可能对应多个进程,一个进程可以包含多个程序。如用户使用同一个编译程序进行不同程度的编译,虽然是一个编译程序,但每次编译都要创建不同的进程;而一个进程在执行编译过程中除了调用要编译的源程序外,还要用到预处理程序、链接程序、内存装入程序等。

(4) 异步性。各个进程在并发执行过程中会产生相互制约关系,造成各自前进的速度具有不可预测性。而程序本身是静态的,并不存在异步特征。

2. 进程的基本特征

(1) 动态性。进程具有生命过程,有诞生、消亡,可以执行也可暂停,可处于不同状态。

(2) 并发性。多个进程能够存在于同一内存中,在一定时间内都能得到执行。一个程序的进程可与另一个程序的进程以并发的形式执行,但各个进程向前执行的速度无法预知,以异步形式执行。因此造成进程间的相互制约,使程序具有不可再现性。

(3) 调度性。进程是系统中申请资源和调度的单位。操作系统中的调度程序,根据各自不同的调度策略选择合适的进程,并为其运行提供条件。

2.2 进程的状态与转换

2.2.1 进程的状态

在进程存在的过程中，由于并发执行及相互间的制约，它们的状态会不断变化。通常一个进程至少有3种基本状态：

(1) 运行状态(running)。运行状态是指当前进程已经分配到CPU，正在处理机上执行时的状态。处于此状态的进程个数不能超过CPU的数目。

(2) 就绪状态(ready)。就绪状态是指进程已经具备运行条件，但因其他进程正占用CPU，使其不能运行而只能处于等待CPU的状态。处于此状态的进程数目可以有多个。如果系统中有N个进程，则处于就绪状态的进程最多为$N-1$个。

(3) 阻塞状态(blocked)。阻塞状态又称等待状态或封锁状态，即一个进程正在等待某一事件(如等待某资源成为可用，等待输入/输出完成或等待与其他进程的通信等)而暂时不能运行的状态。处于阻塞状态的进程不具备执行条件，即使CPU空闲，它也无法运行。系统中处于此状态的进程可以有多个。

上述3个状态是最基本的，进程在系统中，其状态是可以变化的。进程各状态间变化如图2-1所示。

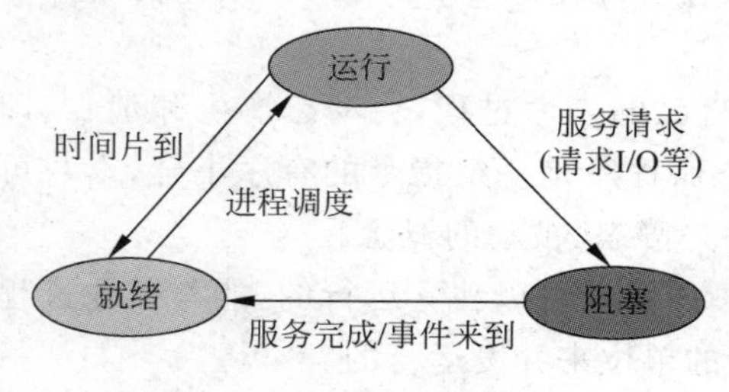

图2-1 进程的状态

从转换图2-1可看出：

(1) 处于就绪状态的进程被进程调度程序选中后，就分配给处理器来执行。该进程的状态就由就绪转换运行状态。运行状态的进程在运行的过程中可能需等待某一事件发生，之后才能继续运行，因此该进程由运行状态转换为阻塞状态。

(2) 处于运行状态的进程在运行过程中，因分给的处理器时间片已用完而不得不让出处理器，于是由运行状态转换为就绪状态。

(3) 处于阻塞状态的进程，若等待的事件已经发生，就由阻塞状态转换为就绪状态。

在很多系统中，除了上述3种基本状态外，又增加了两种基本状态：新建状态和终止状态。

新建状态(new)：指进程刚被创建时，尚未放入就绪队列时的状态。处于此状态的进程是不完全的。当创建新进程的所有工作完成后，操作系统就把该进程送入就绪队列中。

终止状态(terminated)：指进程完成自己的任务而正常终止或在运行期间由于出现某些错误和故障而被迫终止时所处的状态。处于终止状态的进程不能再被调度执行，只能被系统撤销。

2.2.2 进程状态的转换

进程在生存期内状态不断发生变化，一个进程可以多次处于就绪状态和运行状态，也可多次处于阻塞状态，而且可能排在不同的阻塞队列上。实际上进程状态的转换是需要条件和原因的，完整状态之间的转换如图 2-2 所示。

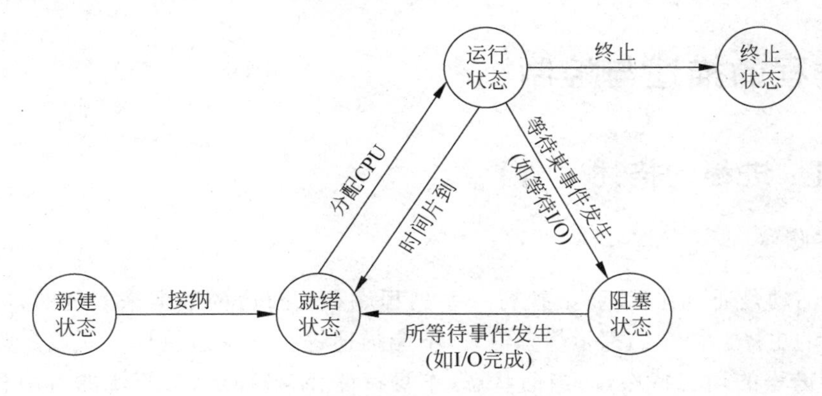

图 2-2　进程状态的转换

1. 新建→就绪

当就绪队列能容纳新建进程时，操作系统就把一个新建状态的进程移到就绪队列中。大多数操作系统根据系统资源的数量等因素对系统中进程数目的最大值给予限定。因为每个进程都需要一定的数据结构，占用内存空间以及一些 I/O 设备等资源，如若创建进程过多，将会导致资源不足，从而降低系统性能。

2. 就绪→运行

处于就绪状态的进程被调度程序选中后，分配其 CPU，该进程就由就绪状态变为运行状态。处于运行状态的进程也称为当前进程，只有当前进程的程序在 CPU 上运行，它才是真正活动的。

3. 运行→阻塞

当一进程必须等待时，即由运行状态转换为阻塞状态，可能是由下述原因造成的：

(1) OS 尚未完成服务。

(2) 对某一资源的访问尚不能进行。

(3) 初始化 I/O 且必须等待结果。

(4) 等待某一进程提供输入（IPC）。

4. 阻塞→就绪

当所等待的事件发生时，阻塞进程就由阻塞队列进入就绪队列，然后与就绪队列中的其他进程竞争 CPU。此时该进程由阻塞状态转换为就绪状态。

5. 运行→就绪

正在运行的进程由于所分配的时间片用完，必须暂停运行，并让出 CPU。此时状态由运行转换为就绪。以后如果进程调度程序选中它，它可以继续运行。

6. 运行→终止

正在运行的进程完成自己的任务或因为某些事件被异常终止时，该进程状态由运行变为终止。处于终止状态的进程暂时留在系统中，最终由其父进程负责撤销。

2.3 进程的描述与控制

2.3.1 进程的描述

1. 进程映像

进程的活动是通过在 CPU 上执行一系列程序和相对应的数据来实现的，因此程序和数据是进程的主体。但它们都是静态信息，不能描述进程的动态特性。所以还需要一个数据结构记录进程的动态特性，如当前状态、本身特性、结构描述、对资源的占用和调度信息等，这种数据结构被称为进程控制块(Process Control Block，PCB)。此外，程序的执行必须有一个或多个栈，用来保存过程调用和参数传递的整个过程。因此，进程映像一般由程序、数据、栈和 PCB 4 个部分组成。图 2-3 是进程的一般映像模型。

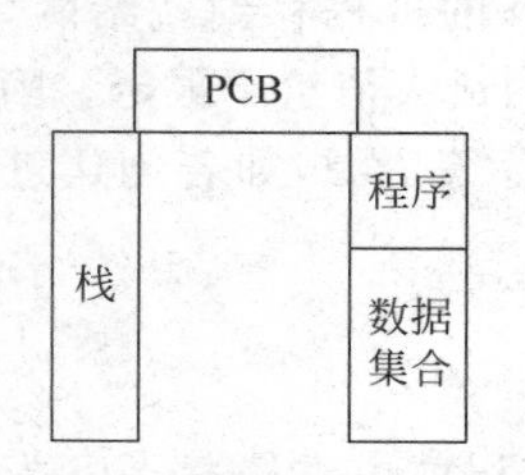

图 2-3 进程的一般映像模型

程序与数据用来描述进程本身所应完成的功能，实际上进程在内存执行时需要更复杂的数据结构。进程映像由它的(用户)地址空间内容、硬件寄存器内容和与该进程有关的核心数据结构组成。

2. 进程控制块的定义与作用

进程控制块(Process Control Block，PCB)是操作系统为描述进程状态过程所采用的一个与进程相联系的数据结构，有时也称进程描述块(Process Descriptor)，它是进程管理和控制的最重要的数据结构。在创建进程时，首先建立 PCB，它伴随进程运行的全过程，直到进程撤销而撤销。PCB 中含有进程的描述信息和控制信息，是进程动态特性的集中反映，是系统对进程识别和实行控制的依据。每个进程都有唯一的进程控制块。

操作系统根据 PCB 对进程进行实施控制和管理。例如：当进程调度程序执行进程调度时，从就绪进程队列的 PCB 中找出其调度优先级；然后按照某种算法从中选一个进程，再根据该进程 PCB 中保留的现场信息，恢复该进程的运行现场；进程运行中与其他进程的同步和通信，要使用 PCB 中的通信信息；进程从 PCB 中查找资源需求与分配等方面的信息；进程使用文件的情况记录在 PCB 中；当进程因某种原因而暂停运行时，其断点现场信息要保存在 PCB 中。由此可见，在进程的整个生存周期内，系统对进程的控制和管理是通过 PCB 来实现的。

3. 进程控制块的组成

在不同操作系统里，PCB 的具体组成部分是不同的。简单操作系统中 PCB 较小，而在大型操作系统里它很复杂，有很多信息项。总的来说，PCB 一般包括如下内容：

1) 进程标识符 name

每个进程都必须有一个唯一的标识符，可以是字符串，也可以是一个数字。UNIX 系统中，进程标识符是一个整型数。在进程创建时由系统赋予。

2) 进程当前状态 status

说明进程当前所处的状态。为了管理的方便，系统设计时会将相同状态的进程组成一个队列，如就绪进程队列，等待进程还可根据等待的事件组成多个等待队列，如等待打印机队列、等待磁盘 I/O 完成队列等。

3) 当前队列指针 next

登记与本进程处于同一队列的下一个进程的 PCB 的地址链指针 all_q_next。

4) 执行程序开始地址 start_addr

进程控制块数据结构中存放要执行的代码段地址，当进程调度程序在 CPU 上要执行该程序代码时，就访问该代码段的开始地址 start-addr。

5) 进程优先级 priority

进程的优先级反映进程的紧迫程度，通常由用户指定和系统设置。UNIX 系统采用用户设置和系统计算相结合的方式确定进程的优先级。

6) CPU 现场保护区 cpu status

当进程因某种原因不能继续占用 CPU 时(等待打印机)，释放 CPU，这时就要将 CPU 的各种状态信息保护起来，为了将来再次得到处理机，恢复 CPU 的各种状态，继续运行。

7) 通信信息 communication information

某个进程在运行的过程中可能要与其他进程进行通信，该区记录有关进程通信方面的信息。

8) 家族联系 process family

有的系统允许一个进程创建自己的子进程，而子进程还可以再创建，一个进程往往处在一个家族之中，于是就需要记录进程在家族中位置的信息。

9) 占有资源清单 own-resource

进程占用系统资源的情况，不同系统的处理差别很大，UNIX 系统中就没有此项。

2.3.2 进程的控制

进程是有生命周期的，这一过程包括进程的产生、运行、暂停、终止。对进程的这些操作称为进程控制。

进程控制的职责是对系统中全部进程实施有效的管理，它是处理机管理的一部分(另一部分是进程调度)，当系统允许多进程并发执行时，为了实现共享、协调并发进程的关系，处理机必须对进程实行有效的管理。进程控制包括进程创建、进程撤销、进程阻塞、进程唤醒、改变进程优先数、调度进程运行。这些操作都要对应地执行一个特殊的程序段(操作系统核心程序)，同时系统也通过系统调用给用户提供进程控制的功能。完成进程控制的这种特殊的系统调用，我们把它称为原语。实际上它是一种特殊的系统调用命令，执行时是不可中断的。共有 4 种原语，分别为进程阻塞(运行状态转变为等待状态)、进程唤醒(等待状态转变为就绪状态)、进程创建(新建进程转变为就绪状态)、进程调度(就绪状态转变为运行状态)。

1. 进程的创建

引发进程创建的事件通常是调度新的批作业、交互式用户登录、操作系统提供服务和现有进程派生新进程。创建新进程时要执行创建进程的系统调用(如 UNIX/Linux 系统中的 fork)。

1）原语形式

create (name,priority,start_addr)

- name 为被创建进程的标识符。
- priority 为进程优先级。
- start_addr 为某程序的开始地址。

2）功能

创建一个具有指定标识符的进程，建立进程的 PCB 结构。

3）实现

创建新进程流程如图 2-4 所示。其主要操作过程有如下 4 步：

(1) 申请一个空闲的 PCB。

(2) 为新进程分配资源。

(3) 将新进程的 PCB 初始化。

(4) 将新进程加到就绪队列中。

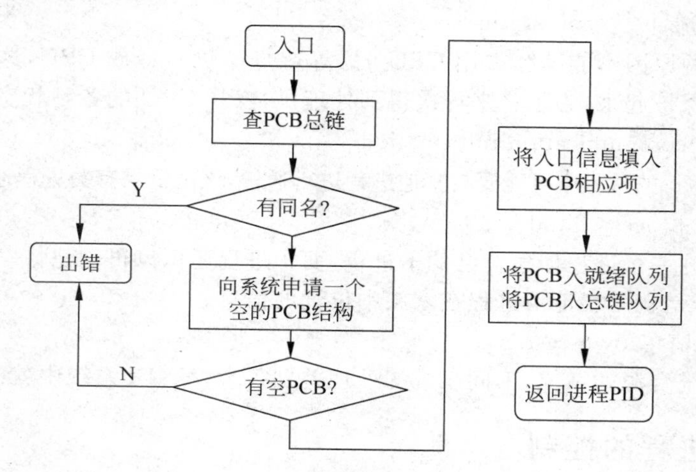

图 2-4　创建新进程流程

下面这个 C 程序展示了 UNIX 系统中父进程创建子进程及各自分开活动的情况：

```
#include <stdio.h>
void main(int argc,char *argv[])
{
        int pid;
            /* fork another process */
        pid = fork();
        if (pid < 0) {                  /* error occurred */
            fprintf(stderr, "Fork Failed");
            exit(-1);
        }
        else if (pid == 0) {        /* child process */
          execlp( "/bin/ls", "ls",NULL);
        }
```

```
        else {/* parent process */
            /* parent will wait for the child to complete */
            wait(NULL);
            printf( "Child Complete" );
            exit(0);
        }
}
```

2. 进程的撤销

1) 原语形式

当进程完成任务后希望终止自己时使用进程撤销原语。

Kill (或 exit)

该命令没有参数,其执行结果也无返回信息。

2) 功能

撤销当前运行的进程。将该进程的 PCB 结构归还到 PCB 资源池,所占用的资源归还给父进程,从总链队列中摘除它,然后转进程调度程序。

3) 实现

撤销进程的流程如图 2-5 所示,撤销进程的主要操作过程如下:

(1) 找到指定进程的 PCB。

(2) 终止该进程的运行。

(3) 回收该进程所占用的全部资源。

(4) 终止其所有子孙进程,回收它们所占用的全部资源。

(5) 将被终止进程的 PCB 从原来队列中摘走。

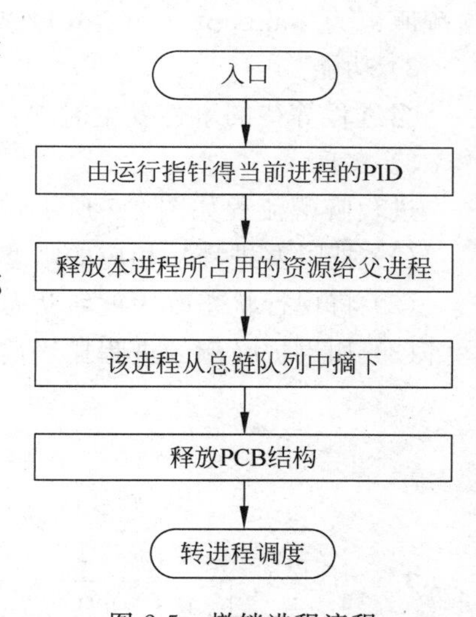

图 2-5 撤销进程流程

3. 进程阻塞

1) 原语形式

当进程需要等待某一事件完成时,它可以调用进程阻塞原语把自己挂起。

susp(chan)

入口参数 chan:进程等待的原因。

2) 功能

终止调用进程的执行,并加入到等待 chan 的等待队列中;最后使控制转向进程调度。

3) 实现

进程阻塞流程如图 2-6 所示,其过程如下:

(1) 立即停止当前进程的执行。

(2) 现行进程的 CPU 现场保存。

(3) 现行状态由“运行”改为“阻塞”。

(4) 转到进程调度程序。

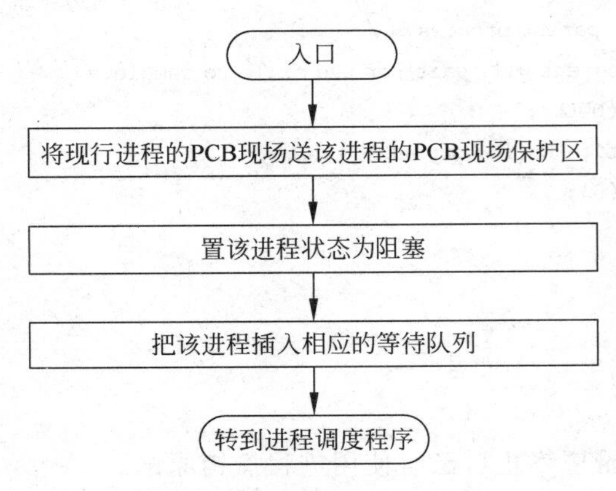

图 2-6 进程阻塞处理流程

4. 进程唤醒

1）原语形式

当处于等待状态的进程所期待的事件来到时，由发现者进程使用唤醒原语叫唤醒它。唤醒原语为 wakeup(chan)，入口参数为 chan，表示进程等待的原因。

2）功能

当进程等待的事件发生时，唤醒等待该事件的所有进程或等待该事件的首进程。

3）实现

进程唤醒流程如图 2-7 所示，执行过程如下：

(1) 把阻塞进程从相应的阻塞队列中摘下。

(2) 将现行状态改为就绪状态，然后把该进程插入就绪队列中。

(3) 如果被唤醒的进程比当前运行进程的优先级更高，则重新设置调度标识。

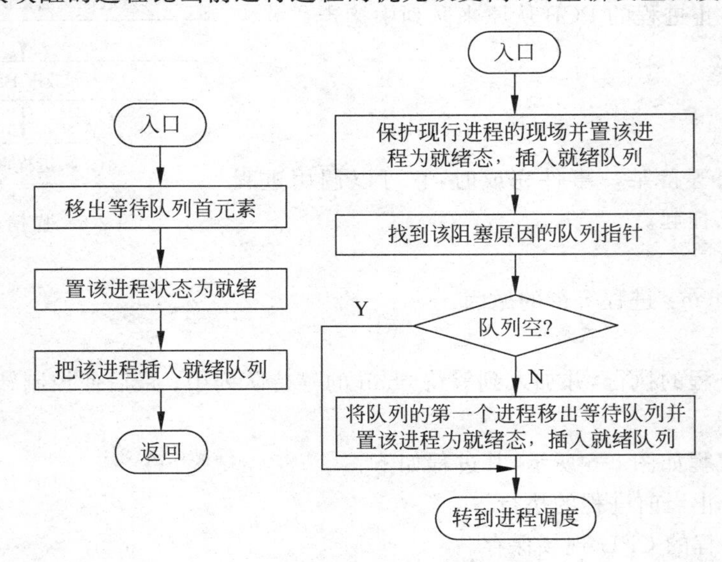

图 2-7 进程唤醒流程

2.4 进程的组织

2.4.1 进程的组成

进程是由程序段、数据段和进程控制块组成的，如图 2-8 所示。程序段描述了进程本身所要完成的功能。数据段是程序操作的一组存储单元，是程序操作的对象。当进程存在于系统时，进程控制块 PCB 就代表了这个进程。PCB 中包含了进程的描述信息和控制信息。通常 PCB 包括进程的标识符、进程的现行状态、CPU 保护区、进程起始地址、资源清单和进程优先级等相关内容。在进程整个生命周期中，系统总是通过访问进程控制块控制进程各状态的。

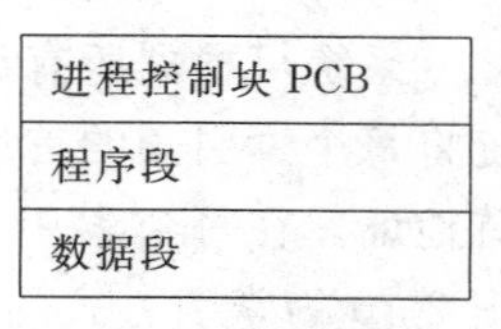

图 2-8 进程的组成

当操作系统要调度某进程执行时，要从该进程控制块中，查其现行状态和优先级；调度到某进程后，要查看其进程控制块中存储的处理机状态信息，恢复进程运行现场，查找进程控制块中程序和数据的内存地址，以便找到该进程对应的程序和数据。

2.4.2 PCB 的组织方式

在一个操作系统中，通常都有许多 PCB，其数目为数十至数百个，不同系统允许创建的最大 PCB 数目有所不同。为了对它们进行有效的管理，要用适当的方式将它们组织起来。目前常用的组织方式有以下两种：

1. 链接方式

根据 PCB 状态的不同，把具有相同状态的 PCB 链接成一个队列，这样系统中就形成了就绪队列、阻塞队列、运行队列和空白队列，操作系统保留每个队列的起始指针。就绪队列常按进程的优先权排列，将优先权高的 PCB 排在前面。阻塞队列根据阻塞原因还可以组织成多个队列，如把阻塞状态进程的 PCB 分别排成等待 I/O 操作完成、等待分配内存的队列等。图 2-9 为链接方式的 PCB 组织。运行队列为 PCB0，就绪队列为 PCB_3～PCB_6，阻塞队列为 PCB_5、PCB_1、PCB_7，空白队列为 PCB_2、PCB_8、PCB_{10}、PCB_4。

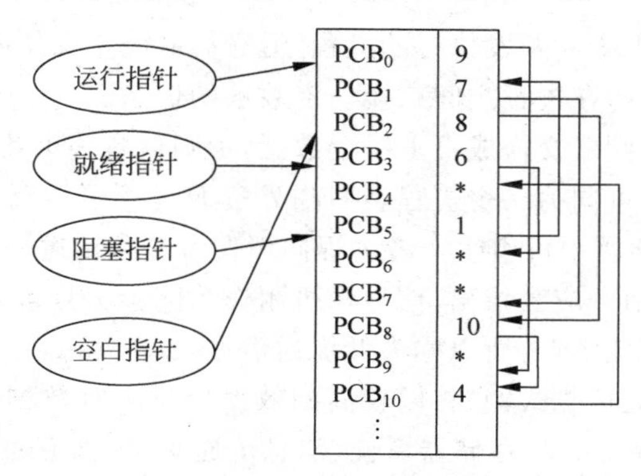

图 2-9 链接方式的 PCB 组织

当进程的状态发生变化时，进程从原来的进程控制块链接队列中退出，进入新状态所对应的进程控制块链接队列。

以链接方式组织进程控制块的主要优点是直观，体现了进程的本身特性，如等待时间的长短、优先级的高低、需要处理时间的长短，为进程调度算法的实施提供了方便。主要缺点是如果进程状态发生变化，则链接队列需要作相应的调整，进程控制块中的指针需要改变。

2. 索引方式

系统可根据所有进程的状态，建立几张索引表，如就绪索引表、阻塞索引表等。操作系统将每个索引表的首地址放到硬件寄存器中，通过硬件寄存器可以快速得到每个索引表的首地址。在每个索引表的表目中，记录具有相应状态的某个 PCB 在 PCB 表中的地址。图 2-10 为索引方式的 PCB 组织。

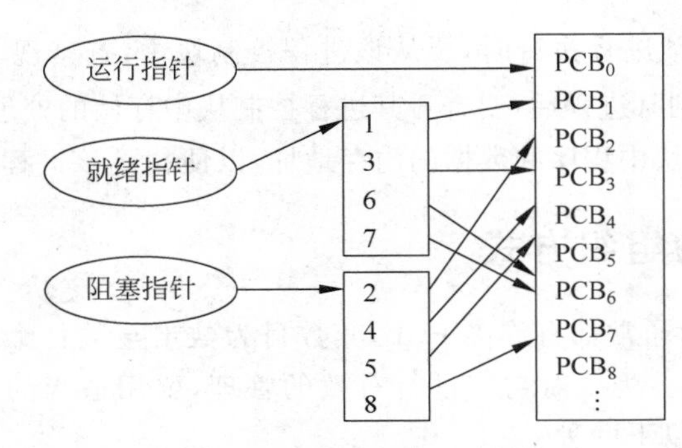

图 2-10 索引方式的 PCB 组织

索引方式最明显的优点是通过索引表可以快速得到进程控制块地址，不需要像链接方式一样，从链首到链尾查找；如果进程状态变化，不需要修改进程控制块的链接指针，只需要增加或删除索引表中的记录。索引方式的缺点为索引表本身需要占用内存空间，搜索索引表也需要时间。

2.5 进程的通信

一个作业可分为若干个能并发执行的进程，但它们应经常保持联系，以便协调一致地完成指定任务，这种联系是指在进程之间交换一定数量的信息。

信息量可多可少，多则能交换成百上千个数据，少则仅是一个状态或数值。进程同步是指进程通过修改信号量，可向另一个进程表明临界资源是否可用，就是一种简单通信方式。例如，在生产者-消费者问题中可由生产者进程向消费者进程传送一批消息，或者说，生产者通过缓冲池与消费者通信。应当指出，信号量机制作为同步工具是卓有成效的，但作为通信工具则不够理想，因为其效率低，所以称为低级通信方式。

本节主要介绍高级通信方式，它将以较高的效率传送大批数据。实现进程之间通信的方式可以归结为以下 3 种：共享存储器系统、消息传递系统、管道通信。

2.5.1　共享存储器系统

共享存储器系统(Shared-Memory System)的方式是指，相互通信的进程共享某些数据结构或共享存储区来交换或传递数据。这样又可进一步把它分成两种类型：

1. 基于共享数据结构的通信方式

进程之间能够通过某种类型的数据结构交换信息，如生产者-消费者问题中，便是利用有界缓冲区这种数据结构进行通信。在这种方式中，设置共享数据结构及对进程间同步的处理都是程序员的职责，这无疑增加了程序员的负担，而操作系统却只需提供共享存储器。这种通信方式的效率低，因此只适于传递少量信息。

2. 基于共享存储区的通信方式

在提供这种通信方式的系统中，存储器中划出了一块共享存储区，进程间可通过对共享存储区中的数据进行读或写来实现通信。进程在通信前应向系统申请共享存储区中的一个分区，并指定该分区的关键字，若系统已经给其他进程分配了这样的分区，则将该分区的描述符返回给申请者，接着，申请者把获得的共享存储分区连接到本进程上，此后便可像读、写普通存储器一样地读、写共享存储分区。

2.5.2　消息传递系统

在消息传递系统(Message System)中，进程间的信息交换以消息或报文为单位，程序员直接利用系统提供的一组通信命令(即原语)来实现通信。操作系统隐藏了通信的实现细节，大大简化了通信程序编制的复杂性，因而获得广泛的应用。消息系统的通信方式可分成以下两种：

1. 直接通信方式

在这种通信方式中，要求发送进程和接收进程以显式方式提供目标进程标识符。系统通常提供两条通信原语，分别用于发送和接收消息：

```
Send(receiver, message);
Receive(sender, message);
```

例如，原语 Send(P_2,m_1) 表示将消息 m_1 发送给接收进程 P_2；Receive(P_1,m_1)表示接收由发送进程 P_1 发来的消息 m_1。

2. 间接通信方式

在间接通信方式中，进程之间需要通过某种中间实体来暂存发送进程发送给某个或某些目标进程的消息，接收进程则从中取出发送给自己的消息。通常把这种中间实体称为信箱(Mailbox)。在逻辑上，信箱由信箱头和包括若干个信格的信箱体所组成，每个信箱必须有自己的唯一标识符。利用信箱进行通信，用户可以不必写出接收进程标识符，从而也就可以向不知名的进程发送消息，且信息可以安全地保存在信箱中，允许目标用户随时读取。这种通信方式被广泛地用于多机系统和计算机网络中。

2.5.3 管道通信

管道通信是基于原有的文件系统形成的一种通信方式，即它是利用一个打开的共享文件来连接两个相互通信的进程，该共享文件称为管道(pipe)，因而这种通信方式称为管道通信。事实上，只要两个进程间用管道进行连接，作为管道输入的发送进程可以以字符流形式将大量信息送入管道，而作为管道输出的接收进程便可从管道中接收消息。

为了协调双方的通信，管道通信机制必须提供三方面的协调能力：

1）互斥

当一个进程正在对 pipe 进行读/写操作时，另一进程必须等待。

2）同步

当写(输入)进程把一定数据(如 4KB)写入 pipe 后便去睡眠等待，直到读(输出)进程取走数据后再把它唤醒。当读进程读到一空 pipe 时也应睡眠等待，直到写进程将消息写入管道后，才将它唤醒。

3）判断对方是否存在

只有确定对方存在时，方能进行通信。

在上述几种通信方式中，由于直接通信是以内存缓冲区为基础，故有较高的通信速度，它已成为单处理机多道程序系统中最流行的一种通信方式。

2.6 线程

2.6.1 线程的概念

自从 20 世纪 60 年代操作系统中引入进程作为独立运行的基本单位以来，系统的资源利用率和吞吐量大大提高了。但进程既是资源申请的独立单位，又是系统调度的独立单元，在创建、撤销和切换进程时会造成很大的开销。到了 20 世纪 80 年代，现代操作系统中大多都引入了比进程更小的独立运行单位——线程(thread)。如 Windows 2000、Linux 等都引入了线程的概念。

1. 线程概念的引入

由于进程是一个可以拥有资源的独立单元，又是一个可以独立调度和分派的基本单元。为了使进程能并发执行，系统必须进行以下一系列的操作：

(1) 系统在创建进程时，必须为之分配所必需的、除了 CPU 以外的所有资源。如内存空间、I/O 设备及建立相应的 PCB。

(2) 系统在撤销进程时，又必须对分配给进程的资源进行回收操作，然后再撤销其 PCB。

(3) 进程在建立以后到被撤销之前，要经历若干次状态转换，在进行进程状态转换时，要保留进程执行时的 CPU 环境，并设置新选中进程的 CPU 环境，为此系统需要花费不少的处理机的时间。

由于进程不仅是系统调度的基本单位，还是一个资源的拥有者，这双重身份使得在进程创建、撤销以及状态转换中，系统要为之付出较大的时间和空间开销。也正是因为如此，系统中所设置的进程数目不宜过多，进程切换的频率也不宜太高，但这样就限制了进程并发程度的进一步提高。

现代操作系统把资源分配和调度分离开来，让进程仍作为资源分配的单位，但只作为资源拥有者，而把线程作为系统调度的单位。线程只拥有一些在运行中必不可少的资源(如程序计数器、一组寄存器和栈)，它与同属一个进程的其他线程共享该进程拥有的全部资源。

在支持线程的操作系统中，线程是进程的一个实体，是系统实施调度的独立单位。各个线程可以并发地运行。线程切换时只需保存和设置少量的寄存器内容，并不涉及存储器管理方面的操作，所以线程切换的开销远远小于进程切换。同一个进程中的多个线程共享同一个地址空间，使得它们之间同步和通信的实现也比较容易。同一进程内的线程切换也因为线程的轻装而方便得多。所以引入线程的目的是简化线程间的通信，从而进一步提高系统的并发度，减少系统的开销，提高系统的吞吐量。

2. 单线程进程和多线程进程的结构

一个进程至少拥有一个线程(该线程为主线程)，进程根据需要可以创建若干个线程。由于这些并发执行的线程之间共享进程的所有资源，线程的创建和线程之间的切换在进程内部进行。

单线程进程是指一个进程中只有一个线程，该线程可以完全使用进程的所有资源，如图 2-11 所示。多线程进程是指一个进程中可以有多个线程，这多个线程共享进程的所有资源，如图 2-12 所示。

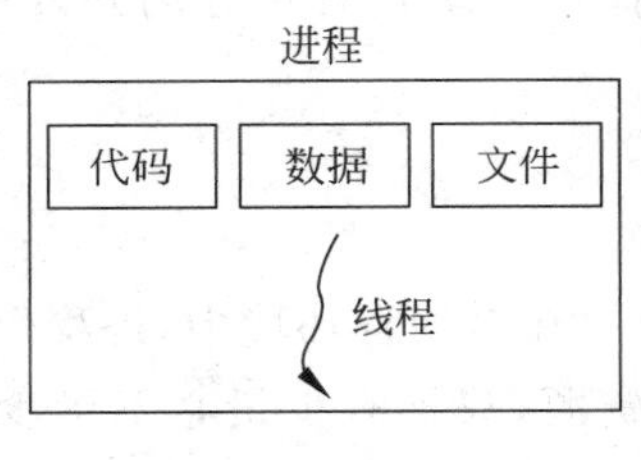

图 2-11 单线程进程

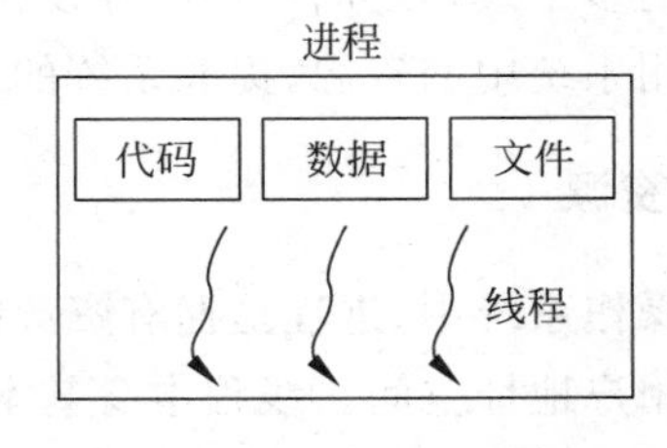

图 2-12 多线程进程

3. 线程的状态

每个线程有一个 thread 结构，即线程控制块(简称 TCB)，用于保存自己私有的信息，主要由以下几个基本部分组成：状态和调度信息、线程标识信息、现场信息(组织成栈帧)、线程私有存储区、指针(指向 PCB)。

进程产生时同时产生第一个线程，其他线程在以后由任一线程请求创建。与进程一样，除了新建状态和终止状态，线程创建后运行过程中有 3 个主要状态，分别是运行、就绪、阻塞。线程不是资源的拥有单位，因此，与进程挂起相关的状态对线程不具有意义。因为如果一个进程被挂起并被换出内存，则进程的所有线程由于共享进程的地址空间，也必须全部换出内存，所以，挂起操作引起的状态变化是进程级状态变化，不作为线程状态变化。线程状态及其转换如图 2-13 所示。

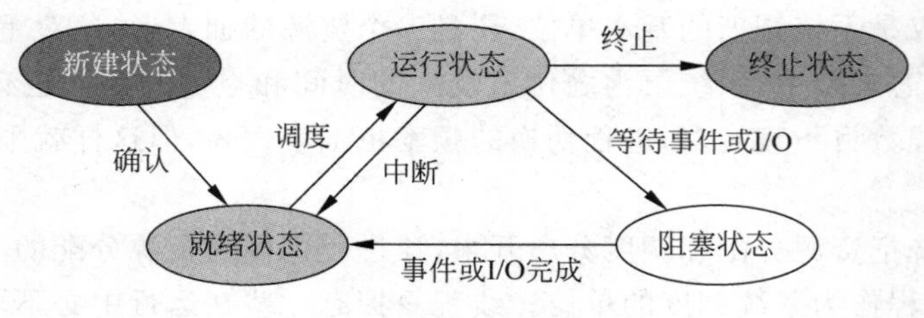

图 2-13 线程状态及其转换

2.6.2 线程与进程的比较

线程和进程是两个密切相关的概念。我们从以下几个方面对线程和进程这两个重要概念进行区分和比较。

1. 调度单位

传统操作系统中,拥有资源的基本单位和独立调度分派的基本单位都是进程,进程具有独立性;在引入线程的操作系统中,进程只作为资源分配的基本单位,线程则作为调度和分派的基本单位,线程可以不背负资源或者只需要很少的资源,可以轻装上阵,显著提高系统的并发执行程度。

2. 并发性

在引入线程的操作系统中,不仅进程之间可以并发执行,作为比进程更小的执行单位,一个进程中的多个线程之间也可以并发执行。因而操作系统具有更好的并发性,从而可以更有效地使用系统中的资源,提高系统的吞吐量。

3. 拥有资源

传统的操作系统中,进程是拥有资源的独立单位。在多线程环境中,进程仍然有一个进程控制块和用户地址空间。线程本身基本上不拥有资源,只拥有少量必不可少的资源。线程具有共享性,属于同一进程的线程共享进程的资源。一个进程的代码段、数据段及系统资源,如打开的文件、设备等,可供同一进程中的所有线程共享。

4. 系统开销

由于创建或撤销进程时,系统都要为之分配或回收资源,操作系统所付出的时间和空间开销将显著地大于重建或撤销线程的开销。在一个进程中创建一个新的线程比创建一个全新的进程所需要的时间要少,撤销一个线程比撤销一个进程所需要的时间要少。进程切换涉及当前进程 CPU 环境的保存及新被调度运行的进程 CPU 环境的设置,包括程序地址和数据地址等。而线程的切换只需保存和设置少量寄存器的内容。线程之间的切换比进程之间的切换花费的时间要少。由于同一进程中的多个线程具有相同的地址空间,同一个进程中的线程共享存储空间和文件,它们无须内核的支持就可以互相通信。

下面列举个使用线程提高程序执行效率的例子。例如，在一个没有引入线程的单处理机系统中，若仅设计了一个文件服务进程，当该进程由于某种原因被阻塞时，用户的文件服务请求就得不到响应。在引入线程的操作系统中，可以在一个文件服务进程中设计多个服务线程，当第一个线程被阻塞时，文件服务进程中的第二个线程可以继续执行；当第二个线程被阻塞时，第三个线程可以继续执行……这样就显著地提高了文件服务的质量和系统的吞吐量。

2.6.3 线程的实现与模型

1. 线程的实现

线程已经在许多操作系统中实现，但实现的方式并不完全相同。对于进程来讲，无论它是系统进程还是用户进程，在进行切换时都要依赖于内核中的进程调度程序。所以，内核是感知进程存在的，在内核支持下进行进程切换。而对于线程则不然，我们根据线程的切换是否依赖于内核把线程分成：用户级线程、内核级线程。还有一些系统则同时实现了这两种类型的线程，称为混合式线程的实现。

1）内核级线程

在完全内核级线程环境中，线程管理的全部工作由操作系统内核在内核空间实现，如线程创建、结束、同步等系统调用。内核调度以线程为单位。当进程被创建时，内核同时为进程创建第一个核心级线程，运行用户初始程序；以后可调用创建线程的系统调用，创建新的线程。核心级线程既运行用户程序，在自陷或中断进管时又运行核心程序。

内核为应用程序开发者提供了一个应用程序设计接口 API，应用程序通过调用 API 函数，实现线程的创建和控制管理。除了 API 函数调用外，应用程序区不需要有任何线程管理的其他代码。创建核心级线程系统调用处理的过程是：首先，接收新线程执行函数地址、初始变量值、用户栈地址、私有区地址；其次，在核心空间中分配 TCB、核心栈；再次，初始化上述表格及运行现场，将线程状态改为就绪；然后，运行核心线程调度程序；最后，恢复被调度线程的现场运行。内核为整个进程及进程中的所有线程维护现场信息。

内核级线程实现的主要优点如下：在多处理器上，同一进程内线程可以并发执行；如果进程中的一个线程阻塞，内核能够调度同一进程的其他线程占有处理器；内核级线程的数据结构和堆栈均较小，线程的切换快，从而可提高处理器的效率；内核级线程自身可以用多线程技术实现，提高了系统的并行性和执行速度。

内核级线程实现的主要缺点如下：应用程序的线程运行在用户空间，而线程调度和管理在内核空间，即使是同一进程在运行，当对线程的控制需要从一个线程传送到另一个线程时，也要经过用户态到核心态，再从内核态到用户态的模式切换，系统开销较大。核心级线程表格占用系统空间。

2）用户级线程

用户级线程只存在于用户级，线程的创建、撤销及切换都不利用系统调用实现，因而这种线程与内核无关，内核也不知道这种线程的存在。

在一个纯粹实现用户级线程的软件中，用户级线程由用户空间运行的用户级线程库实现，任何应用程序通过线程库进行程序设计。用户级线程库是线程运行的支撑环境。线程库是用于管理用户级线程的可以被所有系统共享的应用级实用程序，其中包含用于创建和撤销线程的例程、在线程之间传递消息和数据的例程、线程调度以及保存和恢复线程的代码。

当一个应用程序提交给操作系统后，操作系统首先为该应用程序建立一个内核管理进程，该进程在用户级线程库环境下开始运行时，用户级线程库为进程创建一个线程。当进程处于运行状态时，运行这个唯一线程。该线程通过调用用户级线程库创建新线程，新线程创建成功并处于就绪状态。同一进程的线程之间的切换在用户空间实现，内核并不知道用户空间线程的活动。内核只是以进程为单位，实现进程状态的转换。

创建用户级线程函数处理过程如下：接收新线程执行函数及初始变量值；在进程用户空间中分配 TCB 表、栈区和私有存储区；初始化上述表格；将 TCB 表中的线程状态改为就绪；运行线程调度程序；返回到被调度线程的现场运行。

用户级线程实现具有如下优点：线程切换不需要内核特权方式，无须修改操作系统的核心。因为，所有线程管理的数据结构均在单个进程的用户空间中，管理线程切换的线程库也运行在用户空间。进程对线程的管理不需要切换到内核方式，这节省了切换的时间和内核资源。用户级线程根据应用程序的需要选择进程调度算法，而线程库的线程调度算法与进程调度算法无关，所以线程管理开销小。

用户级线程库的主要缺点：线程因 I/O 等原因阻塞于内核时，多线程库调度器不知道，则该线程所在进程的所有线程都将被阻塞，使得处理器空闲，资源浪费；系统在进程调度时分配给进程的处理器时间需要由所有的线程分享，不能做到同一进程内线程在多 CPU 上并行。

3）混合式线程

在有些操作系统中实现了用户级线程和内核级线程两种方式的组合，即提供了混合式线程的实现。在混合式线程的实现中，不但内核支持内核级线程的建立、调度和管理，而且允许用户应用程序建立、调度和管理用户级线程。

在混合式线程实现中，同一个进程的多个线程可以同时在不同处理器上并行执行。如果一个线程阻塞，同属于一个进程的其他线程仍然可以处于就绪状态并等待被调度。一个应用程序的多个用户级线程可以被映射成多个内核级线程，为了达到较好效果，程序员可以根据应用程序需要和计算机的配置情况调节内核级线程数目。因此，如果设计恰当，混合式线程可以兼具内核级线程实现和用户级线程实现的优点。

以上 3 种线程的实现方式如图 2-14 所示。

2．线程模型

用户级线程与内核级线程之间的关系可以有 3 种模型表示：

1）一对一模型

一对一模型将一个用户级线程映射到一个核心级线程。创建一个用户级线程，需要创建一个内核级线程与之对应。这种情况下，如果一个线程阻塞，系统允许调度另一个线程运行。多处理器系统可以实现多个线程并行执行，系统效率较高。缺点是每创建一个用户级线程，则需要创建一个内核级线程，系统的线程数目较多，开销较大，在实现中应该限制系统的线程数。

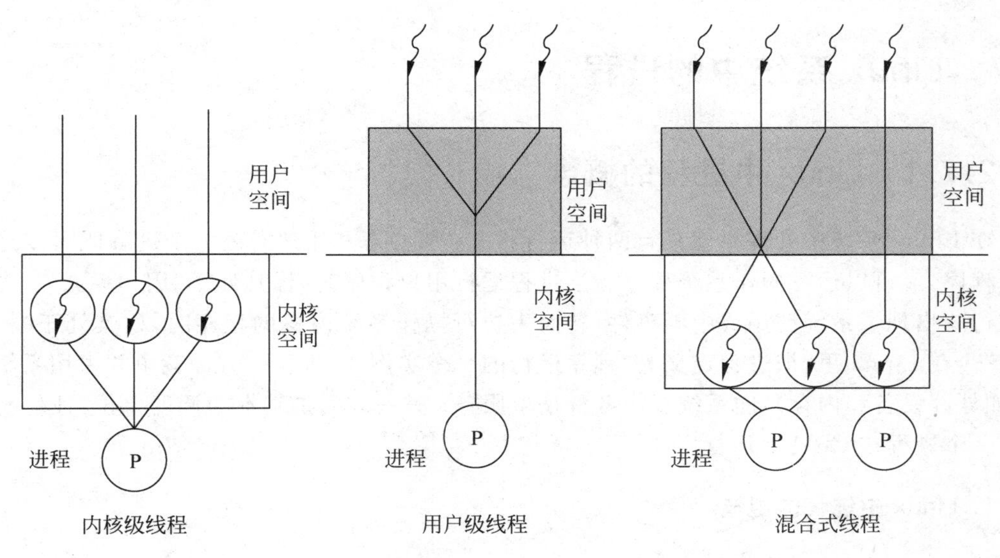

图 2-14 线程实现方式

2）多对一模型

多对一模型将多个用户级线程映射到一个内核级线程，这多个用户级线程属于一个进程，运行在进程的用户空间，对线程的管理和调度也在用户空间完成，只有当用户级线程需要访问内核时，才将其映射到一个内核线程上，但每次只允许一个线程映射。该模型的优点是线程管理等都在用户空间完成，节约系统资源。缺点是如果一个线程阻塞，属于同一个进程的所有线程都阻塞，在多处理器系统中，一个进程的多个线程无法并行执行，系统效率低。

3）多对多模型

多对多模型将多个用户级线程映射到多个内核级线程，为了节约系统资源，与用户级线程对应的内核级线程数不会超过用户级线程数。内核级线程数可以通过特殊应用或特殊机器指定。一个应用程序在多处理器系统中分配的内核级线程数可以多于单处理器系统。

图 2-15～图 2-17 分别展示了以上 3 种线程模型。

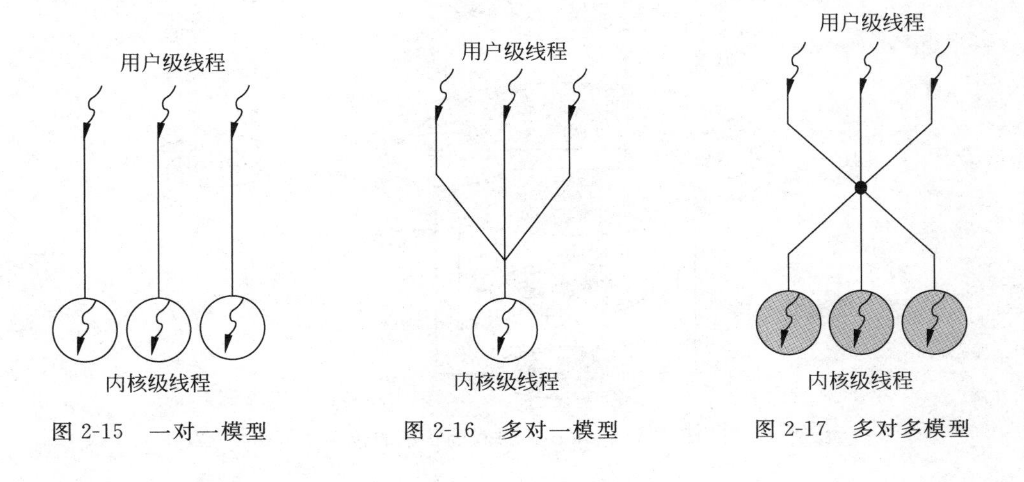

图 2-15 一对一模型

图 2-16 多对一模型

图 2-17 多对多模型

2.7 Linux 系统中的进程

2.7.1 Linux 中进程的概念

在 Linux 系统中处理机就具有两种运行状态：核心态和用户态。一个进程既可以运行用户程序，又可以运行操作系统程序。当进程运行用户程序时，称其处于“用户模式”；当进程运行时出现了系统调用或中断事件，转而去执行操作系统内核的程序时，称其处于“核心模式”。在 Linux 里，把进程定义为“程序运行的一个实例”。进程一方面竞争并占用系统资源（如外部设备和内存），向系统提出各种请求服务；另一方面是基本的调度单位，任何时刻只有一个进程在 CPU 上运行。

1. Linux 中进程的组成

Linux 中，每个进程就是一个任务（task），Linux 进程由 3 部分组成：正文段、用户数据段和系统数据段。正文段是只能读不能修改的指令代码，它允许系统中多个进程共享这一代码段。例如，多个用户同时使用 C 语言编译器编译各自的 C 语言源程序，在内存中仅需 C 语言编译器的一个副本，多个用户共享同一副本。用户数据段是进程执行时直接操作的所有数据，每个进程均有它自己的用户数据段。例如，多个用户共享同一编译器，每个用户自己的源程序就属于用户数据段。系统数据段存放着进程的控制信息，即进程控制块（PCB），它存放了程序的运行环境。操作系统根据 PCB 中的控制信息来对系统中的多个进程进行管理和调度。Linux 为每个新建立的进程分配了一个系统数据段。

2. Linux 中进程的状态

进程是一个动态的概念。Linux 的进程可以有 5 种不同的状态，图 2-18 给出了 Linux 的进程状态，以及状态间的变迁原因。

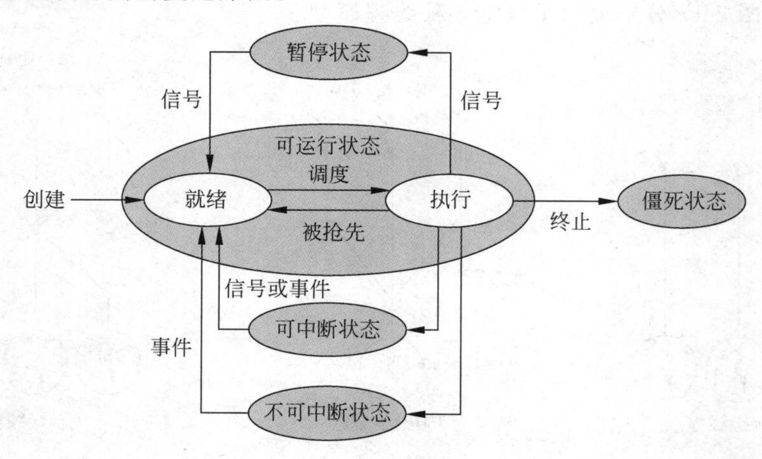

图 2-18　Linux 中进程的状态的转换

(1) 运行状态：运行状态的进程是指正在运行的进程或者是处于等待调度程序将 CPU 分配给它的进程(即就绪态的进程)。所有运行状态的进程被排在系统的运行队列中。

(2) 等待状态：等待状态指进程正在等待某个事件发生或等待某种资源时的状态。Linux 系统的等待状态分为两种：可中断等待状态和不可中断等待状态。可中断等待状态的进程可以被某一信号中断后进入运行队列 run_queue；而处于不可中断等待状态的进程由于正在等待某种特定的系统资源，所以只能等待资源有效时被唤醒，一般情况下不能被中断。Linux 有多个等待队列，这些等待队列分别对应于不同的等待事件。

(3) 暂停状态：暂停状态指进程暂时停止运行，接受某种处理。例如，正在被调试的进程可能处于暂停状态。

(4) 僵死状态：僵死状态表示进程结束但尚未消亡的一种状态。

3. Linux 进程控制块的组成

Linux 系统中的每一个进程都包括一个名为 task_struct 的数据结构，它相当于“进程控制块”。当进程被创建时，一个空闲的 task_struct 被分配给该进程。当进程结束时，系统收回 task_struct 结构。

task_struct 结构包含的信息如下：

(1) 进程当前的状态。

(2) 调度信息。Linux 进程调度程序利用这部分信息在运行队列中选出一个就绪进程在 CPU 上运行。包括调度策略(policy)、优先级别(priority)、时间片(counter)等。

(3) 进程标识符。task_struct 结构中定义了进程标识号、组标识号、用户标识号等。进程标识号用于唯一识别不同进程，组标识号和用户标识号则用于控制进程对系统中的文件和设备的访问权。

(4) 进程通信信息。Linux 支持多种进程通信机制，task_struct 结构中也存储了与进程通信有关的信息。

(5) 进程的家族关系。在 Linux 系统中除初始化进程外，其他进程都由父进程创建，子进程的 task_struct 结构中大部分信息都来自父进程。每个进程的 task_struct 结构中都有分别指向祖先进程(初始化进程)、父进程和子进程的指针。

(6) 时间和定时信息。用于追踪和记录进程在整个生存期内使用 CPU 的时间。

(7) 文件系统信息。保存了进程与文件系统相关的信息。

(8) 存储管理信息。task_struct 中存储了进程虚拟内存空间信息及其与物理存储有关的信息。

(9) CPU 现场信息。当系统调度某个进程在 CPU 上执行时，会为该进程分配 CPU、寄存器、堆栈等环境，称为“CPU 现场”。当进程暂时停止运行时，CPU 现场保存到进程 task_struct 结构中；当该进程恢复运行时，再从 task_struct 结构中恢复寄存器和堆栈的值。

2.7.2 Linux 的进程控制

Linux 中的每个进程都有一个创建、调度运行、撤销死亡的生命期。各个进程相互之间构成了一个树形的进程族系。

1. 进程的创建

在 Linux 系统初启时，只生成初始化进程，其他进程都是由当前进程通过系统调用 fork()函数建立的。调用进程称为父进程，通过 fork()建立的新进程为子进程。

执行 fork()时，系统首先为新进程分配空闲的 task_struct 结构和进程标识号(ID)，为新进程堆栈分配物理页。然后，拷贝当前进程(父进程)的内容：正文段、用户数据段和系统数据段 task_struct 的大部分内容，其他项进行初始化。然后把新进程 task_struct 结构地址保存在 task 指针数组中。子进程由 fork()创建后，通常处于"就绪"状态。

2. 进程的执行

可执行的文件名作为 Linux 的 exect()系统调用参数。该可执行文件可以是具有不同格式的二进制文件，也可以是一个文本的脚本文件。可执行文件中包含了可执行代码及数据，同时也包含了操作系统用来将映像正确装入内存并执行的信息。

3. 进程的等待

当父进程用 fork()创建子进程后，子进程通过 exect()转去执行指定程序，而父进程可通过系统调用 wait()等待子进程结束，wait()的参数指定了父进程等待的子进程。如果子进程尚未完成任务，则父进程挂起，一旦等到指定的子进程结束，父进程被唤醒，继续再做其他工作。

4. 进程的终止

进程的终止通过系统调用 exit()来实现。exit()首先释放进程占用的大部分资源，如关闭打开的文件描述符、释放内存等，然后进程进入"僵死"状态，并返回一个状态参数，等待子进程结束的父进程取得该参数后恢复执行。

2.7.3 Linux 中进程的通信

下面介绍 Linux 中进程的两种通信机制：消息队列和管道机制。

1. 消息队列

消息队列是进程间的一种异步通信方法。所谓"异步"，即发送消息的进程在消息发出之后，不必等待接收进程做出反应，就可以去做其他的事情了。

Linux 中的每个消息，由两个部分组成：消息头和消息缓冲区。进程间借助消息队列来传递数据，因此系统中可以建立多个消息队列。

Linux 是通过"消息队列表"来管理所有消息队列的。Linux 中的消息队列如图 2-19 所示。

2. 管道机制

Linux 的管道分为两种类型：一种是有名管道，它是一个按名存取的文件，该文件可长期存在，任意进程都可按通常的文件存取方法存取有名管道：另一种是无名管道，它是为系统调用 pipe()建立的临时文件，它实际是由固定大小的高速缓冲区构成的，Linux 限制该缓

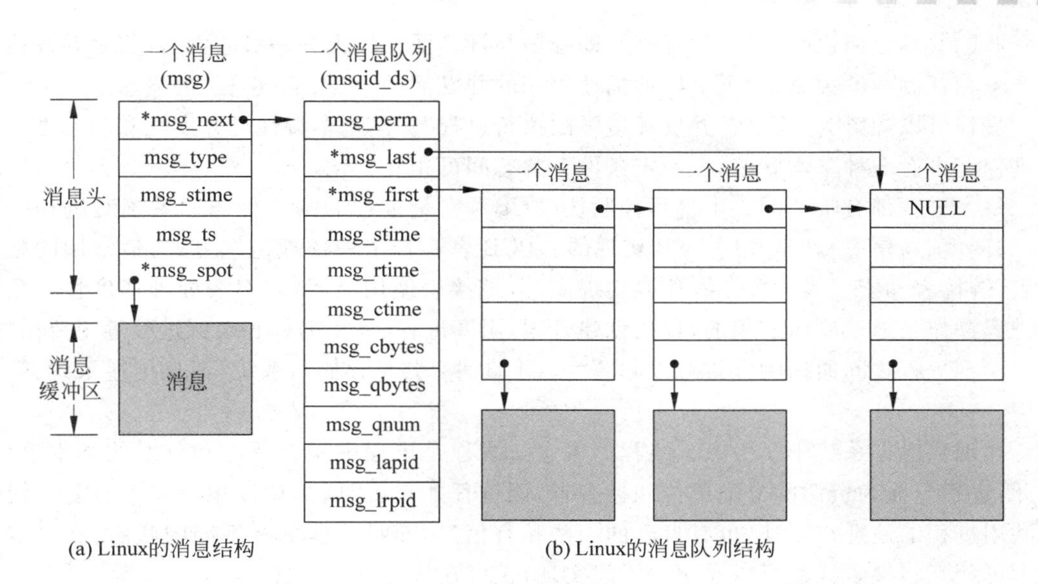

图 2-19 Linux 中的消息队列

冲区大小为 1 页,即 4KB。在管道中读数据操作始终以和写数据操作相同的次序来进行。

从无名管道读数据是一次性操作,数据一旦被读出,系统就释放其管道空间,以便写更多数据;一个无名管道仅供具有共同祖先的两个进程共享,并且这个祖先必须已经建立了供它们使用的管道。

管道机制必须提供以下协调能力:

(1) 进程互斥。当一个进程正在对 pipe 进行读或写操作时,另一个进程必须等待。

(2) 进程同步。当写进程向管道写入数据后便去睡眠,直到读进程取走数据后,才把写进程唤醒。类似地,当读进程读完管道的全部数据后,也应睡眠等待,并唤醒睡眠的写进程,直至写进程将数据全部写入管道,或管道中无足够的空间存放要写入的数据时,才将读进程唤醒。

(3) 判断对方进程是否存在。只有确定对方进程已存在时,方能进行通信。

Linux 还支持另外一种管道形式,即命名管道。命名管道操作方式是按先进先出(FIFO)方式传送信息的。它和无名管道的数据结构及操作极其相似,二者主要区别在于 FIFO 是按名存取文件,文件在使用之前就已经存在,用户可打开或关闭它。而无名管道只在操作时存在,是临时对象。另外,命名管道允许具有适当权限的进程利用标准的 open()系统调用加以访问,即使是无关系的进程。而父进程不同的进程难以共享无名管道。

本章小结

本章介绍了"进程"和"线程"两个重要概念,此外,还介绍了进程控制、进程间关系和进程通信等内容。

当程序顺序执行时,具有封闭性和可再现性。现代计算机中为提高计算机的运行速度和增强系统的处理能力,广泛采用了多道程序设计技术。该技术能够实现程序的并发执行和资源的共享。但也引入了新的问题，即程序与计算活动失去一一对应，而且程序并发执行时产生相互制约的关系，为了更好地描述程序的并发活动，引入了“进程”的概念。

进程可以理解为“程序在并发环境中的执行过程”。其基本特性是并发性和动态性。一个进程至少有3种基本状态，在一定条件下状态间可相互转化。

每个进程都有唯一的一个进程控制块(PCB)，它是进程的唯一标志。系统对进程的管理(如调度、通信等)就是利用PCB实现的。PCB表有若干种物理组织方式，最常用的是线性表、链接表和索引表方式。线性表实现简单，链接表使用灵活，索引表处理速度快。系统对进程操作是通过原语实现的，包括创建进程、阻塞进程、终止进程和唤醒进程等主要操作。

实现进程之间通信的方式可以归结为以下3种：共享存储器系统、消息传递系统、管道通信。

在现代操作系统中又引入了线程的概念。线程是进程中实施调度和分配的基本单位。因此，进程只作为资源的分配单位和拥有者，而线程才是CPU的调度单位和占有者。线程除共用进程的地址空间外，也有自己的一些私有信息，而且线程也有不同的状态，在一定条件下可相互转换。线程可以在用户空间实现，也可在核心空间实现。

最后，本章对Linux中进程的组成、状态、进程控制块、进程的控制和进程间的通信进行了介绍。

习题2

一、单项选择题

1. 在进程管理中，当________时，进程从阻塞状态变为就绪状态。

A. 进程被进程调度程序选中　　B. 等待某一事件
C. 等待的事件发生　　D. 时间片用完

2. 建立进程就是________。

A. 建立进程的目标程序　　B. 为其建立进程控制块
C. 建立进程及其子孙的进程控制块　　D. 将进程挂起

3. 分配到必要的资源并获得处理机时的进程状态是________。

A. 就绪状态　　B. 执行状态　　C. 阻塞状态　　D. 撤销状态

4. 在操作系统中，P、V操作是一种________。

A. 机器指令　　B. 系统调用命令　　C. 作业控制命令　　D. 低级进程通信原语

5. 在操作系统中，进程是一个具有一定独立功能的程序在某个数据集上的一次________。

A. 等待活动　　B. 运行活动　　C. 单独操作　　D. 关联操作

6. 下面对进程的描述中，错误的是________。

A. 进程是动态的概念　　B. 进程执行需要处理机
C. 进程是有生命期的　　D. 进程是指令的集合

7. 下列的进程状态变化中，________变化是不可能发生的。

A. 运行→就绪　　B. 运行→等待　　C. 等待→运行　　D. 等待→就绪

8. 操作系统通过________对进程进行管理。

A. 进程　　B. 进程控制块　　C. 进程启动程序　　D. 进程控制区

9. 下面所述步骤中，________不是创建进程所必需的。

A. 由调度程序为进程分配 CPU　　B. 建立一个进程控制块

C. 为进程分配内存　　D. 将进程控制块链入就绪队列

10. 现代操作系统环境下，操作系统分配处理机以________为基本单位。

A. 程序　　B. 指令　　C. 进程　　D. 线程

二、简答题

1. 在操作系统中为什么要引入进程的概念？它与程序的区别和联系是怎样的？
2. 进程的基本状态有哪几种？试描述进程状态转换图。
3. 进程控制块(PCB)有哪些作用？PCB 包含哪些内容？
4. 什么是线程？它与进程有什么关系？
5. 实现线程主要有哪两种方式？各有何优缺点？
6. 高级进程通信方式有哪几类？各自如何实现进程间通信？

习题 2 参考答案

一、单项选择题

1. C　2. B　3. B　4. D　5. B　6. D　7. C　8. B　9. A　10. D

二、简答题

1. **答**：多道程序并发执行时共享系统资源，共同决定这些资源的状态，因此系统中各程序在执行过程中出现了相互制约的关系，程序执行"走走停停"，程序是静态的概念，不能体现执行过程中并发性、动态性的特征。由此，操作系统中引入"进程"概念。

二者的区别联系是：进程是动态的概念，程序是静态的概念；进程宏观上同时运行，微观上具有并发性，程序并发执行是通过进程实现的；进程是能独立运行的单位，是一个系统资源分配、运行调度的基本单位，程序没有独立性；程序和进程没有一一对应关系，一个进程可以顺序执行多个程序，一个程序可由多个进程共用；进程异步执行，相互制约，走走停停，程序没有异步性。

2. **答**：通常一个进程至少有 3 种基本状态，状态转换图如图 2-20 所示。

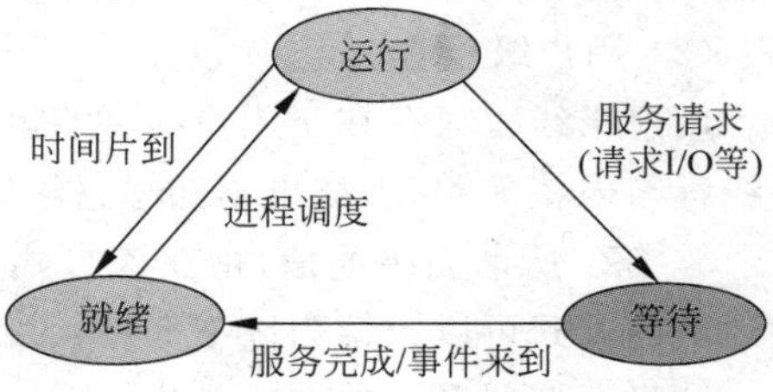

运行
时间片到
进程调度
服务请求
(请求I/O等)
就绪
等待
服务完成/事件来到

图 2-20　进程的状态

(1) 运行状态(Running)：运行状态是指当前进程已经分配到 CPU，正在处理机上执行时的状态。

(2) 就绪状态(Ready)：就绪状态是指进程已经具备运行条件，但因其他进程正占用 CPU，使其不能运行而只能处于等待 CPU 的状态。

(3) 阻塞状态(Blocked)：阻塞状态又称等待状态或封锁状态，一个进程正在等待某一事件(如等待某资源成为可用，等待输入/输出完成或等待与其他进程的通信等)而暂时不能运行的状态。

3. **答**：它是进程管理和控制的最重要的数据结构。在创建进程时，首先建立 PCB 它伴随进程运行的全过程,直到进程撤销而撤销。PCB中含有进程的描述信息和控制信息,是进程动态特性的集中反映,是系统对进程识别和实行控制的依据。每个进程都有唯一的进程控制块。操作系统根据PCB对进程进行实施控制和管理。

总的来说,PCB一般包括如下内容:进程标识符、进程当前状态、当前队列指针、总链指针、执行程序开始地址、进程优先级、CPU现场保护区、通信信息、家族联系、占有资源清单。

4. **答**:现代操作系统把资源分配和调度分离开来,让进程仍作为资源分配的单位,但只作为资源拥有者,而把线程作为系统调度的单位。线程只拥有一些在运行中必不可少的资源(如程序计数器、一组寄存器和栈),它与同属一个进程的其他线程共享该进程拥有的全部资源。

线程和进程是两个密切相关的概念。我们从以下几个方面对线程和进程这两个重要概念进行区分和比较。

- 调度单位:传统操作系统中,拥有资源的基本单位和独立调度分派的基本单位都是进程。在引入线程的操作系统中,进程作为资源分配的基本单位,线程作为调度和分派的基本单位,线程可以不背负资源或者只需要很少的资源,可以轻装上阵,显著提高系统的并发执行程度。
- 并发性:在引入线程的操作系统中,不仅进程之间可以并发执行,作为比进程更小的执行单位,一个进程中的多个线程之间,也可以并发执行,因而操作系统具有更好的并发性,这也提高了系统的吞吐量。
- 拥有资源:传统的操作系统,进程是拥有资源的独立单位。线程本身基本上不拥有资源,只拥有少量必不可少的资源。属于同一进程的线程共享进程的资源。
- 系统开销:在一个进程中创建或撤销一个新的线程比创建一个全新的进程所需要的时间要少。

5. **答**:主要有两种线程:

(1) 内核级线程。

在完全内核级线程环境中,线程管理的全部工作由操作系统内核在内核空间实现,如线程创建、结束、同步等系统调用。内核调度以线程为单位。当进程被创建时,内核同时为进程创建第一个核心级线程,运行用户初始程序;以后可调用创建线程的系统调用,创建新的线程。核心级线程既运行用户程序,在自陷或中断进管时又运行核心程序。

(2) 用户级线程。

用户级线程只存在于用户级,线程的创建、撤销及切换都不利用系统调用实现,因而这种线程与内核无关,内核也不知道这种线程的存在。

6. **答**:所谓高级通信,指在该方式中,可以以较高的效率传送大批数据。实现进程之间通信的方式可以归结为以下3种:共享存储器系统、消息传递系统、管道通信。

共享存储器系统的方式是指,相互通信的进程共享某些数据结构或共享存储区来交换或传递数据。

在消息系统中,进程间的信息交换以消息或报文为单位,程序员直接利用系统提供的一组通信命令(即原语)来实现通信。

管道通信是基于原有的文件系统形成的一种通信方式,即它是利用一个打开的共享文件来连接两个相互通信的进程,该共享文件称为管道(pipe),因而这种通信方式称为管道通信。

第3章 处理机调度

处理机调度是操作系统的主要功能之一,它的实现策略决定了操作系统的类型,其调度算法的优劣直接影响整个系统的性能。

操作系统必须为多个进程的竞争请求分配计算机资源。对处理机(CPU)而言,可分配的资源是在处理机上的执行时间,分配途径是调度。处理机调度的任务是选出待分派的作业或进程,为之分配处理机。当计算机是多道程序设计系统时,通常就会有多个进程竞争CPU。当多个进程处于就绪态而只有一个 CPU 时,操作系统就必须决定先运行哪一个进程。在操作系统中,完成选择工作的这一部分称为调度程序(scheduler),该程序使用的算法称为调度算法(scheduling algorithm)。如今,调度已经实现了许多不同的算法。

本章关注单处理机系统的调度问题,先分析 3 种调度类型:作业调度、交换调度、进程调度,大部分内容集中在进程调度上,并分析比较各种不同的调度算法。然后介绍多处理机调度和实时调度,最后介绍调度在 Linux 系统中的应用。

3.1 调度类型

在多道程序系统中,进程的数量往往多于处理机的个数,进程争用处理机的情况就在所难免。处理机调度是对处理器进行分配,即从就绪队列中,按照一定的算法(公平、高效地)选择一个进程并将处理机分配给它运行,以实现多进程并发地执行。

一般情况下,当占用处理机的进程因为某种请求得不到满足而不得不放弃 CPU 进入等待状态时,或者当时间片到,系统不得不将 CPU 分配给就绪队列中另一进程的时候,都要引起处理机调度。除此之外,进程正常结束、中断处理等也可能引起处理机的调度。因此,处理机调度是操作系统核心的重要组成部分,它的主要功能如下:

(1) 记住进程的状态,如进程名称、指令计数器、程序状态寄存器以及所有通用寄存器等现场信息,将这些信息记录在相应的进程控制块中。

(2) 根据一定的算法,决定哪个进程能获得处理机,以及占用多长时间。

(3) 收回处理机,即当执行进程因为时间片用完或因为某种原因不能再执行的时候,保存该进程的现场,并收回处理机。

处理机调度的功能中,很重要的一项就是根据一定算法,从就绪队列中选出一个进程占用 CPU 运行。可见,算法是处理机调度的关键。

为了便于处理机调度管理,通常在处理机调度中采用分级调度方式,其中包括以下 3 级调度:

1. 作业调度

作业调度也称高级调度(长期调度或宏观调度)。从用户提交任务的工作流程来看,可能一次提交若干个工作流程,而系统要对每个流程按一个作业进行管理和调度。作业调度的主要任务是按一定的原则对外存输入井中的大量后备作业进行选择,给选出的作业分配内存、输入/输出设备等资源,并建立相应的用户进程和系统进程,然后将程序和数据调入内存,以使该作业的进程获得竞争 CPU 的权利,等待进程调度。另外,当作业执行完毕,还负责回收系统资源。

作业调度中的时间通常比较长,在过去的批处理系统中,作业调度占有的比例比较大。当时由于处理机速度较低,有计算量较大的任务提交时,可能耗费处理机几个小时或几天的时间才能完成,系统对这类提交任务的管理属于长期调度。

2. 交换调度

交换调度也称中级调度(中期调度或进程挂起与对换)。这一级调度是从存储器资源管理的角度出发,主要考虑的是进程如何在主存储器中存放。交换调度的主要任务是按照给定的原则和策略,将进程的部分或全部换出到外存上,将当前所需部分换入到内存。

引入交换调度的主要目的是为了提高内存的利用率和系统吞吐量。由于内存资源有限,在内存使用情况紧张时,为保证进程的正确执行,暂时不运行的进程将从内存对换到外存上等待。

3. 进程调度

进程调度也称低级调度(短期调度或微观调度)。这一级调度才真正实现了处理机的分派,被分派的处理机单元通常是进程或线程。其主要任务是根据一定的算法选取一个处于就绪状态的进程占用处理机。在确定了占用处理机的进程后,系统必须进行进程上下文的切换以建立与占用处理机进程相应的执行环境。执行进程调度功能的程序称为进程调度程序,进程调度执行得最频繁,通常是毫秒或微秒级的操作,因此也叫短期调度。

进程调度是操作系统中最基本的一种调度。调度策略的优劣直接影响系统的性能。

三级调度模型如图 3-1 所示。

三级调度之间是有一定联系的。首先,作业(高级)调度从外存的后备队列中选择一批作业进入内存,为它们建立进程,这些进程被送入就绪队列。进程调度从就绪队列中选出一个进程,并把其状态改为运行状态,把 CPU 分配给它。交换调度是位于高级调度和进程调度之间的一种调度,为了提高内存的利用率,系统将那些暂时不能运行的进程挂起来,当内存空间宽松时,通过交换调度选择具备运行条件的进程,将其唤醒。

作业调度为进程活动做准备,而进程调度使进程正常活动起来,交换调度将暂时不能运行的进程挂起;作业调度次数少,交换调度次数略少,进程调度频率高;进程调度是最基本的,对任何操作系统都不可或缺。对于一个用户提交的任务来说,通常需要经历作业调度、交换调度、进程调度,才能完成整个程序的运行。

若按操作系统的类型分类,调度还包括批处理调度、交互式系统调度、实时调度、多处理机调度。

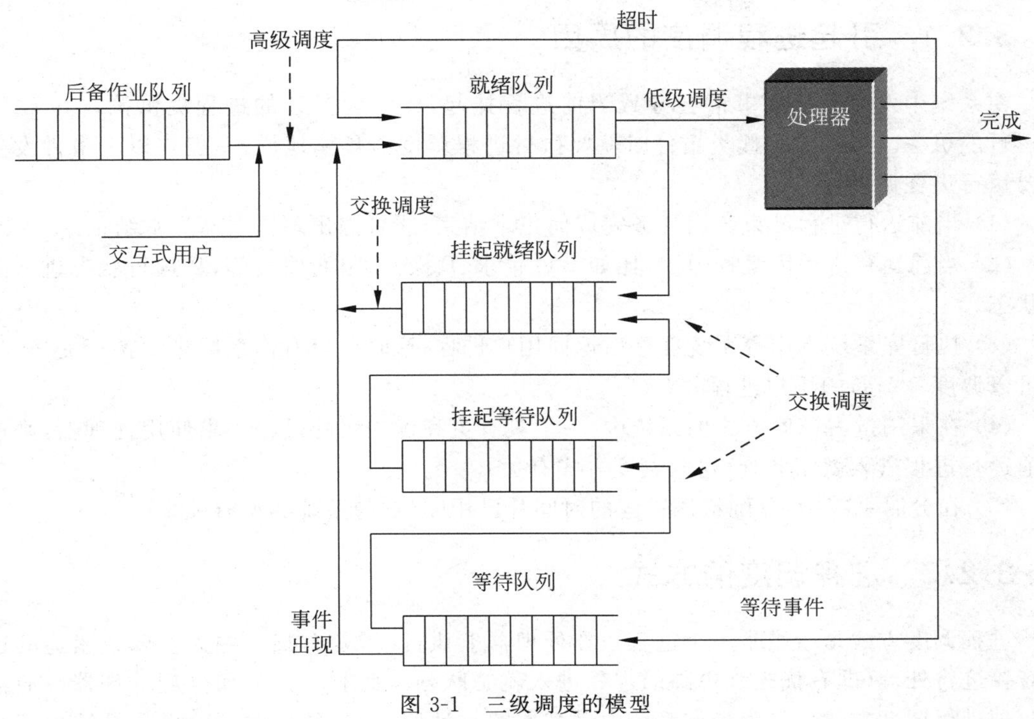

图 3-1 三级调度的模型

3.2 进程调度

进程调度的主要功能是按照某种原则决定就绪队列中的哪个进程能获得处理机,并将处理机出让给它进行工作。处理机分配任务是由进程调度程序完成的,它是操作系统最为核心的部分,执行十分频繁,并常驻内存工作。

进程调度的实现过程主要分为 3 步。

1. 保存现场

当前运行的进程调用进程调度程序时,表示该进程要求放弃 CPU(因时间片用完或等待 I/O 等原因)。这时,进程调度程序把它的现场信息(如程序计数器及通用寄存器的内容等)保留在该进程 PCB 的现场信息区中。

2. 挑选进程

根据一定的调度算法(如优先级算法),从就绪队列中选出一个进程,把它的状态改为运行状态,准备把 CPU 分配给它。

3. 恢复现场

为选中的进程恢复现场信息,把 CPU 的控制权交给该进程,使它接着上次间断的地方继续运行。

3.2.1 引起进程调度的原因

在系统中发生的某些事情会导致当前进程挂起，或者为另外的进程提供抢占在 CPU 上运行的机会。每当出现此类事件时就要执行进程调度。具体地说，一般在以下事件发生后要执行进程调度：

(1) 当前运行进程结束。因任务完成而正常结束，或者因出现错误而异常结束。

(2) 当前运行进程因某种原因，比如 I/O 请求、P 操作、阻塞原语等，从运行状态进入阻塞状态。

(3) 执行完系统调用等系统程序后返回用户进程，这时可以看作系统进程执行完毕，从而可以调度一个新的用户进程。

(4) 在采用抢占调度方式的系统中，一个具有更高优先级的进程要求使用处理器，则使当前运行进程进入就绪队列(这与调度方式有关)。

(5) 在分时系统中，分配给该进程的时间片已用完(这与系统类型有关)。

3.2.2 进程调度的方式

进程调度方式是指当某一个进程正在处理器上执行时，若有某个更为重要或紧迫的进程需要进行处理(即有优先级更高的进程进入就绪队列)，此时应该如何分配处理器。通常有两种进程调度方式。作为操作系统中最基本的一种调度，在各种类型的操作系统中都必须配置进程调度。

1. 非抢占调度方式(Non-preemptive)

非抢占调度方式是指当一个进程正在处理器上执行时，即使有某个更为重要或紧迫的进程进入就绪队列，仍然让正在执行的进程继续执行，直到该进程完成或发生某种事件而进入阻塞状态时，才把处理器分给该重要或紧迫的进程。

在非抢占调度方式下，一旦把 CPU 分配给一个进程，那么该进程就会保持 CPU 直到其终止或转换到等待状态。这种方式的优点是实现简单、系统开销小，适用于大多数的批处理系统，但它不能用于分时系统和大多数的实时系统。

2. 抢占调度方式(Preemptive)

抢占调度方式是指当一个进程正在处理器上执行时，若有某个更为重要或紧迫的进程需要使用处理器，则立即暂停正在执行的进程，将处理器分配给这个更为重要或紧迫的进程。

“抢占”不是一种任意性行为，必须遵循一定的原则，主要原则有：优先权原则、短进程优先原则和时间片原则等。

3.3 调度准则

无论是哪一个层次的处理器调度，都由操作系统的调度程序实施，不同类型的操作系统，其调度程序所使用的调度算法通常不同。

不同的调度算法有不同的调度策略，这也决定了调度算法对不同类型的作业影响不同。在选择调度算法时，必须考虑不同算法的特性。为了衡量调度算法的性能，人们提出了一些评价准则，主要有以下几点。

1. CPU利用率

CPU是系统最重要、最昂贵的资源，其利用率是评价调度算法的重要指标，希望它的利用率尽可能高。CPU利用率＝CPU有效工作时间/CPU总的运行时间，CPU总的运行时间＝CPU有效工作时间＋CPU空闲等待时间。在批处理以及实时系统中，一般要求CPU的利用率要达到比较高的水平，不过对于PC和某些不强调利用率的系统来说，CPU利用率并不是最主要的。

2. 系统吞吐量

表示单位时间内CPU完成作业的数量，系统吞吐量越大越好。长作业由于要占用较长的CPU处理时间，因此会导致吞吐量下降，对于短作业则相反。

3. 就绪等待时间

就绪等待时间是指进程处于等待处理器状态的时间之和，等待时间越长，用户满意度越低。处理器调度算法实际上并不影响作业执行或输入/输出操作的时间，只影响作业在就绪队列中等待所花的时间。因此，衡量一个调度算法优劣常常只需要简单地考察等待时间。

4. 响应时间

交互式进程提交一个请求(如击键)到系统接收到响应(如屏幕显示)之间的时间间隔称响应时间。应使交互式用户的响应时间尽可能短，或尽快处理实时任务。响应时间是分时系统和实时系统衡量调度性能的一个重要指标。

5. 周转时间

从批处理用户作业提交给系统开始，到作业完成为止的时间间隔称为作业的周转时间。应使作业周转时间或平均作业周转时间尽可能短。周转时间是批处理系统衡量调度性能的一个重要指标。

如果作业 i 提交给系统的时刻是 t_{si}，完成时刻是 t_{ci}，该作业的周转时间 T_i 为：

$$T_i = t_{ci} - t_{si}$$

实际上，它是作业在系统里的等待时间与运行时间之和。

为了提高系统的性能，要让若干个用户的平均作业周转时间和平均带权周转时间最小。

系统中 n 个作业的平均周转时间为：

$$T = (\Sigma T_i) / n$$

其中，i 是从1到 n 的整数。用平均作业周转时间可以衡量对同一作业流实行不同作业调度算法时，它们呈现的调度性能。这个值越小越好。

如果作业 i 的周转时间为 T_i，所需运行时间为 T_k，则称 $W_i = T_i/T_k$ 为该作业的带权周转时间。T_i 是等待时间与运行时间之和，故带权周转时间总大于 1。

系统中 n 个作业的平均带权周转时间为：

$$W = (\Sigma W_i) / n$$

其中，i 是从 1 到 n 的整数。用平均带权周转时间可以衡量对不同作业流实行同一作业调度算法时，它们呈现的调度性能。这个值也是越小越好。

3.4 调度算法

调度算法是指根据系统的资源分配策略所规定的资源分配算法。通常，不同的系统会采用不同的调度算法进行资源分配。本节讨论的算法包括先来先服务、短作业（进程）优先、最短剩余时间优先、高响应比优先、优先级法、时间片轮转法、多级队列法、多级反馈队列法，这些调度算法有的适用于作业调度，有的适用于进程调度，有的二者都适用。

3.4.1 先来先服务法

先来先服务（First Come First-Served，FCFS）方法是最简单的一种调度算法，它的实现思想就是“排队买票”。

采用该算法时，当每个进程就绪后，进程就进入就绪队列，排到队列的队尾。每次选择在就绪队列中存在时间最长的进程运行，即从就绪队列的头部移走一个进程运行。一个进程一旦分得处理机，便执行下去，直到该进程完成或阻塞时，才释放处理机。

例如，3 个作业（如表 3-1 所示）同时到达系统并立即进入调度：

采用 FCFS 算法，若这 3 个作业的调度顺序为 1、2、3，则周转时间分别为：28、37 和 40，因此，平均周转时间 $T = (28+37+40)/3 = 35$。若 3 个作业提交顺序改为作业 3、2、1，平均周转时间约为 18。可见，FCFS 调度算法的平均周转时间与作业提交的顺序有关。

表 3-1 一组作业描述

作业名	所需 CPU 时间
作业 1	28
作业 2	9
作业 3	3

又如图 3-2 所示，有 3 个作业，编号分别为 1、2、3。各作业分别对应一个进程。各作业依次到达，相差一个时间单位（即 0、1、2），需要运行时间分别为 24、3、3。

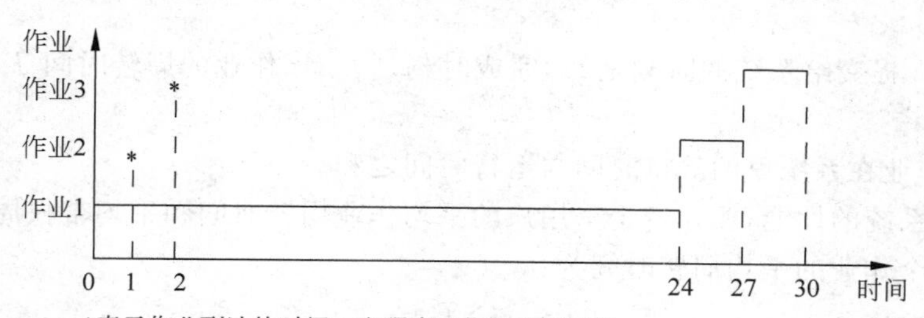

图 3-2 先来先服务调度算法示意图

根据此图可以算出各作业的周转时间和带权周转时间等，如表 3-2 所示。

表 3-2 FCFS 调度算法性能

作业	到达时间	运行时间	开始时间	完成时间	周转时间	带权周转时间
1	0	24	0	24	24	1
2	1	3	24	27	26	8.67
3	2	3	27	30	28	9.33
平均周转时间 $T=26$　　平均带权周转时间 $W=6.33$						

通过上面的例子可以分析出 FCFS 算法的主要特点。

(1) 先来先服务算法是非抢占式调度。

(2) 优点：简单，易于理解，便于在程序中运用；有利于长进程和 CPU 繁忙型作业。

(3) 缺点：不利于短进程和 I/O 繁忙型作业；效率较低。

(4) FCFS 算法既可用于作业调度，也可用于进程调度。在实际的 OS 中，FCFS 算法很少作为主要的调度策略，尤其不能作为分时系统和实时系统的主要调度策略，通常被结合在其他调度策略中使用。

3.4.2 短作业优先法

所谓作业的长短，是指作业要求运行时间的多少。采用该算法即分配 CPU 时，选择所需处理时间最短的进程。短进程将越过长进程，跳到队列头。一个进程一旦分得处理机，便执行下去，直到该进程完成或阻塞时才释放处理机。SJF(Shortest-Job-First)是对 FCFS 算法的改进，其目标是减少平均周转时间。

例如，4 个作业（如表 3-3 所示）同时到达系统并立即进入调度：假设系统中没有其他作业，现实施 SJF 调度算法，SJF 的作业调度顺序为作业 2、4、1、3，平均周转时间为 $T=(4+12+21+31)/4=17$，平均带权周转时间为 $W=(4/4+12/8+21/9+31/10)/4=1.98$。

表 3-3 一组作业描述

作业名	所需 CPU 时间
作业 1	9
作业 2	4
作业 3	10
作业 4	8

如果对它们实行 FCFS 调度算法，平均周转时间为 $T=(9+13+23+31)/4=19$，平均带权周转时间为 $W=(9/9+13/4+23/10+31/8)/4=2.51$。

SJF 的平均周转时间比 FCFS 的要小，故它的调度性能比 FCFS 好。实现 SJF 调度算法需要知道作业所需运行时间，否则调度就没有依据，而要精确知道一个作业的运行时间是办不到的。实际上，在进程调度这一级无法直接实现 SJF 算法，因为没有办法确切知道下面 CPU 工作的时间有多长。一般都是使用近似的 SJF 法——通过对下面进程 CPU 工作时间的预计值进行调度。

通过上面的例子可以分析出 SJF 算法的主要特点。

(1) SJF 算法是非抢占式调度。

(2) 优点：对于一组给定的作业，若所有作业同时到达，SJF 调度算法是最佳算法，平均周转时间最短，系统的吞吐量最大。

(3) 缺点：实现上有困难，需要知道或至少需要估计每个作业/进程所需要的处理时间；对长作业不利，长作业可能会因为长期得不到调度而产生“饥饿”现象；不能保证及时处理紧迫作业。

(4) SJF 算法既可用于作业调度，也可用于进程调度；作业调度用得多，进程调度用得少。

3.4.3 最短剩余时间优先法

SRTF(Shortest Remaining Time First)把 SJF 算法改为抢占式的。一个新作业进入就绪状态，如果新作业需要的 CPU 时间比当前正在执行的作业剩余还需的 CPU 时间短，SRTF 强行赶走当前正在执行的作业，调度新作业运行。

举一个例子，假如 4 个就绪进程(如表 3-4 所示)到达系统和所需 CPU 时间如下：

表 3-4 一组进程描述

进程名	到达系统时间	所需 CPU 时间(毫秒)
进程 1	0	8
进程 2	1	4
进程 3	2	9
进程 4	3	5

调度结果如图 3-3 所示。

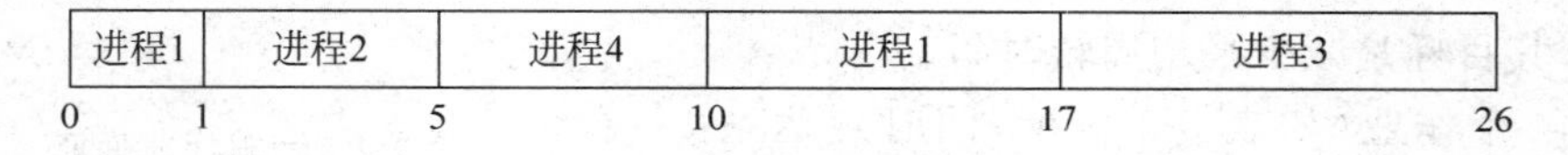

图 3-3 最短剩余时间优先法调度结果

进程 1 从 0 开始执行，此时就绪队列仅一个进程。进程 2 在 1 毫秒时间到达，由于进程 1 剩余时间(7 毫秒)大于进程 2 所需时间(4 毫秒)，进程 1 被剥夺，进程 2 调度执行。平均等待时间是((10－1)＋(1－1)＋(17－2)＋(5－3))/4＝26/4＝6.5(毫秒)。

而采用非抢占式 SJF 调度，平均等待时间是 7.75 毫秒。

通过上面的例子可以分析出 SRTF 算法的主要特点。

(1) SRTF 算法是抢占式调度。

(2) 优点：保证新的短作业一进入系统就能很快得到服务，平均等待时间短。

(3) 缺点：需保存进程断点现场，统计进程剩余时间，因此增加了系统开销；不利于长作业。

(4) 此算法不但适用于作业调度，同样也适用于进程调度。作业调度用得少，进程调度用得多。

3.4.4 高响应比优先法

FCFS 与 SJF 是片面的调度算法。FCFS 只考虑作业等候时间而忽视了作业的计算时间，SJF 只考虑用户估计的作业计算时间而忽视了作业等待时间。HRRF（Highest Response Ratio First）是介乎这两者之间的折中算法，既考虑作业等待时间，又考虑作业的运行时间，既照顾短作业又不使长作业的等待时间过长，改进了调度性能。

作业进入系统后的等待时间与估计运行时间之比称作响应比，现定义：

响应比＝1＋已等待时间/估计运行时间

例如，以下 4 个作业（如表 3-5 所示）先后到达系统进入调度：

表 3-5 一组作业描述

作业名	到达时间	所需 CPU 时间
作业 1	0	20
作业 2	5	15
作业 3	1	5
作业 4	15	10

如果对它们实行 SJF 调度算法，作业调度顺序为作业 1、3、4、2，则平均周转时间 $T=(20+15+20+45)/4=25$，平均带权周转时间 $W=(20/20+15/5+25/10+45/15)/4=2.25$。

如果对它们实行 FCFS 调度算法，平均周转时间 $T=(20+30+30+35)/4=38.75$，平均带权周转时间 $W=(20/20+30/15+30/5+35/10)/4=3.13$。

对作业流执行 HRRF 调度算法，开始只有作业 1，执行时间 20；作业 1 执行完毕后，其余 3 个作业均到达，响应比依次为 1＋15/15、1＋10/5、1＋5/10，因此作业 3 被选中，执行时间 5；作业 3 执行完毕，响应比依次为 1＋20/15、1＋10/10，作业 2 被选中，执行时间 15；作业 2 执行完毕，作业 4 被选中，执行时间 10。平均周转时间 $T=(20+15+35+35)/4=26.25$，平均带权周转时间 $W=(20/20+15/5+35/15+35/10)/4=2.42$。

通过上面的例子可以分析出 HRRF 算法的主要特点。

(1) HRRF 算法是非抢占式调度。

(2) 优点：兼顾短进程、长进程。

(3) 缺点：调度前需要计算进程的响应比，增加系统开销；对实时系统无法作出及时反应。

(4) 高响应比优先调度算法主要用于作业调度。

3.4.5 优先级调度

优先级调度（Priority Scheduling，PS）算法是从就绪队列中选出优先级最高的进程，让它在 CPU 上运行。该算法的核心问题是如何确定进程的优先级。

进程的优先级用于表示进程的重要性，即运行的优先性。优先级通常用一个整数来表示，称为优先数。确定优先数一般可以有以下几种考虑：

(1) 频繁使用外部输入、输出设备的进程优先数大。这样有利于提高 CPU 使用效率。

(2) 重要程序的进程优先数大，这样有利于用户灵活操作。

(3) 进入计算机系统时间长的进程优先数大，这样有利于缩短作业的完成时间。

(4) 交互式用户作业进程优先数大，这样有利于提高中断响应时间。

进程优先级通常分为两种：静态优先级和动态优先级。

静态优先级是在创建进程时就确定下来的(可由系统内部定义或由外部指定)，而且在进程的整个运行期间保持不变。静态优先级的确定主要参考以下几个因素：进程类型(系统进程优先级较高)；对资源的需求(对 CPU 和内存需求较少的进程，优先级较高)；用户类型及要求(紧迫程度和付费多少)。

动态优先级是指在创建进程时，根据进程的特点及相关情况确定一个优先级，在进程运行过程中再根据情况的变化调整优先级。动态优先级的确定主要参考以下几个因素：在就绪队列中，等待时间延长则优先级提高（解决饥饿问题)；进程每执行一个时间片，就降低其优先级(实现负反馈，防止进程长期占用 CPU)。

基于优先级的调度算法还可以按照调度方式不同分为两种：非抢占优先级调度算法和抢占优先级调度算法。

非抢占优先级调度算法的实现思想是系统一旦将处理器分配给就绪队列中优先级最高的进程，该进程便一直运行下去，直到由于其自身原因(任务完成或申请设备等)主动让出处理器时，才将处理器分配给另一个当前优先级最高的进程。

抢占优先级调度算法的实现思想是将处理器分配给优先级最高的进程，使之运行。在进程运行过程中，一旦出现了另一个优先级更高的进程(如一个更高优先级进程因等待的事件发生而变为就绪状态)，进程调度程序就停止当前的进程，而将处理器分配给新出现的高优先级进程。

在优先级相同的情况下，通常按照先来先服务或者短作业优先的顺序执行。优先级调度算法可用于作业调度和进程调度。

如表 3-6 所示，有一组优先级不同的进程，在 0 时刻同时到达系统。

表 3-6 一组进程列表

进程名	运行时间	优先数
P_1	10	3
P_2	1	1
P_3	2	4
P_4	1	5
P_5	5	2

图 3-4 给出了按照优先级调度算法进行调度的进程执行顺序。

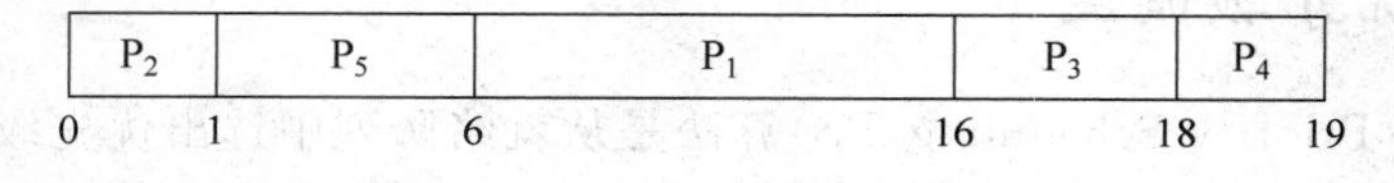

图 3-4 优先级调度算法执行顺序

读者试思考：若 P_1 是 0 时刻到达的，其余进程分别相差一个时间单位到达。分别采用非抢占式和抢占式，平均周转时间是多少？

3.4.6 时间片轮转法

时间片轮转法(Round-Robin，RR)的实现思想是：将系统中所有的就绪进程按照 FCFS

原则，排成一个队列。每次调度时将CPU分派给队首进程，让其执行一个时间片，时间片的长度一般从10～1100ms不等。把就绪队列看成一个环状结构，调度程序按时间片长度轮流调度就绪队列中的每一进程，使每一进程都有机会获得相同长度的时间占用处理机运行。在一个时间片结束时，发生时钟中断。调度程序据此暂停当前进程的执行，将其送到就绪队列的末尾，并通过上下文切换执行当前的队首进程。进程可以未使用完一个时间片，就出让CPU（如阻塞）。

时间片轮转法主要用于分时系统中的进程调度，是一种既简单又有效的调度策略。一个分时系统有许多终端，终端用户在各自的终端设备上同时使用计算机。如果某个终端用户的程序长时间地占用处理机，那么其他终端用户的请求就不能得到即时相应。一般说来，终端用户提出请求后，能在几秒钟内得到响应也就感到满意了。采用时间片轮转算法，可以使系统即时地响应各终端用户的请求。

设有A、B、C、D共4个进程，依次进入就绪队列，彼此相差时间很短，近似认为同时到达。4个进程分别需要运行12、5、3、6个时间单位。图3-5列出了当时间片q为1和4时进程运行情况。

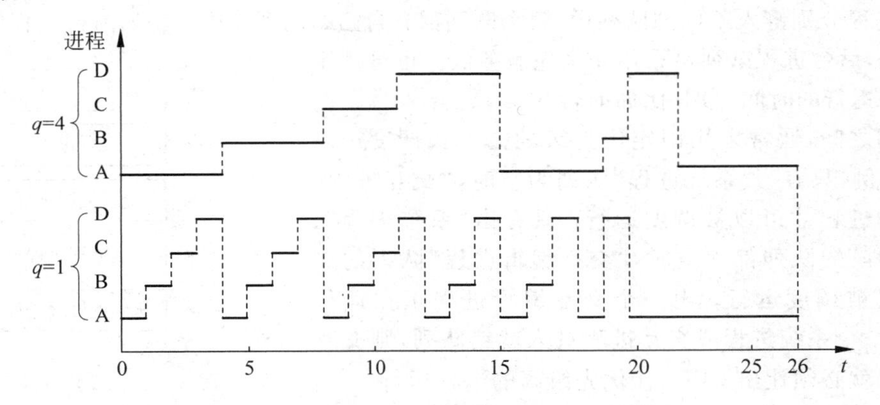

图3-5 时间片$q=1$和$q=4$时进程运行情况

两种情况下时间片轮转法的性能指标如表3-7所示。

表3-7 **RR调度算法的性能指标**

时间片大小	进程名	到达时间	运行时间	开始时间	完成时间	周转时间	带权周转时间
时间片 $q=1$	A	0	12	0	26	26	2.17
	B	0	5	1	17	17	3.4
	C	0	3	2	11	11	3.67
	D	0	6	3	20	20	3.33
	平均周转时间 $T=18.5$　平均带权周转时间 $W=3.14$						
时间片 $q=4$	A	0	12	0	26	26	2.17
	B	0	5	4	20	20	4
	C	0	3	8	11	11	3.67
	D	0	6	11	22	22	3.67
	平均周转时间 $T=19.75$　平均带权周转时间 $W=3.38$						

实际上，时间片轮转法的性能极大地依赖于时间片长度的取值。时间片长度变化对平均周转时间的影响：如果时间片过大，则 RR 算法就退化为 FIFO 算法了；反之，如果时间片过小，那么处理机在各进程之间频繁转接，处理机时间开销变得很大，从而提供给用户程序的时间将大大减少。通常，使单个时间片内多数进程能够完成它们的运行工作，平均周转时间会缩短。

通过上面的例子可以分析出 RR 算法的主要特点。

(1) 抢占式调度。

(2) 优点：简单易行，平均响应时间短。

(3) 缺点：不利于处理紧急作业。

(4) 时间片的大小直接影响轮转法的性能，时间片轮转法只适用于进程调度。

3.4.7 多级队列法

多级队列(Multilevel Queue，MQ)调度算法把就绪队列划分成几个单独的队列，如图 3-6 所示，一般根据进程的某些特性，如占用内存大小、进程优先级和进程类型，永久性地把各个进程分别链入不同的队列中，每个队列都有自己的调度算法。比如前台进程队列可采用轮转法，后台进程队列可采用先来先服务法。也可规定不同队列运行的时间比例，比如前台 80%，后台 20%。在各个队列之间，通常采用固定优先级的抢占式调度。以图 3-6 为例，只有当“系统进程”队列为空时，“交互进程”队列里的进程才可以被调度运行；只有当“系统进程”、“交互进程”的队列都为空时，“交互编辑进程”队列的进程才可以被调度运行；当一个交互编辑进程正在运行时，若有一个系统进程或交互进程进入就绪队列，则交互编辑进程就必须让出 CPU，让优先级高的进程运行。

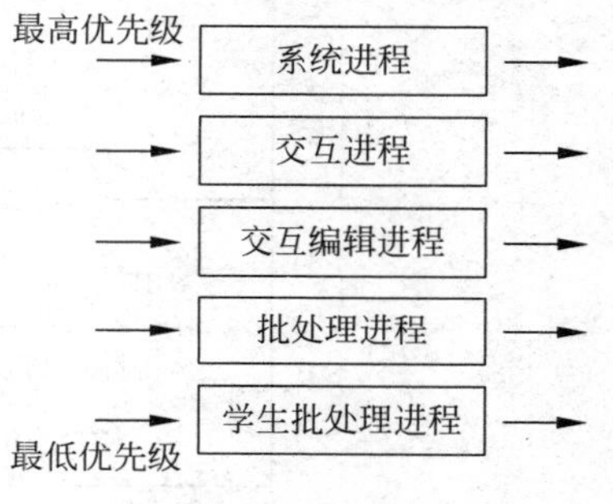

图 3-6 多级队列调度

3.4.8 多级反馈队列法

这种调度算法基于抢占式调度，使用动态优先级机制。多级反馈队列(Multilevel Feedback Queue，MFQ)是在多级队列的基础上加进“反馈”措施，如图 3-7 所示(注意，显示的多个处理机实为一个处理机)。

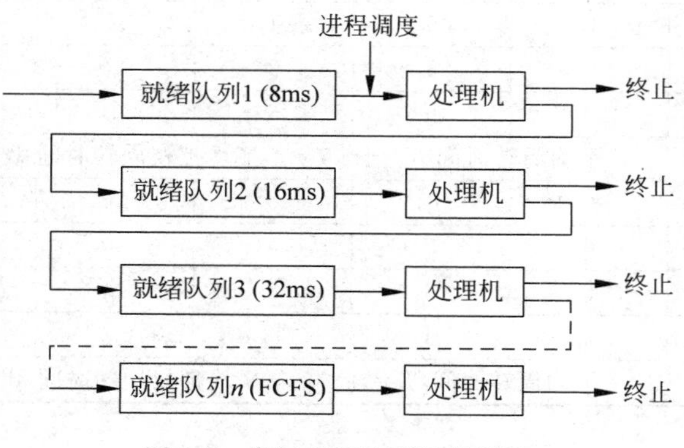

图 3-7 多级反馈队列调度算法

MFQ 实现思想：

(1) 系统中设置多个就绪队列，每个队列对应一个优先级。

(2) 各就绪队列中进程的运行时间片不同，高优先级队列的时间片小，低优先级队列的时间片大。

(3) 新进程进入系统后，先放入第 1 个队列的末尾，如果在时间片内工作未完成，则转入下一个队列尾，依此类推。

(4) 系统先运行第 1 个队列中的进程，若第 1 队列为空，才运行第 2 队列，依此类推。

长作业自动沉到下面低优先级的队列中，如果之后进入系统的都是短作业，并形成稳定的作业流，则长作业可能一直等待，处于“饥饿”状态。解决办法是提升等待时间长的进程的优先级。

MFQ 算法的特点如下：

(1) 是时间片轮转和优先级调度算法的综合和发展。

(2) 属于抢占式调度，使用动态优先级机制。

(3) 通过动态调整进程优先级和时间片大小，兼顾多方面系统指标，但需要解决“饥饿”问题。

(4) 多级反馈队列是最通用的 CPU 调度算法，也最复杂，通常可以对它进行加工以适用于专用系统。

3.5 线程调度

当若干进程都有多个线程时，就存在两个层次的并行：进程和线程。在这样的系统中调度处理有本质差别，这取决于所支持的是用户级线程还是内核级线程(或两者都支持)。

首先考虑用户级线程。由于内核并不知道有线程存在，所以内核还是和以前一样地操作，选取一个进程，假设为 A，并给予 A 以时间片控制。A 中的线程调度程序将决定哪个线程运行，假设为 A_1。由于多道线程并不存在时钟中断，所以这个线程可以按其意愿运行任意长时间。如果该线程用完了进程的全部时间片，内核就会选择另一个进程运行。

在进程 A 终于又一次运行时，线程 A_1 会接着运行。该线程会继续耗费 A 进程的所有时间，直到它完成工作。不过，该线程的这种不合群的行为不会影响到其他进程。其他进程会得到调度程序所分配的合适份额，不会考虑进程 A 内部所发生的事。

假设 A 中线程每次需要 CPU 计算的工作比较少，例如，在 50ms 的时间片中有 5ms 的计算工作。于是，每个线程运行一会儿，然后把 CPU 交回给线程调度程序。这样在内核切换到进程 B 之前，就会有序列 A_1，A_2，A_3，A_1，A_2，A_3，A_1，A_2，A_3，A_1，但不会出现 A_1，B_2，A_2，B_2，A_3，B_3 的情形。这种情形可用图 3-8(a)表示。

现在考虑使用内核级线程的情形。内核选择一个特定的线程运行，它不用考虑该线程属于哪个进程。不过如果有必要的话，它可以这样做：对被选择的线程赋予一个时间片，而且如果超过了时间片，就会强制挂起该线程。在 50ms 的时间片内，一个线程 5ms 之后被阻

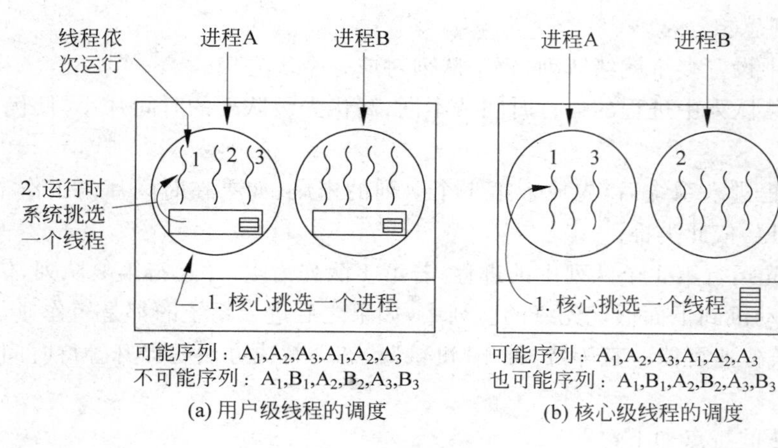

(a) 用户级线程的调度 (b) 核心级线程的调度

图 3-8 线程的调度

塞，那么在 30ms 的时间段中，线程的顺序会是 A_1，B_1，A_2，B_2，A_3，B_3，在这种参数和用户线程状态下，有些情形是可能出现的。这种情形部分通过图 3-8(b)刻画。

用户级线程和内核级线程之间的差别在于性能。用户级线程的线程切换需要少量的机器指令，而内核级线程需要完整的上下文切换，修改内存映像，使高速缓存失效，这会导致若干数量级的延迟。另一方面，在使用内核级线程时，一旦线程阻塞在 I/O 上不需要像在用户级线程中那样将整个进程挂起。

从进程 A 的一个线程切换到进程 B 的一个线程，其代价高于运行进程 A 的第 2 个线程(因为必须修改内存映像，清除内存高速缓存的内容)，内核对此是了解的，并可运用这些信息做出决定。例如，给定两个在其他方面同等重要的线程，其中一个线程与刚好阻塞的线程属于同一个进程，而另一个线程属于其他进程，那么应该倾向前者。

此外，用户级线程可以使用专为应用程序定制的线程调度程序。一般而言，应用定制的线程调度程序能够比内核更好地满足应用的需要。

3.6 多处理器调度

随着计算机技术的不断发展，为了满足人们对计算机更高要求的需要，出现了一机含有多处理器的情况，这就引出了多处理器的调度问题。

目前为止，讨论还只限于单处理器系统的 CPU 调度问题。如果有多个 CPU，那么系统在速度、性能和可靠性等方面都会有很大提高，但相应地，在结构和管理上也变得更为复杂。

考虑这样一个系统，它的一个 I/O 设备附属到一个处理器的私有总线上。要使用该设备的进程，必须被调度到该处理器中运行，否则就不可以使用这个设备。

如果有多个同样的处理器可用，那么就需进行负载分配。可以为每一个处理器提供一个独立的队列。然而，这样就可能发生一个处理器空闲(其队列为空)而另一个忙碌不堪。为了避免这种情况，可以使用一个公用的就绪队列。所有的进程进入同一个队列，从这里被调度到可用的处理器上执行。

在这种方案中，有两种调度方法可供使用：

第一种方法，每个处理器是自调度的。每个处理器检查公共队列并选择一个进程执行。由于有多个处理器试图访问并更新一个公共数据结构，因此每个处理器都必须仔细设计。即必须确保两个处理器不会选择同样的进程，还要保证队列中不会丢失进程。

第二种方法，指定一个处理器作为其他处理器的调度者，这样就创建了一种主从结构，从而避免了上述问题。

主从结构在有些系统进一步得到扩展：使用一个单独的处理器处理所有的调度、I/O处理和其他系统活动，其他处理器只是执行用户代码。因为只有一个处理器访问系统数据结构，减轻了对数据共享的需求，所以这种不对称多处理远比对称多处理简单。当然，它不如对称多处理那样高效，I/O繁忙型进程可能会阻塞执行所有操作的那个CPU。通常在一个操作系统中首先实现不对称多处理，然后随着系统的发展将其升级为对称多处理。

总的来说，多处理器系统可分为以下3种类型。

(1) 松散耦合多处理器系统(集群系统)：每台处理器有自己的内存、I/O，以及自己的OS。

(2) 主从(Master/Slave)多处理器系统：所有的系统调用由主控机完成；从机仅执行主控机指派的计算任务。

(3) 紧密耦合多处理器系统：一组处理器共享内存，在一个OS的集中控制下工作。

多处理器调度注重整体运行效率，而不是个别处理器的利用率。它具有更多样的调度算法，但都比较简单。多处理器调度的单位广泛采用线程。

3.7 实时调度

在很多情况下，任务的实时性非常重要，为了能更好地满足任务的实时性要求，出现了实时调度。实时系统是一种时间起着主导作用的系统。一种典型的情况是，外部的一种或多种物理设备给计算机一个刺激，而计算机必须在一个确定的时间范围内恰当地做出反应。例如，在CD播放器中的计算机获得从驱动器而来的位流，然后必须在非常短的时间间隔内将位流转换为音乐。如果计算时间过长，那么音乐就会听起来有异常。其他实时系统的例子还有，医院特别护理部门的病人监护装置、飞机中的自动驾驶系统以及自动化工厂中的机器人控制等。在所有这些例子中，正确但是迟到的应答往往比没有还要糟糕。

在实时系统中，计算的正确性不仅取决于程序的逻辑正确性，也取决于结果产生的时间，如果系统的时间约束条件得不到满足，将会发生系统出错。

3.7.1 实时任务类型

根据其对于实时性要求的不同，实时系统可以分为软实时(soft real time)系统和硬实时(hard real time)系统两种类型。硬实时系统指系统要有确保最坏情况下的服务时间，即对于事件的响应时间的截止期限无论如何都必须得到满足。比如航天中的宇宙飞船的控制等就是现实中这样的系统。除硬实时系统外的所有实时系统都可以称为软实时系统。如果明确地说，软实时系统就是那些从统计的角度来说，一个任务(在下面的论述中，我们将对任务和进程不作区分)能够得到有确保的处理时间，到达系统的事件也能够在截止期限到来之前得到处理，但违反截止期限并不会带来致命的错误的实时系统，像实时多媒体系统就是一种软实时系统。

实时系统中的事件可以按照响应方式进一步分类为周期性（以规则的时间间隔发生）事件或非周期性（发生时间不可预知）事件。一个系统可能要响应多个周期性事件流。由于每个事件需要的处理时间长短不同，系统甚至有可能无法处理完所有的事件。

按系统分类实时调度可以分为单处理器调度、集中式多处理器调度和分布式处理器调度。按任务是否可抢占又能分为抢占式调度和不可抢占式调度。

3.7.2 实时调度算法

根据建立调度表和调度性分析是脱机实现还是联机实现，把实时调度分为静态调度和动态调度，静态调度无论是单处理器调度还是分布式调度，一般是以 RMS 算法为基础的；而动态调度则以 EDF、LLF 为主。

3.8 Linux 系统进程调度

在任何一种操作系统中，进程调度一直是一个核心问题，进程调度策略的选择对整个系统性能有至关重要的影响，一个好的调度算法应该考虑很多方面：公平、有效、响应时间、周转时间、系统吞吐量等，但这些因素之间又是相互矛盾的，最终的取舍根据系统要达到的目标而定。本节以 Linux 操作系统为例，分析其进程调度策略，以期让读者对进程调度过程有更深层次的认识。

3.8.1 Linux 的进程调度

Linux 支持多进程，进程控制块（Process Control Block，PCB）是系统中最为重要的数据结构之一，用来存放进程所必需的各种信息。PCB 用结构 task_struct 来表示，包括进程的类型、进程状态、优先级、时钟信息等。Linux 系统中，进程调度操作由 schedule() 函数执行，这是一个只在内核态运行的函数，函数代码为所有进程共享。

3.8.2 Linux 进程调度时机

Linux 的进程调度时机与现代操作系统中的调度时机基本一致，为了判断是否可以执行内核的进程调度程序来调度进程，Linux 中设置了进程调度标志 need_resched，当标志值为 1 时，可执行调度程序。通常，Linux 调度时机分以下两种情况。

（1）主动调度：指显式调用 schedule() 函数明确释放 CPU，引起新一轮调度。一般发生在当前进程状态改变时，如进程终止、进程睡眠，进程对某些信号处理过程中等。

（2）被动调度：指不显式调用 schedule() 函数，只是对 PCB 中的 need_resched 进程调度标志置位，该域置位为 1 将引起新的进程调度，而每当中断处理和系统调用返回时，核心调度程序都会主动查询 need_resched 的状态（若置位，则主动调用 schedule() 函数），一般发生在新的进程产生时、某个进程优先级改变时、某个进程等待的资源可用被唤醒时、当前进程时间片用完时等。

3.8.3 Linux 进程调度策略

一般来说，不同用途的操作系统的调度策略是不同的，Linux 进程调度是将优先级调度、时间片轮转法调度、先进先出调度综合起来应用，而在 Linux 系统中，不同类型的进程调度策略也不一样。

1. 与进程调度相关的数据结构

每个进程都是一个动态的个体，其生命周期中依次定义如下数据结构：TASK_RUNNING、TASK_INTERRUPTIBLE、TASK_UNINTERRUPTIBLE、TASK_ZOMBIE 和 TASK_STOPPED，与其数据结构相对应的即是 Linux 进程的状态，分别是：运行态、等待态、暂停态、僵死态和停止态。一个进程在其生存期间，状态会发生多次变化。

2. 进程状态及其转换过程的描述

进程创建时的状态为不可打断睡眠，在 do_fork()结束前被父进程唤醒，之后变为执行状态，处于执行状态的进程被移到 run_queue 就绪任务队列中等待调度，适当时候由 schedule()按调度算法选中，获得 CPU。若采用轮转法时，由时钟中断触发 timer_interrupt()，其内部调用 schedule()，引起新一轮调度，当前进程的状态仍处于执行状态，因而把当前进程挂到 run_queue 队尾。

获得 CPU 且正在运行的进程若申请不到某资源，则调用 sleep_on()或 interruptible_sleep_on()睡眠，其 task_struct 进程控制块挂到相应资源的 wait_queue 等待队列。如果调用 sleep_on()，则其状态变为不可打断睡眠；如果调用 interruptible_sleep_on()，则其状态变为可打断睡眠。sleep_on()或 interruptible_sleep_on()将调用 schedule()函数把睡眠进程释放。

3. 进程分类和相应的进程调度策略

Linux 系统中，为了高效地调度进程，将进程分成两类：实时进程和普通进程(又称非实时进程或一般进程)，实时进程的优先级要高于其他进程，如果一个实时进程处于可执行状态，它将先得到执行。实时进程又有两种策略：时间片轮转和先进先出，在时间片轮转策略中，每个可执行实时进程轮流执行一个时间片，而先进先出策略中每个进程按各自在运行队列中的顺序执行且顺序不能变化。

在 Linux 中，进程调度策略共定义了 3 种：

Linux 系统中的每个进程用 task_struct 结构来描述，进程调度的依据是 task_struct 结构中的 policy、priority、counter 和 rt_priority，PCB 中设置 policy 数据项，其值用于反映针对不同类型的进程而采用的调度策略。SCHED_ RR 和 SCHED_FIFO 用于实时进程，分别表示轮转调度策略和先进先出调度策略；SCHED_OTHER 表示普通进程，也按照轮转调度策略处理。这 3 类调度策略均基于优先级。priority 数据项给出普通进程的调度优先级。普通进程的可用时间片的初始值即为该值，该值通过系统调用是可以改变的。

rt_priority 数据项值是实时进程专用的调度优先级，实时进程的可用时间片的初始值即为该值，该优先级也可以用系统调用来修改。counter 数据项用于进程可用时间片时值的计数，初始值为 rt_priority 或 priority，进程启动后该值随时钟周期递减。

通过对 Linux 进程调度策略的简单分析，可以看出多进程的管理是一种非常复杂的并发程序设计，每个进程的状态不仅由其自身决定，而且还要受诸多外在因素的影响，而在此基础上的进程调度，为了保证操作系统的稳定性、提高效率和增加灵活性，还必须采用很多方法，这些都是值得大家去研究和探讨的。

本章小结

处理机调度可分为 3 级：作业调度、交换调度、进程调度。本章主要讨论的是进程调度，即根据算法选择合适的进程，并把 CPU 分配给该进程使用。

对于进程调度的设计可面向系统，可面向用户，有时也可二者兼顾。系统关心 CPU 利用率和吞吐量，用户关心周转时间、等待时间和响应时间。以上几个方面是确定调度策略主要考虑的指标。

系统及其目标不同，所采用的调度算法也不相同。调度算法主要包括先来先服务、短作业(进程)优先、最短剩余时间优先、高响应比优先、优先级法、时间片轮转法、多级队列法、多级反馈队列法等。其中有的适用于作业调度，有的适用于进程调度，有的二者都适用。要注意区分不同调度的特点。

多处理器系统中 CPU 调度有很多不同于单 CPU 系统的问题，但采用的调度算法都比较简单，以提高效率。多处理器调度主要分为 3 类：松散耦合多处理器系统(集群系统)、主从多处理器系统、紧密耦合多处理器系统。

实时进程和任务要与外部事件交互，要满足一定的时限，实时操作系统就是要处理实时进程，关键在于满足时限。

习题 3

一、思考题

1. 处理机调度一般分为哪 3 级？各级调度的主要任务是什么？哪一级调度必不可少？
2. 进程调度有哪两种方式？
3. 三级调度之间的关系是什么？
4. 在确定调度算法时，常用的评价准则有哪些？

二、单选题

1. (2009 年真题)下列进程调度算法中，综合考虑进程等待时间和执行时间的是________。

   A. 时间片轮转调度算法　　B. 短进程优先调度算法
   C. 先来先服务调度算法　　D. 高响应比优先调度算法

2. (2010 年真题)下列选项中，降低进程优先级的合理时机是________。

   A. 进程的时间片用完　　B. 进程刚完成 I/O，进入就绪队列
   C. 进程长期处于就绪队列　　D. 进程从就绪状态转为执行状态

3. (2011 年真题)下列选项中,满足短作业优先且不会发生饥饿现象的是________。

A. 先来先服务　　B. 高响应比优先

C. 时间片轮转　　D. 非抢占式短作业优先

4. (2012 年真题)若某单处理器多进程系统中有多个就绪进程,则下列关于处理机调度的叙述中,错误的是________。

A. 在进程结束时能进行处理机调度

B. 创建新进程后能进行处理机调度

C. 在进程处于临界区时不能进行处理机调度

D. 在系统调用完成并返回用户态时能进行处理机调度

5. 支持多道程序设计的操作系统在运行过程中,不断地选择新进程运行来实现 CPU 的共享,其中________不是引起操作系统选择新进程的直接原因。

A. 运行进程的时间片用完　　B. 运行进程出错

C. 运行进程要等待某一事件发生　　D. 有新进程进入就绪队列

6. 在处理机的多进程系统中,进程切换时,什么时候占用处理机和占用多长时间取决于________。

A. 进程相应程序段的长度　　B. 进程总共需要运行时间的多少

C. 进程自身和进程调度策略　　D. 进程完成什么功能

7. 下面有关选择进程调度算法的准则中,不正确的是________。

A. 尽快响应交互式用户请求　　B. 尽量提高处理器利用率

C. 尽可能提高系统吞吐量　　D. 适当增加进程在就绪队列中的等待时间

8. 下面关于进程的叙述中,正确的是________。

A. 进程获得 CPU 运行是通过调度得到的

B. 优先级是进程调度的重要依据,一旦确定就不能改变

C. 单 CPU 的系统中,任意时刻都有一个进程处于运行状态

D. 进程申请 CPU 得不到满足时,其状态变为阻塞

9. 若每个作业只能建立一个进程,为了照顾短作业用户,应采用________;为了照顾紧急作业用户,应采用________;为了实现人机交互,应采用________;为了使短作业、长作业和交互作业用户都满意,应采用________。

Ⅰ. FCFS 调度算法

Ⅱ. 短作业优先调度算法

Ⅲ. 时间片轮转调度算法

Ⅳ. 多级反馈队列调度算法

Ⅴ. 基于优先级的剥夺调度算法

A. Ⅱ、Ⅴ、Ⅰ、Ⅳ　　B. Ⅰ、Ⅴ、Ⅲ、Ⅳ

C. Ⅰ、Ⅱ、Ⅳ、Ⅲ　　D. Ⅱ、Ⅴ、Ⅲ、Ⅳ

10. 分时操作系统通常采用________策略为用户服务。

A. 时间片轮转　　B. 先来先服务

C. 短作业优先　　D. 优先级

11. ________调度算法有利于 CPU 繁忙型作业，而不利于 I/O 繁忙型作业(进程)。

A. 时间片轮转　　B. 先来先服务

C. 短作业优先　　D. 优先级

12. 对于处理机调度中的高响应比调度算法，通常影响响应比的主要因素可以是________。

A. 程序长度　B. 静态优先数　C. 运行时间　D. 等待时间

13. 在就绪队列中有 n 个就绪进程等待使用一个 CPU，那么，如果采用同一种调度算法，总共可能有________种调度顺序。

A. n　B. n^2　C. $n(n-1)/2$　D. $n!$

14. 现有 3 个同时到达的作业 J_1、J_2、J_3，它们的执行时间分别为 T_1、T_2、T_3，且 $T_1 < T_2 < T_3$。系统按单道方式运行且采用短作业优先算法，则平均周转时间是________。

A. $T_1+T_2+T_3$　　B. $(T_1+T_2+T_3)/3$

C. $(3T_1+2T_2+T_3)/3$　　D. $(T_1+2T_2+3T_3)/3$

15. 有 3 个同时到达的作业 J_1、J_2、J_3，它们的执行时间分别是 2、5、3 小时，且在同一台处理机上以单道方式运行，则平均周转时间最小的执行序列是________。

A. J_1、J_2、J_3　　B. J_3、J_2、J_1

C. J_2、J_1、J_3　　D. J_1、J_3、J_2

16. 一个作业 8:00 到达系统，估计运行时间为 1 小时，若从 10:00 开始执行该作业，其响应比是________。

A. 2　B. 1　C. 3　D. 0.5

17. 有 3 个作业 A(到达时间 8：50，执行时间 1.5 小时)、B(到达时间 9：00，执行时间 0.4 小时)、C(到达时间 9：30，执行时间 1 小时)。当作业全部到达后，批处理单道系统按照响应比高者优先算法进行调度，则作业被选中的次序是________。

A. ABC　B. BAC　C. BCA　D. CBA

三、应用题

1. 有 5 个批处理作业 A、B、C、D、E 几乎同时到达，预计它们的运行时间为 10、6、2、4、8min。其优先级分别为 3、5、2、1、4，这里 5 为最高优先级。分别采用先来先服务算法(按 A,B,C,D,E)、短作业优先算法、优先级调度算法、时间片调度算法(令时间片为 2min)，求平均周转时间分别是多少(进程切换开销可不考虑)？

2. 系统有 5 个进程(如表 3-8 所示)，其就绪时刻、服务时间如表所示。若采用先来先服务、短作业优先、高响应比优先、时间片轮转算法(时间片=1)，给出每种调度算法进程的执行顺序。

表 3-8　一组进程列表

进程名	就绪时间	服务时间
P1	0	3
P2	2	6
P3	4	4
P4	6	5
P5	8	2

3. 在一个有两道作业的批处理系统中，作业调度采用短作业优先调度算法，进程调度采用抢占式优先级调度算法。设作业序列如表 3-9 所示。其中给出的作业优先数即为相应进程的优先数。其数值越小，优先级越高。

表 3-9 一组作业列表

作 业 名	到达时间	预估运行时间	优 先 数
A	8:00	40	10
B	8:20	30	5
C	8:30	50	8
D	8:50	20	2

(1) 列出所有作业进入内存的时间及结束时间。

(2) 计算平均周转时间和平均带权周转时间

4. 有 5 个待执行的作业，分别是 A、B、C、D、E，各自估计的运行时间是 9、6、3、5、x。试问采用哪种运行次序可使平均周转时间最短？其平均周转时间是多少？

习题 3 参考答案

一、问答题

1. **答**：处理机调度一般分为 3 级：作业调度、交换调度、进程调度。其中，作业调度的主要任务是按一定的原则对外存输入井中的大量后备作业进行选择，给选出的作业分配内存、输入/输出设备等资源，并建立相应的用户进程和系统进程，然后将程序和数据调入内存，以使该作业的进程获得竞争 CPU 的权利，等待进程调度。交换调度的主要任务是按照给定的原则和策略，将进程的部分或全部换出到外存上，将当前所需部分换入到内存。进程调度的主要任务是根据一定的算法选取一个处于就绪状态的进程占用处理机。在确定了占用处理机的进程后，系统必须进行进程上下文的切换以建立与占用处理机进程相应的执行环境。进程调度必不可少。

2. **答**：进程调度有非抢占调度和抢占调度两种。

3. **答**：作业(高级)调度从外存的后备队列中选择一批作业进入内存，为它们建立进程，这些进程被送入就绪队列；进程调度从就绪队列中选出一个进程，并把其状态改为运行状态，把 CPU 分配给它。交换调度是位于高级调度和进程调度之间的一种调度，为了提高内存的利用率，系统将那些暂时不能运行的进程挂起来，当内存空间宽松时，通过交换调度选择具备运行条件的进程，将其唤醒。总之，作业调度为进程活动做准备，而进程调度使进程正常活动起来，交换调度将暂时不能运行的进程挂起。

4. **答**：常用的评价调度策略准则有：CPU 利用率和吞吐量，以及用户关心的周转时间、等待时间和响应时间。

二、单选题

1. D 2. A 3. B 4. C 5. D 6. C 7. D 8. A 9. D 10. A 11. B 12. D 13. D 14. C 15. D 16. C 17. B

三、应用题

1. 答：

1）先来先服务

执行次序	运行时间	优先级	等待时间	周转时间
A	10	3	0	10
B	6	5	10	16
C	2	2	16	18
D	4	1	18	22
E	8	4	22	30
平均周转时间＝19.2				

2）短作业优先算法

执行次序	运行时间	优先级	等待时间	周转时间
C	2	2	0	2
D	4	1	2	6
B	6	5	6	12
E	8	4	12	20
A	10	3	20	30
平均周转时间＝14				

3）优先级调度算法

执行次序	运行时间	优先级	等待时间	周转时间
B	6	5	0	6
E	8	4	6	14
A	10	3	14	24
C	2	2	24	26
D	4	1	26	30
平均周转时间＝20				

4）时间片调度算法(令时间片为 2min)

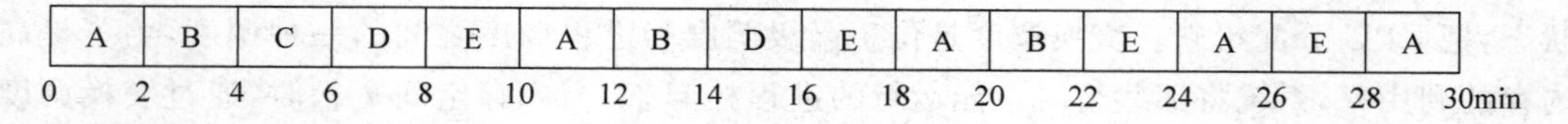

各进程的周转时间为 $T_A=30\text{min}$，$T_B=22\text{min}$，$T_C=6\text{min}$，$T_D=16\text{min}$，$T_E=28\text{min}$；平均周转时间＝20.4min。

2. 答：

先来先服务，执行次序：P_1、P_2、P_3、P_4、P_5。

短作业优先，执行次序：P_1、P_2、P_5、P_3、P_4。

高响应比优先，执行次序：P_1、P_2、P_3、P_5、P_4。

时间片轮转，执行次序：P_1、P_1、P_2、P_1、P_2、P_3、P_2、P_4、P_3、P_2、P_5、P_4、P_3、P_2、P_5、P_4、P_3、

P_2、P_4、P_4。

3. 答：

作业	到达时间	进入内存时间	结束时间	周转时间
A	8：00	8：00	9：10	70
B	8：20	8：20	8：50	30
C	8：30	9：10	10：00	90
D	8：50	8：50	10：20	90
平均周转时间＝70min　平均带权周转时间＝2.265min				

4. 答：

短作业优先算法具有最短的平均周转时间。

(1) 当 $0<x<3$ 时，作业的运行次序为 E、C、D、B、A。

平均周转时间＝$(x+(x+3)+(x+3+5)+(x+3+5+6)+(x+3+5+6+9))/5=(5x+48)/5$。

(2) 当 $3\leqslant x<5$ 时，作业的运行次序为 C、E、D、B、A。

平均周转时间＝$(4x+51)/5$。

(3) 当 $5\leqslant x<6$ 时，作业的运行次序为 C、D、E、B、A。

平均周转时间＝$(3x+56)/5$。

(4) 当 $6\leqslant x<9$ 时，作业的运行次序为 C、D、B、E、A。

平均周转时间＝$(2x+62)/5$。

(5) 当 $x\geqslant 9$ 时，作业的运行次序为 C、D、B、A、E。

平均周转时间＝$(x+71)/5$。

第4章 进程同步与死锁

在操作系统中，为了提高系统的利用率，引入了多进程的概念。在多进程环境下，由于进程的调度与执行具有异步性，当多个并发执行的进程争用临界资源时极易造成系统的混乱，这就需要利用进程同步机制对进程的活动加以约束与限制，使各个进程既能够与其他进程相互协作，又能够有序地利用临界资源。

本章主要讲述以下几个方面的内容：

(1) 进程同步和互斥，临界资源及临界区的基本概念。

(2) 实现进程互斥的方法。

(3) 信号量机制与P、V操作。

(4) 一些经典的进程同步问题。

(5) 利用管程实现进程同步。

(6) 进程的死锁及处理机制。

(7) Linux系统的进程同步及死锁。

4.1 进程同步的基本概念

4.1.1 并发性

进程的并发性是操作系统的基本特征，并发可以改善系统资源的利用率，提高系统的吞吐量。所谓并发性，是指一组进程执行在时间点上相互交替，在时间段上相互重叠。在单处理器环境下，同一时刻只能有一个进程占用处理器资源，只有在该进程主动或被动让出处理器的情况下，其他进程才有机会运行，因此从时间点上来看进程的执行是相互交替的，但是在一段时间内，会有多个进程有机会得到运行，因此从时间段上来看进程的执行是相互重叠的。

图4-1所示为一个包含数据输入(I)、数据处理(P)及数据输出(O)多个进程的并发执行情况，其中I_1、I_2及I_3是数据输入进程，P_1、P_2及P_3是数据处理进程，O_1、O_2及O_3是数据输出进程。当输入进程I_1输入第一组数据后，处理进程P_1开始对第一组数据进行处理，同时输入进程I_2开始输入第二组数据。在P_1完成对数据的处理后，输出进程O_1开始输出第一组数据的处理结果，同时在输入进程I_2完成第二组数据的输入后，处理进程P_2开始对第二组数据进行处理。

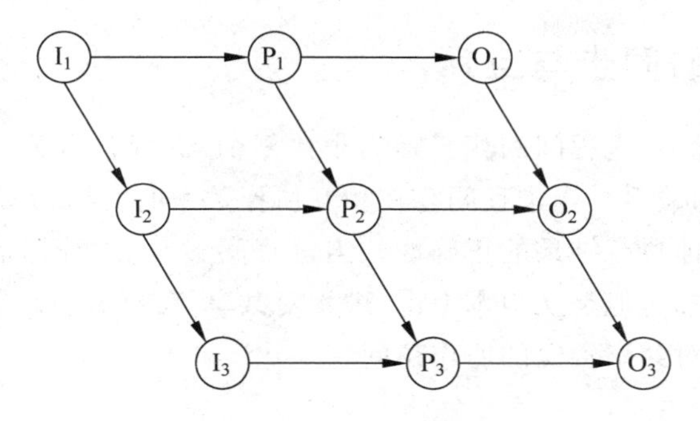

图 4-1 进程的并发执行

从这个例子中可以看出，进程可以并行执行而彼此间不相互依赖，例如进程 P_1 及 I_2、进程 P_2 及 I_3、进程 O_1 及 P_2 等，在一个进程还没有完成的情况下，另一个进程可以开始执行，这些并发进程分别对不同的数据进行操作，一个进程的执行不会影响另一进程的执行结果。但是若多个进程共享某些数据或硬件资源，例如进程 I_1 及 P_1 共享第一组数据，进程 I_1 及 I_2 共享输入设备，这种情况下一个进程的执行会影响到另一进程的执行结果，这些进程之间则具有制约关系。

4.1.2 与时间有关的错误

在多进程并发的情况下，进程共享某些变量或硬件资源，由于进程的执行具有不确定性，如果不对进程的执行加以制约，其执行结果往往是错误的。

假设有两个并发进程 P_1 及 P_2。

```
    P1                  P2
S1 : X = 1          S4 : X = 2
S2 : X = X + 1      S5 : X = X * 2
S3 : A = X          S6 : B = X
```

进程 P_1 与 P_2 共享变量 X，变量 A 与 B 分别为进程 P_1 及 P_2 的私有变量。共享变量 X 的初值为 0，编程者的意图是希望进程 P_1 及 P_2 按照 $S_1 \to S_2 \to S_3 \to S_4 \to S_5 \to S_6$ 的顺序执行，从而在程序执行完毕后使变量 X、A 及 B 的值分别为 4、2、4。如果进程 P_1 及 P_2 的各条指令交错执行，其运行结果往往是编程者所意想不到的。

情况 1：指令按照 $S_1 \to S_4 \to S_2 \to S_5 \to S_3 \to S_6$ 的顺序执行，变量 X、A 及 B 的值将分别为 6、6、6。

情况 2：指令按照 $S_1 \to S_2 \to S_4 \to S_5 \to S_3 \to S_6$ 的顺序执行，变量 X、A 及 B 的值将分别为 4、4、4。

情况 3：指令按照 $S_1 \to S_4 \to S_2 \to S_3 \to S_5 \to S_6$ 的顺序执行，变量 X、A 及 B 的值将分别为 6、3、6。

从上面的 3 种情况中可以看出，相同的程序由于指令的交错执行，最终的结果也不尽相同。这就要求使用进程同步及互斥机制，实现对共享资源的互斥访问，保证程序执行的正确性。

4.1.3 进程的同步与互斥

在多进程并发环境下，进程间的相互影响非常复杂，进程各自独立地运行，彼此间具有相互协作及相互竞争的关系。当进程间存在相互协作关系时，需要采用同步机制，使进程按照合理的顺序执行，保证执行结果的正确性。当进程间共享资源时，需要采用互斥机制，保证对共享资源的互斥访问，但是从根本上说，进程对共享资源的互斥访问也反映了进程间的一种协作同步关系，即对共享资源的协作访问。

1. 进程的同步

所谓进程同步，是指当进程运行到某一点时，若其他进程已完成了某种操作，使进程满足了继续运行的条件，进程才能够继续运行，否则必须停下来等待。通常将进程等待的那一点称为“同步点”，而将等待运行的条件称为“同步条件”。

例如在图 4-1 中，输入进程 I_1、处理进程 P_1 和输出进程 O_1 之间就是这种相互协作的关系，需要在它们之间进行同步。这是因为只有当输入进程 I_1 获得第一组数据以后，处理进程 P_1 才能够对数据进行处理，否则处理进程 P_1 必须等待。同理，只有当处理进程 P_1 处理完毕数据以后，结果才能由进程 O_1 输出，否则进程 O_1 也必须等待。

相互协作的进程间经常存在数据或变量等共享资源，进程受到特定条件的限制，各进程需要严格按照固定的顺序执行，否则将导致程序的执行错误。

2. 进程的互斥

对系统中的某些进程来说，为保证程序的正确执行，必须相互协调共享资源的使用顺序。通常共享资源可分为互斥共享资源及可同时访问共享资源两类。互斥共享资源是指在某段时间内，只能有一个进程对该资源进行访问，其他进程若想访问该资源则必须停下来等待，直到该共享资源被前一进程释放。可同时访问共享资源是指在某段时间内，可以有多个进程同时对该资源进行访问，因而也不会存在进程互斥的问题。

例如在图 4-1 中，输入进程 I_1、I_2 和 I_3 之间就是这种相互竞争共享资源的关系。这 3 个进程都需要对共享的输入设备进行互斥访问，当输入设备被某输入进程占用时，其他输入进程必须等待，直到该资源被释放。

4.1.4 临界资源和临界区

1. 临界资源

进程在运行过程中，可能会与其他进程共享资源，而对互斥共享资源的访问需要具有排他性。例如，进程 A、B 共享一台打印机，若这两个进程同时向打印机输出数据，可能会使输出结果交织在一起，难以区分。之所以会出现这种问题，是因为进程都要竞争使用这种互斥的共享资源。在计算机系统中，涉及变量、队列、文件、资源、内存区等共享情况时，都有可能引发这类问题。

将只允许一个进程访问的共享资源称为临界资源，许多物理设备都属于临界资源，如打印机、绘图仪等。另外，有很多变量，数据能由若干进程共享，这些共享变量及数据也属于临界资源。对于临界资源，既要允许进程“资源共享”，又要防止错误发生，就需要保证进程“互斥的”使用资源，即当一个进程在使用一个临界资源时，其他进程不能同时使用。一般会由系统将资源分配给一个进程，其他进程必须等待，直到占据资源的进程释放控制权后，系统才将资源分配给其他进程。

2. 临界区

将程序中对临界资源访问的代码部分称为临界区。图 4-2 所示为访问临界资源程序的一般结构。

为了保证正确地使用临界资源，可将访问临界资源的程序划分为如下几个部分。

（1）入口区：在进入临界区之前，首先应该对临界资源能否被访问进行判断，通常是一些测试语句或判断语句，如果可以进入临界区，则设置临界资源占用标志，用来阻止其他进程进入临界区。

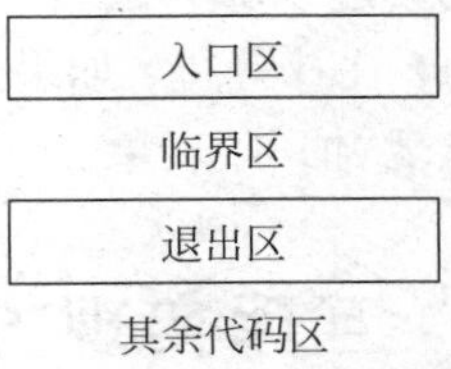

（2）临界区：程序中用来访问临界资源的代码。

（3）退出区：在完成对临界资源的访问后，用来清除临界资源占用标志，使其他进程可以访问临界资源。

（4）其余代码区：除入口区、临界区、退出区外的其他代码。

入口区
临界区
退出区
其余代码区

图 4-2　访问临界资源程序的一般结构

由于进程并不是一直使用临界资源，只是在访问临界资源并引起竞争时才需要保证访问的“互斥”，如果能够保证多个进程不同时处于临界区中，就能保证对临界资源的互斥访问，也即保证了操作的正确性。

图 4-3 所示为两个并发进程 A 与 B 互斥使用临界资源的例子。

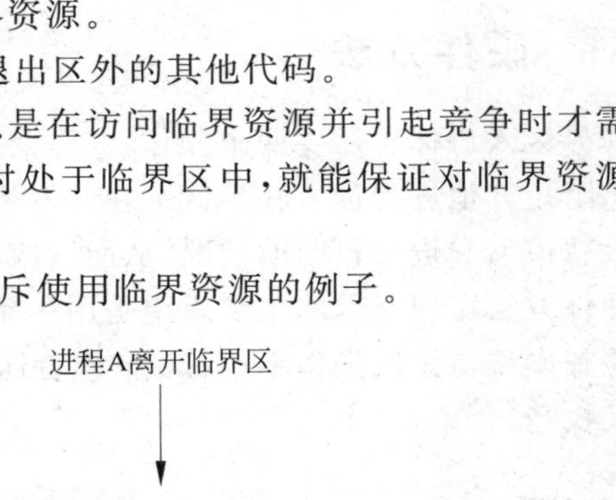

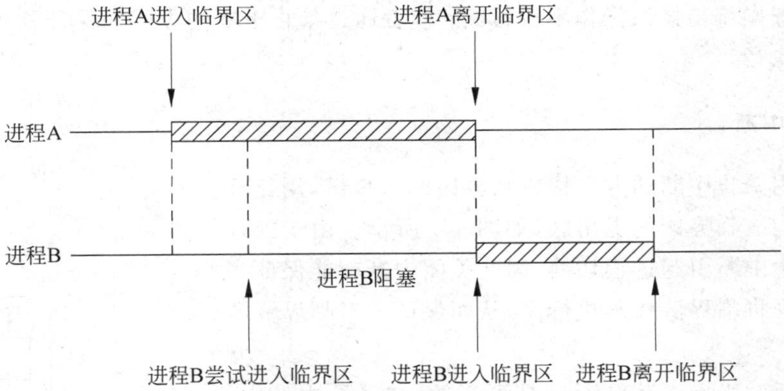

图 4-3　进程互斥使用临界资源示例

进程 A 先于进程 B 进入临界区，因此可以开始对临界资源进行访问。当进程 B 尝试进入临界区时，由于临界区已被进程 A 占用，进程 B 变为阻塞状态。直到进程 A 离开临界区释放临界资源以后，进程 B 才有机会进入临界区对临界资源进行访问。

3. 临界区访问准则

无论使用何种方法解决进程同步问题，对临界区的访问应该遵循如下原则，违背任何一条，都将导致进程同步的错误。

(1) 空闲让进：当没有进程处于临界区，临界资源处于空闲状态时，立即可以允许一个进程进入临界区。

(2) 忙则等待：任何时候，处于临界区内的进程不可多于一个。当已有进程在临界区，其他欲进入的进程必须等待。

(3) 有限等待：进入临界区的进程要在有限时间内完成并退出临界区，以便让其他进程有机会进入临界区。

(4) 让权等待：如果进程不能进入自己的临界区，则应该停止运行，让出处理器，避免进程出现"忙等"现象。

4.2 互斥实现方法

在并发进程的程序设计中，保证临界区的"互斥"有着重要的意义。临界区互斥的实现既可以用硬件方法，也可以用软件方法。

4.2.1 硬件方法

管理临界区入口标志需要两个操作，一是要查看标志以判断临界资源是否已被占用，二是修改标志阻止其他进程进入临界区。在并发进程交错执行时，可能会出现进程只执行了一个操作后就被另一进程打断的情况，从而造成访问临界资源发生错误。

采用硬件方法实现互斥的主要思想是用一条指令来完成标志的检查和修改两个操作，从而保证检查操作与修改操作不被打断；或者通过禁止中断的方式来保证检查和修改作为一个整体来执行。

1. 禁止中断

进程使用禁止中断的方法构成临界区的入口区，用打开中断的方法构成临界区的退出区，如图 4-4 所示。由于处理器只能在发生中断引起进程切换，因此关闭中断就能保证当前运行的进程将临界区代码执行完，从而保证了对临界资源的互斥访问。

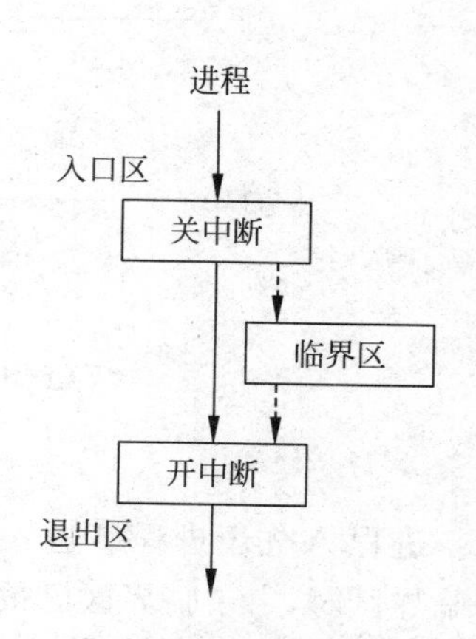

图 4-4　使用禁止中断实现临界资源互斥

禁止中断对于操作系统而言是可行的，在系统内核中，利用它保证访问共享资源的安全，方便有效。但也存在着一些不足，如果对临界区的访问时间较长，关中断的时间就会很长，从而限制了处理器交叉执行程序的能力，影响系统的效率；将关中断的权利交给用户进程，可能会引起计算机响应不及时，使重要的中断程序不能及时处理；另外，在多处理器系统中,通过关中断阻止进程在临界区执行不被中断是没有意义的。

2. 专用机器指令

许多计算机都提供了一些专门的硬件指令,用一条指令完成检查和改写两个操作,以保证检查操作与改写操作不被打断。下面介绍两种可用来实现互斥的机器指令:TS 指令和 Swap 对换指令。

1) TS(Test-and-Set)指令

S 指令的功能是检查指定标志后把该标志置位,可以将 TS 指令看作一个不可中断的函数,该函数以一个测试标志为参数。当测试标志置位时函数返回 0,表示资源被占用,否则函数返回 1,表示资源可被占用,同时将测试标志置位。可描述为如下形式。

```
TS(key)
{
    if(key == 1)
        return 0;
    else {
        key = 1;
        return 1;
    }
}
```

可使用如下 TS 指令实现临界区互斥:

```
while(!TS(key));           //测试标志并置位,加锁
临界区;
key = 0;                   //清标志位,解锁
```

进程在执行时首先检查标志是否被置位,若未被置位则进入临界区,否则将循环进行测试。在进程访问完临界资源后,会将标志位清除,以保证其他进程可以进入临界区。

2) Swap 指令

Swap 对换指令的功能是交换两个字节的内容,该指令可用函数描述为如下的形式。

```
Swap(a,b)
{
    temp = a;
    a = b;
    b = temp;
}
```

可使用如下 Swap 指令实现临界区互斥:

```
x = 1;
while(x!= 0) swap(&key, &x); //加锁
临界区;
key = 0;
```

标志位 key 的初值被置为 0,表示临界资源未被使用。进程在进入临界区时将使用 Swap 指令将 key 与 x 的值互换,若 x 值变为 0,则表示临界资源可被占用,进程可进入临界

区，否则将循环进行测试。在进程访问完临界资源后，通过将 key 置为 0 来释放其所占用的资源。

使用硬件方法管理临界区主要有以下优点：

(1) 适用范围广。可用于多个并发进程及单处理器或多处理器环境。

(2) 方法简单。只需要硬件指令即可实现。

(3) 支持多个临界区。可为每个临界区设置单独的标志，在支持的临界区的个数上没有限制。

但是，硬件方法也存在着一些比较明显的缺点：

(1) 易出现忙等待。从 TS 指令与 Swap 指令可以看出，在进程无法进入临界区时会对标志进行循环测试，从而耗费大量处理器资源。

(2) 可能产生进程饥饿现象。在某个进程释放临界资源后，下一个进入临界区的进程是不确定的，从而可能会产生有的进程长期无法进入临界区的情况。

4.2.2 软件方法

早在 20 世纪 60 年代就已经开始了利用软件方法解决临界区互斥访问问题的研究。软件方法主要基于的是内存级别的访问互斥，通过内存中的标志位实现并发进程对临界资源的顺序访问。下面是一些实现临界区管理的典型的软件算法。

算法 1：利用共享的标志位来表示哪个并发进程可以进入临界区。

对并发进程 A 与 B，设置标志变量 turn。若变量 turn 为 0 则允许进程 A 进入临界区访问，若变量 turn 为 1 则允许进程 B 进入临界区访问。算法的实现代码如下。

```
int turn = 0;

进程 A:
while(turn!= 0);
临界区;
turn = 1;

进程 B:
while(turn!= 1);
临界区;
turn = 0;
```

标志变量 turn 的初值被设为 0，最初只允许进程 A 进入临界区。这样即使进程 B 先到达临界区的入口，它也会在 while 中循环忙等，只有在进程 A 从临界区中退出后，将标志变量 turn 设置为 1，进程 B 才有机会进入临界区。

该算法虽然保证了并发进程对临界区的互斥访问，但是如上所述，在无进程占用临界区时，进程 B 仍需等待，因此违反了“空闲让进”原则。

算法 2：利用双标志法判断进程是否进入临界区。

算法通过使用一个 flag 数组来表示进程是否希望进入临界区。对两个并发进程 A 与 B，若 flag[0]=1 则表示进程 A 期望进入临界区，若 flag[1]=1 则表示进程 B 期望进入临界区。进程 A 与 B 在真正进入临界区之前先查看一下对方的 flag 标志，如果对方正在进入临界区则进行等待。另外，为了避免并发执行时的错误还需要通过一个变量 turn 来避免两个进程都无法进入临界区。算法的实现代码如下。

```
int flag[2] = {0,0};


进程 A:
flag[0] = 1;
turn = 1;
while(flag[1]&&turn == 1);
临界区;
flag[0] = 0;

进程 B:
flag[1] = 1;
turn = 0;
while(flag[0]&&turn == 0);
临界区;
flag[1] = 0;
```

进程在进入临界区之前会先通过对方的 flag 标志来判断对方进程是否期望进入临界区。变量 turn 则是为了避免并发进程语句在交错执行时，只判断对方的 flag 标志而导致两个进程都无法进入临界区，例如进程 A 执行完 flag[0]=1，进程 B 也执行完 flag[1]=1，如果它们在 while 条件中只对对方的 flag 进行判断，那么进程 A 与 B 将永远在 while 语句循环等待。

4.3 信号量

信号量是由荷兰科学家 Dijkstra 在 1965 年提出的，是一种卓有成效的进程同步机制。从概念上信号量类似于交通管理中的信号灯，通过信号量的状态来决定并发进程对临界资源的访问顺序。信号量可以在多进程间传递简单的信号，使一个进程可以在某位置阻塞，直到接收到特定信号后继续运行，从而达到多进程相互协作的目的。

在信号量同步机制中包含“检测”与“归还”两个操作。检测操作称为 P 操作，用来发出检测信号量的操作，查看是否可访问临界资源，若检测通过，则开始访问临界资源，若检测不通过，则进行等待，直到临界资源被归还后才能进入临界区访问。归还操作称为 V 操作，用来通知等待进程临界资源已经被释放。P 操作与 V 操作都是原子操作，其中的每个步骤是不可分割的，也就是通常所说的“要么都做，要么都不做”。

利用信号量及 P、V 操作实现进程互斥访问临界资源的一般模型如下：

```
进程 1:            进程 2:            进程 3:

P(mutex);          P(mutex);          P(mutex);
临界区;            临界区;            临界区;
V(mutex);          V(mutex);          V(mutex);
```

每个进程在访问临界区前先进行 P 操作，检测临界资源是否可用。若某进程的 P 操作成功，则该进程进入临界区，其他进程若想进入临界区则必须阻塞等待。在进程使用 V 操作释放临界资源后，其他被阻塞的进程才得到机会进入临界区。

信号量也可用来在进程间进行同步，例如下面这种情况：

```
进程 1:                进程 2:

读入数据;              P(mutex);
V(mutex);              处理数据;
```

两个进程，进程 1 用来从输入设备读入数据，而进程 2 则负责处理进程 1 读到的数据。使用初值为 0 的信号量 mutex 在进程 1 与进程 2 之间进行同步，若进程 2 先于进程 1 执行，则会在 P 操作阻塞，直到进程 1 读入数据并执行完成 V 操作后才可继续执行，从而保证了进程 1 与进程 2 相互协作共同处理数据。

根据应用的不同，信号量可以有不同的形式，最常用的有整型信号量、记录型信号量和 AND 型信号量，下面将分别进行介绍。

4.3.1 整型信号量机制

整型信号量是最简单的一种信号量，它通常是一个需要初始化值的正整型量。对整型信号量 x，定义 P 操作及 V 操作原语如下。

```
P 操作:
    P(x)
    {
    while(x<=0);
    x=x-1;
    }

V 操作:
V(x)
{
    x=x+1;
}
```

信号量 x 的初值既可以是 0 也可以是 1。进程执行 P 操作时，如果 x 的值小于或等于 0，则其将在 while 语句循环等待，如果 x 的值大于 0，则表明临界资源可用，进程将把 x 的值减 1，P 操作成功，然后可访问临界资源。进程执行 V 操作时将 x 的值增 1，释放临界资源。可以将信号量 x 的值看作可用临界资源的数量，进程在访问临界资源前先检测临界资源是否空闲，若空闲则可访问，否则将必须等待。

4.3.2 记录型信号量机制

由于整型信号量在 P 操作不成功时需要进行循环等待，而这种等待没有放弃 CPU 资源，违背了让权等待的原则，造成了系统资源的浪费。记录型信号量在整型信号量的基础上进行了改进，它除包含一个整型值 Value 外，还包含一个阻塞队列 queue。

对记录型信号量 x，定义 P 操作及 V 操作原语如下：

```
P操作：
P(x)
{
    x.value = x.value - 1;
    if(x.value < 0)
        block(x.queue);
}

V操作：
V(x)
{
    x.value = x.value + 1;
    if(x.value <= 0)
        wakeup(x.queue);
}
```

其中 block 函数将使进程阻塞，并挂入 queue 等待队列让出处理器资源，wakeup 函数则负责从 queue 队列中唤醒一个等待的进程，而使其继续执行。

4.3.3 AND 型信号量机制

在并发进程访问多个临界资源时，需要多次使用 P、V 操作，很容易由于操作位置放置不当而造成进程死锁。例如对两个信号量 x 与 y，进程 1 及进程 2 都要求访问这两个信号量所保护的临界资源，其代码如下：

```
进程1：          进程2：
P(x);            P(y);
P(y);            P(x);
临界区；          临界区；
V(y);            V(x);
V(x);            V(y);
```

进程 1 与进程 2 对两个信号量执行 P 操作的获取顺序不一样，因此有可能在进程 1 执行完 P(x)之后，进程 2 也执行完 P(y)，这样两个进程都会在试图获取另一信号量时发生阻塞，从而导致进程死锁。

解决上述问题的一种方法是使用 AND 型信号量，与整型与记录型信号量不同，AND 型信号量对进程所需的多个临界资源进行批量获取和批量释放。对信号量 x_1、x_2、…、x_n 定义 AND 型信号量集如下：

```
SP(x1,x2, …,xn)
{
    if(x1 >= 0&&x2 >= 0&& … xn >= 0)
    {
        for(i = 0;i < n;++i)
            xi = xi - 1;
    }
    else
```

```
{
    在队列中阻塞;
    }
    }

    SV(x1,x2,…,xn)
{
    for(i = 0;i < n;++i)
    {
        xi = xi + 1;
        唤醒队列中的进程;
    }
}
```

AND型信号量要将多个临界资源一次性全部分配给所需的进程，当其中任一个临界资源未获得时进程都将等待，从而避免了获取多个临界资源导致进程死锁的问题。

4.4 经典的进程同步问题

多道程序环境中的进程同步是一个非常有趣的问题，吸引了很多学者研究，产生了一系列经典进程同步问题。下面将通过一些经典的例子进一步讲述信号量及P、V操作的应用。

4.4.1 生产者-消费者问题

生产者-消费者问题是最著名的进程同步问题。一组生产者进程向一组消费者进程提供产品，它们共享一个环形缓冲池，如图4-5所示。缓冲池中的每个缓冲区可以存放一个产品，生产者进程不断生产产品并放入缓冲池中，消费者进程不断从缓冲池内取出产品并消费，如图4-5所示。

生产者与消费者进程应满足如下同步条件：

(1) 任一时刻所有生产者存放产品的单元数不能超过缓冲池的总容量 N。

(2) 所有消费者取出产品的总量不能超过所有生产者当前生产产品的总量。

它们之间应具有的同步关系有：

(1) 当缓冲池满时生产者进程需等待。

(2) 当缓冲池空时消费者进程需等待。

(3) 各个进程应互斥使用缓冲池。

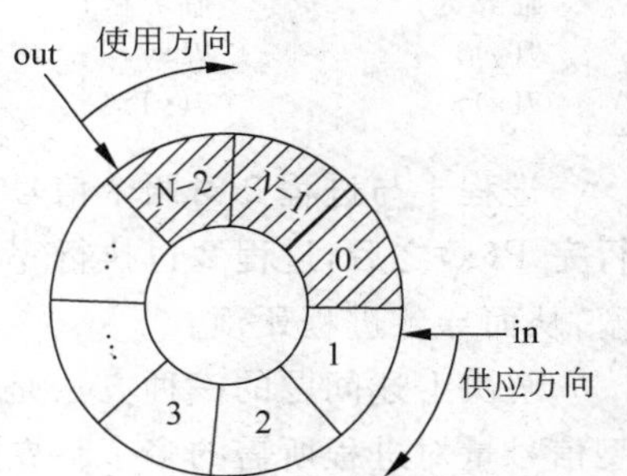

图4-5 生产者-消费者问题的环形缓冲池

下面利用信号量来解决生产者-消费者问题。假设缓冲区的编号为0～($N-1$)，用in和out作为生产者进程和消费者进程使用的指针，指向下面可用的缓冲区，初值都是0。

设置如下3个信号量：

(1) full。表示放有产品的缓冲区数，初值为0。

(2) empty。表示可供使用的缓冲区数，初值为 N。

(3) mutex。互斥信号量,初值为1,使各进程互斥进入临界区,保证任何时候只有一个进程使用缓冲区。

算法描述如下:

```
//生产者进程:                          //消费者进程:
while(1) {                             while(1){
    P(empty);                              P(full);
    P(mutex);                              P(mutex);
    产品送往 buffer(in);                    从 buffer(out)中取出产品;
    in = (in + 1) % N;                 out = (out + 1) % N;
  //以 N 为模                              //以 N 为模
    V(mutex);                              V(mutex);
    V(full);                               V(empty);
    }                                      }
```

生产者进程利用信号量 empty 保证在具有空闲的缓冲区时才将产品放入缓冲池,消费者进程利用信号量 full 保证只有在缓冲池中存在产品时才会取出,信号量 mutex 保证了生产者及消费者进程对缓冲池的互斥访问。另外,要注意无论在生产者进程还是在消费者进程中,P 操作的次序都不能颠倒,否则将可能造成死锁。

4.4.2 读者-写者问题

读者-写者问题也是一个著名的进程同步问题。一个数据对象(如文件或记录)可以被多个并发进程所共享,其中有些进程只要求读取数据对象的内容,而另一些进程则要求修改数据对象的内容。允许多个读进程同时访问数据对象,但是写进程不能与其他进程(不管是写进程还是读进程)同时访问数据对象。

实际应用中的许多情况都可归结为读者-写者问题。例如,一个航班预订系统有一个大型数据库,很多并发进程要对该数据库进行读、写操作。允许多个进程同时读该数据库,但是在任何时候如果有一个进程修改数据库,那么就不允许其他进程访问它——既不允许写,也不允许读。

读者-写者问题可根据写者到来后是否仍允许新读者进入而分为两类:

(1) 读者优先。当写者提出存取共享对象的要求后,仍允许新读者进入。

(2) 写者优先。当写者提出存取共享对象的要求后,不允许新读者进入。

下面利用信号量来解决读者优先的读者-写者问题。这里需要设置两个信号量和一个共享变量:

(1) 读互斥信号量 rmutex,用于使读进程互斥访问共享变量 readcount,其初值为1。

(2) 读写互斥信号量 mutex,用于实现写进程与读进程的互斥以及写进程与写进程的互斥,其初值为1。

(3) 读共享变量 readcount,用于记录当前的读进程数目,初值为0。

算法描述如下:

```
//读者进程:                            //写者进程:
  while(1){                            while(1){
  P(rmutex);                           P(mutex);
```

```
readcount = readcount + 1;
if(readcount == 1)
P(mutex);
V(rmutex);
执行读操作;
P(rmutex);
readcount = readcount - 1;
if(readcount == 0)
V(mutex);
V(rmutex);
使用读取的数据;
}
```

```
执行写操作;
V(mutex);
}
```

每来一个新的读者都会使 readcount 数加 1，只有当 readcount 数变为 0 时才允许写者进入。如果一个写者试图执行写操作，但是不断地有读者执行读操作，那么写者将一直无法进入临界区，即该算法是读者优先的。注意 mutex 是一个互斥信号量，用于使读进程互斥地访问共享变量 readcount。该信号量并不表示读进程的数目，表示读进程数目的是共享变量 readcount。

在上述算法的基础上通过增加 3 个信号量和一个共享变量来解决写者优先的读者-写者问题。

(1) 写互斥信号量 wmutex，用于使写进程互斥访问共享变量 writecount，其初值为 1。

(2) 读写阻塞信号量 rblock，用来在写者到来后阻塞读者，其初值为 1。

(3) 写阻塞信号量 wblock，当有读者被写者阻塞时，阻塞其他新到来的读者，其初值为 1。

(4) 写共享变量 writecount，用来记录当前写进程的数目，初值为 0。

算法描述如下：

```
//读者进程:
while(1) {
    P(wblock);
    P(rblock);
    P(rmutex);
    readcount = readcount + 1;
    if(readcount == 1)
    P(mutex);
    V(rmutex);
    V(rblock);
    V(wblock);
    执行读操作;
    P(rmutex);
    readcount = readcount - 1;
    if(readcount == 0)
    V(mutex);
    V(rmutex);
    }
```

```
//写者进程:
while(1){
    P(wmutex);
    writecount = writecount + 1;
    if(writecount == 1)
    P(rblock);
    V(wmutex);
        P(mutex);
执行写操作;
V(mutex);
P(wmutex);
writecount = writecount - 1;
if(writecount == 0)
V(rblock);
V(wmutex);
}
```

当有写进程到达时会通过信号量 rblock 将读进程阻塞，同时新到来的读进程将会阻塞在信号量 wblock 上，从而保证了写者优先访问临界区。

4.4.3　哲学家进餐问题

问题描述：有 5 个哲学家，他们的生活方式就是交替地进行思考和进餐，哲学家们共用一张圆桌，分别坐在周围的 5 张椅子上，在圆桌上有 5 个碗和 5 支筷子，平时哲学家进行思考，饥饿时便试图取其左、右最靠近他的筷子，只有在他拿到两支筷子时才能进餐，进餐完毕，放下筷子又继续思考，如图 4-6 所示。

为哲学家设定 3 种状态。

(1) THINKING：思考状态，处于该状态的哲学家正在思考。

(2) HUNGRY：饥饿状态，处于该状态的哲学家已经停止思考，正在试图取得身边的两根筷子。

(3) EATING：就餐状态，处于该状态的哲学家取得了身边的两根筷子，正在就餐。

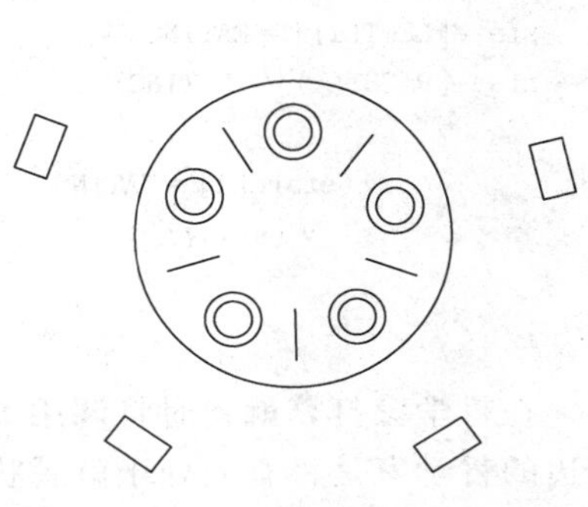

图 4-6　哲学家进餐问题

设定哲学家的编号依次为 0 到 4，用数组 State 来表明哲学家所处的状态，例如若 State[3]==EATING，那么就表明 3 号哲学家处于就餐状态。为了方便获得某哲学家左右两边哲学家的编号，定义如下两个宏：

```
#define LEFT(x) (x-1)%5
#define RIGHT(x) (x+1)%5
```

定义一个信号量数组 s，对应每个哲学家，初值为 0，用来在哲学家得不到筷子时阻塞他们。为保证各哲学家状态的变更和测试能够互斥地进行，定义信号量 mutex，初值为 1。

算法描述如下：

```
//哲学家进程 i:
void philosopher(int i)
{
while(1){
        思考问题;
        take_chopstick(i);              //拿到两根筷子或者等待
        就餐;
        put_chopstick(i);               //把筷子放回原处
    }
}
void take_chopstick(int i)
{
            P(mutex);
            state[i] = HUNGRY;
            test(i);                    // 试图拿两根筷子
            V(mutex);
            P(s[i]);
```

```
}
void put_chopstick(int i)
{
        P(mutex);
        state[i] = THINKING;
        test(LEFT(i));                    //查看左邻,现在能否进餐
        test(RIGHT(i));                   // 查看右邻,现在能否进餐
        V(mutex);
}
void test(int i)
{
if(state[i] == HUNGRY &&
state[LEFT(i)]!= EATING &&
state[RIGHT(i)]!= EATING)
    {
         state[i] = EATING;
          V (s[i]);
       }
}
```

在哲学家打算就餐时将调用 take_chopstick 试图取得身边的筷子,这就需要判断左右两边的哲学家是否有人处于就餐状态,如果都没有则该哲学家获得两根筷子,并对自身的信号量进行 V 操作,由于信号量数组 s 的初值为 0,那么在取得筷子后,进程将不会在 P(s[i])语句阻塞。如果 test 函数条件测试失败,那么进程将会阻塞在 P(s[i])。

哲学家用餐结束后会改变自己的状态为 THINKING,同时测试左右两边的哲学家是否在等待筷子,若是则通过 test 中的 V(s[i])唤醒正在等待的哲学家,使其可进入就餐状态。

4.4.4 打瞌睡的理发师问题

问题描述:理发店理有一位理发师、一把理发椅和 5 把供等候理发的顾客坐的座椅,如果没有顾客,理发师便在理发椅上睡觉。一个顾客到来时,它必须叫醒理发师;如果理发师正在理发且有空椅子可坐,就坐下来等待,否则就离开,如图 4-7 所示。

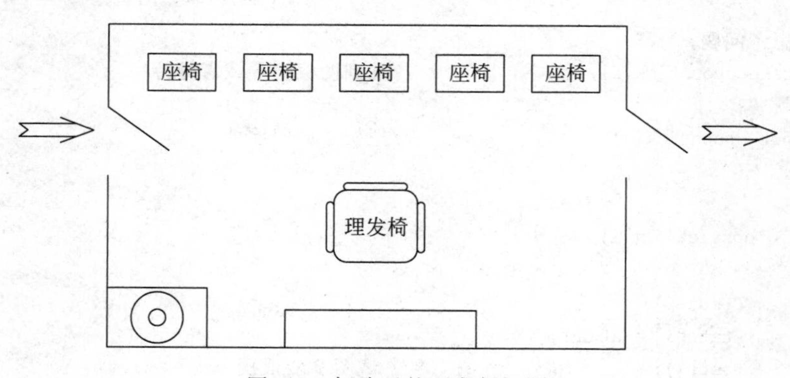

图 4-7 打瞌睡的理发师问题

设置变量 waiting 表示等待理发的顾客的数量,初值为 0。定义 3 个信号量。

(1) customers:正在等待的顾客的数量,数值上与 waiting 相同,初值为 0。

(2) barbers:理发师的状态,初值为 1。

(3) mutex:用于互斥访问变量 waiting,初值为 1。

算法描述如下:

```
#define CHAIRS 5                              //空闲座椅的数量
void barber(void)
{
        while(1){
               P(customers);
               //如果没有顾客,则理发师打瞌睡
               P(mutex);                      //互斥进入临界区
               waiting--;
               V(barbers);                    //理发师准备理发
               V(mutex);                      //退出临界区
               给顾客理发;
        }
}
void customer(void)
{
        P(mutex);                             //互斥进入临界区
        if(waiting < CHAIRS){
              waiting++;
              V(customers);                   //若有必要,唤醒理发师
              V(mutex);                       //退出临界区
              P(barbers);                     //如果理发师正忙着,则顾客打瞌睡
              理发;
        }else
              V(mutex);                       //店里人满了,不等了
            离开;
}
```

当顾客到来时,若理发师处于空闲状态则开始理发,否则顾客会阻塞在 P(barbers),直到理发师服务完前一个顾客后调用 V(barbers)将被阻塞的顾客唤醒。另外,如果顾客到来后发现已经没有空闲的椅子则会直接离开。

4.5 管程

利用信号量机制实现进程同步问题时,需要设置很多信号量,并且对于共享资源的管理分散在各个进程之中,因此,难以防止无意的违反同步操作而造成程序设计的错误或出现死锁。例如,若将生产者代码中的两个 P 操作交换次序,将使得 mutex 的值在 empty 之前而不是在其之后被减 1。如果缓冲区完全满了,生产者将阻塞,mutex 值为 0。这样一来,当消费者下次试图访问缓冲区时,它将对 mutex 执行一个 P 操作,由于 mutex 值为 0,则消费者也将阻塞。两个进程都将永远地阻塞下去,无法再进行有效的工作,这种不幸的状况称为死锁(dead lock)。死锁问题将在 4.6 节中详细讨论。

4.5.1 使用信号的管程

为了解决这类问题，Brinch Hansen 和 Hoare 提出一种高级同步机制——管程(Monitor)。其基本思想是，利用数据抽象地表示系统中的共享资源，而把对该数据实施的操作定义为一组过程。代表共享资源的数据，以及由对该共享数据实施操作的一组过程所组成的资源管理程序，共同构成了一个操作系统的资源管理模块——管程。

Hansen 为管程所下的定义如下：一个管程定义了一个数据结构和能为并发进程在其上执行的一组操作，这组操作能使进程同步和改变管程中的数据。

管程由四部分组成：管程的名称；局部于管程的数据的说明；对数据进行操作的一组过程；对局部于管程内部的共享数据赋初值的语句。局部于管程的数据，只能被局部于管程的过程所访问，任何管程之外的过程都不能访问它；局部于管程的过程也只能访问管程内的数据。

进程要想进入管理，必须调用管程中的过程。但是，在任一时刻最多只有一个进程能在管程内执行，而任何其他调用该管程的进程必须等待。由此可见，管程相当于围墙，它把共享资源和对它进行操作的若干个过程围了起来，所有进程要访问临界资源时，都必须经过管程才能进入，而管程每次只允许一个进程进入，从而实现了进程的互斥。这一特征就像面向对象中对象的特点，实际上，面向对象操作系统或程序设计语言可以很容易把管程作为具有某种特征的对象来实现。下面展示了用一种抽象的、类 Pascal 语言描述的管程。这里不能使用 C 语言，因为管程是语言概念而 C 语言并不支持它：

```
Monitor 管程名
  管程变量说明
  define …… ;
  use …… ;
  procedure 过程名( …,形式参数表, … );
    begin
      过程体
    end;
  ……
  procedure 过程名( …,形式参数表, … );
    begin
      过程体
    end;
  begin
    管程的局部数据初始化语句
  end;
```

在正常情况下，管程的过程体可以有局部数据。管程中的过程可以有两种：由 define 定义的过程可以被其他模块引用，而未定义的则仅在管程内部使用。管程要引用模块外定义的过程，则必须用 use 说明。

管程作为编程语言的组成部分，编译器知道它们的特殊性，因此可以采用与其他过程调用不同的方法来处理对管程的调用。典型的处理方法是，当一个进程调用管程过程时，该过程中的前几条指令将检查在管程中是否有其他的活跃进程。如果有，调用进程将被挂起，直到另一个进程离开管程将其唤醒。如果没有活跃进程在使用管程，则该调用进程可以进入。

进入管程时的互斥由编译器负责，但通常的做法是用一个二值型信号量。因为是由编译器而非程序员来安排互斥，所以出错的可能性要小得多。在任一时刻，写管程的人无须关心编译器是如何实现互斥的，他只需知道将所有的临界区转换成管程过程即可，绝不会有两个进程同时执行临界区中的代码。

尽管管程提供了一种实现互斥的简便途径，但这还不够。还需要一种办法使得进程在无法继续运行时被阻塞。例如，在生产者-消费者问题中，很容易将针对缓冲区是满或是空的测试放到管程过程中，但是生产者在发现缓冲区满的时候如何阻塞呢？

解决的方法是引入条件变量以及相关的两个操作原语：wait 和 signal。当一个管程过程发现它无法继续运行时（例如，生产者发现缓冲区满），它会在某个条件变量上（如 full）执行 wait 操作。该操作导致调用进程自身阻塞，并且还将另一个以前等在管程之外的进程调入管程，如图 4-8 所示。

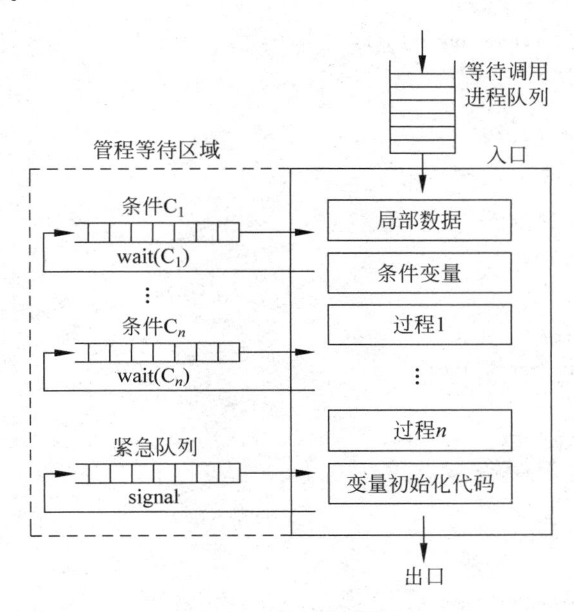

图 4-8 管程的结构

例如，定义条件变量 x，则

```
condition x;
```

- wait(x)：挂起等待条件 x 的调用进程，释放相应的管程，以便其他进程使用。
- signal(x)：恢复执行先前因在条件 x 上执行 wait 而挂起的那个进程。如果有多个这样的进程，选择其中一个；如果没有这样的进程，则什么也不做。

管程中的条件变量不是计数器，不能像信号量那样积累信号以便以后使用。所以，如果一个在管程内活动的进程执行 signal(x)，但是在 x 上并没有等待进程，则它所发送的信号将丢失。换句话说，wait 操作必须在 signal 之前。这条规则使得实现简单了许多。

下面给生产者-消费者问题使用管程的一种解决方案。

```
monitor ProducerConsumer
    condition full,empty;
    integer count;
    procedure insert(item:integer);
    begin
      if count = N then wait(full);
      insert_item(item);
      count := count + 1;
      if count = 1 then signal(empty)
    end;
    function remove:integer;
    begin
      if count = 0 then wait(empty);
      remove = remove_item;
      count := count - 1;
      if count = N - 1 then signal(full)
    end;
    count := 0;
end monitor;

procedure producer;
begin
  while true do
  begin
   item = produce_item;
   ProducerConsumer.insert(item)
  end
end;
procedure consumer;
begin
  while true do
  begin
   item = ProducerConsumer.remove;
   consume_item(item)
  end
end;
```

这个示例说明，管程与信号的职责不同。在使用管程的情况下，它构造本身就可实现互斥，使生产者和消费者不可能同时存取缓冲区。当然，程序员必须把相应的 wait 和 signal 原语放在管程中，防止进程往一个满缓冲区中存放产品，或者从一个空缓冲区中取产品。而在使用信号量的情况下，互斥和同步的设置都要由程序员负责。

管程自动实现对临界区的互斥，因而用它进行并行程序设计比信号量更容易保证程序的正确性。但它也有缺点。由于管程是一个程序设计语言的概念，编译器必须要识别管程并用某种方式实现互斥。然而，C、Pascal 和 Java 及多数编程语言都不支持管程。所以指望这些编译器遵守互斥规则是不可靠的。实际上，如何能让编译器知道哪些过程属于管程，哪些不属于管程，也是个问题。

虽然在上述语言中没有使用信号量，但增加信号量是很容易，只要在库里加入两个小的汇编程序代码，用来提供对信号量操作的P和V调用即可。

4.5.2 使用通知和广播的管程

上述管程的定义要求在条件队列中知道有一个进程，当另一个进程为该条件产生signal时，该队列中一个进程立即运行。因此，产生signal的进程必须立即退出管程，或者挂起在管程上。

这种方法有两个缺点：

(1) 如果产生signal的进程在管程内还没有结束，则需要做两次切换：挂起进程切换，当管程可用时恢复该进程又切换一次。

(2) 与信号相关的进程调度必须非常可靠。当产生一个signal时，来自相应条件队列中的一个进程必须立即被激活，调度程序必须确保在激活前没有别的进程进入管程，否则，进程被激活的条件又会改变。

Lampson和Redell开发了另一种管程方案，他们的方法克服了上面列出的问题，并支持许多有用的扩展。signal原语被notify取代，notify的含义是：当一个正在管程中的进程执行notify(x)时，x条件队列得到通知，但发信号的进程继续执行。通知的结果使得位于条件队列头的进程在将来方便的时候、当处理器可用时被恢复。但是，由于不能保证在它之前没有其他进程进入管程，因而这个等待进程必须重新检查条件。

由于进程是接到通知而不是被强制激活的，因此就可以给指令表中增加一条broadcast(广播)原语。广播可以使所有在该条件上等待的进程都被置于就绪状态，当一个进程不知道有多少别的进程将被激活时，这种方式是非常方便的。此外，当一个进程难以准确地断定将激活哪个进程时，也可使用广播。使用通知和广播的管程的另一个优点是它有助于在程序结构中采用更模块化的方法。

4.6 死锁

在计算机系统中有很多独占性资源，即在任一时刻，该资源只能被一个进程使用。例如打印机、磁带驱动器、一个系统内部表格的表项等。如果两个进程同时打印数据，将导致输出无法辨认。因此，操作系统都具有授权一个进程(临时)独占地访问某些资源的能力。

在很多情形下，需要一个进程独占地访问若干种资源而不是一种。例如将一个大文件由磁带拷贝至打印机，进程需要同时访问磁带驱动器和打印机，并且不允许其他进程这时访问它们。在单进程系统中，该进程可以要求任何它所需要的资源进行工作。但是，在一个多道程序系统中，就有可能出现严重的问题。例如，两个进程分别准备打印一个非常大的磁带文件。进程A申请打印机，并得到授权。进程B申请磁带机，也得到授权。现在，A申请磁带机，但该请求在B释放磁带机前会被拒绝。然而，B非但不放弃磁带机，反而去申请打印机，而A在申请到磁带机之前也不会释放打印机。这时，两个进程都被阻塞，并且保持下去，这种状况就是死锁(deadlock)。

4.6.1 死锁的概念

在现实生活中，也可见死锁的现象。例如，在一条河上有一座独木桥，只能容纳一人通过。如果有两人甲和乙同时分别由桥的两端走到桥上，则会发生冲突状况，见图 4-9。

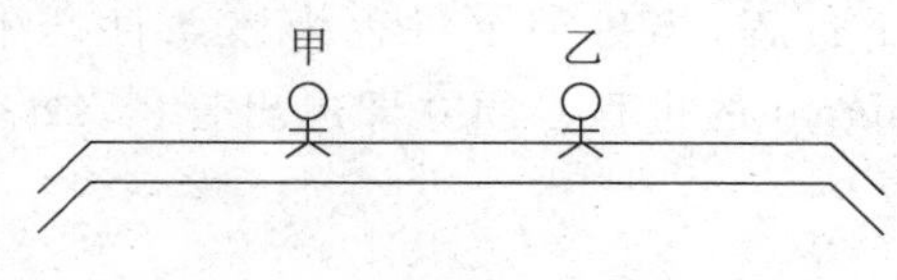

图 4-9 两人过独木桥的冲突

对于甲来说，他走过桥面左边的一段路(其占有桥的一部分资源)，要想过桥还需等乙让出右边的桥面。此时，甲不能前进。对于乙来说，他走过桥面右边的一段路(也占有桥的一部分资源)，要想过桥则需等待甲让出左边的桥面。此时，乙也不能前进。两人都不后退，结果造成互相等待对方让出桥面，但是谁也不让路，就会无休止地等下去，这种现象就是死锁。如果把图中的人视为进程，桥面视为资源，那么上述问题可描述为：资源 R_1 和 R_2 是独占性资源，进程 A 占有资源 R_1，进程 B 占有资源 R_2，进程 A 等待占有的资源 R_2，进程 B 等待占有的资源 R_1。结果两个进程都处于阻塞状态，若不采取其他措施，这种循环等待状况无限期持续，这就是进程的死锁。

此外，信号量是共享资源，如果 P、V 操作使用不当，也会产生死锁。例如，在生产者-消费者算法中，如果将代码改成：

```
procedure Producer:
  while(TRUE){
   P(mutex);
P(empty);
…
}
```

```
procedure Comsumer:
  while(TRUE){
   P(mutex);
P(full);
…
}
```

当生产者连续向缓冲池中放入信息时，每放入一个，empty 的值相应减 1。这样执行 N 次，empty 的值变为 0；在生产者执行 $N+1$ 次时，mutex 的值变为 0，empty 的值变为 -1，生产者进程在 empty 上阻塞。而消费者执行 P(mutex)，mutex 变为 -1，消费者进程在 mutex 上阻塞。这样，生产者和消费者都处于循环等待状态，生产者等待消费者释放一个空缓冲区，而消费者等待生产者释放互斥信号量 mutex，从而出现死锁。

系统中资源分配不当也可引起死锁。例如，某系统中有 m 个资源被 n 个进程共享，当每个进程都要求 k 个资源，而资源数小于进程所要求的总数，即 $m < n \times k$ 时，如果分配不当，就可能引起死锁。假设 $m=5, n=5, k=2$，采用每个进程轮流分配的策略。第一轮为每个进程轮流分配一个资源，这时，系统中的资源都已分配完；于是第二轮分配时，各进程都处于等待状态，将导致死锁。

综合上述例子可见，所谓死锁，就是多个进程循环等待他方占有的独占性资源而无限期地僵持下去的局面。显然，如果没有外力的作用，那么死锁涉及的各个进程都将永远处于阻塞状态。

当一个计算机系统同时具备下面 4 个必要条件时，就会发生死锁：

(1) 互斥条件。每个资源每次只能分配给一个进程使用，某个进程一旦获得资源，就不准其他进程使用，直到它释放为止。这种独占性资源有打印机、CD-ROM 驱动器、平板式绘图仪等。

(2) 部分分配(占有且等待)条件。进程由于申请不到所需要的资源而等待时,仍然占据着已经分配到的资源。也就是说,进程并不是一次性地得到所需要的所有资源,而是得到一部分资源后,还允许继续申请新的资源。

(3) 不可抢占(非剥夺)条件。任一个进程不能从另一个进程那里抢占资源,即已被占有的资源,只能由占用进程自己来释放。

(4) 循环等待条件。存在一个循环的等待序列$\{P_1,P_2,P_3,\cdots,P_n\}$,其中,$P_1$ 等待 P_2 所占有的某个资源,P_2 等待 P_3 所占有的某个资源,……,而 P_n 等待 P_1 所占有的某个资源,从而形成一个进程循环等待环。

在资源分配图中,通常用圆圈表示进程,用方框表示资源,其中的圆点表示各个单位资源。有向边 $P_i \rightarrow R_i$ 称为申请边,表示进程 P_i 申请资源 R_i;有向边 $R_i \rightarrow P_i$ 称为分配边,表示资源 R_i 已分配给进程 P_i。如图 4-10 所示,进程集合 $P=\{P_1,P_2,P_3\}$;资源集合 $R=\{R_1,R_2,R_3\}$;申请分配集合 $E=\{P_1 \rightarrow R_1,P_2 \rightarrow R_2,P_3 \rightarrow R_2,R_1 \rightarrow P_3,R_2 \rightarrow P_1,R_3 \rightarrow P_2\}$。进程 P_1 占有资源 R_2,且等待资源 R_1;进程 P_2 占有进程 R_3,且等待资源 R_2;进程 P_3 占有资源 R_1,且等待资源 R_2。在资源分配图中,如果不存在环路,则系统中就没有进程处于死锁状态。在图中,存在环路 $P_1 \rightarrow R_1 \rightarrow P_3 \rightarrow R_2 \rightarrow P_1$,因而进程 P_1 和 P_3 发生死锁。

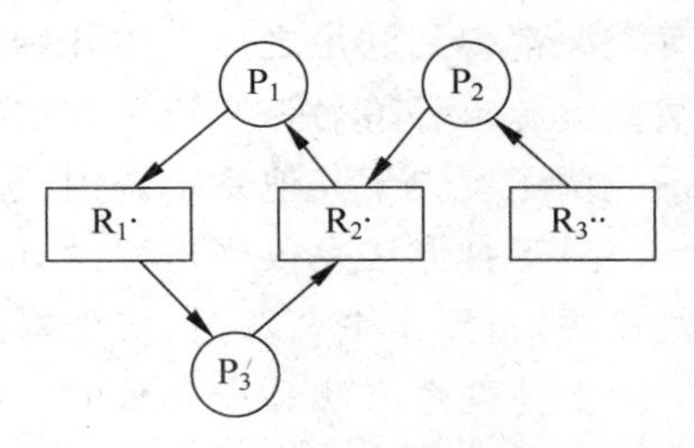

图 4-10 资源分配图示例

4.6.2 死锁的处理策略

产生死锁的因素不仅与系统拥有的资源数量有关,而且与资源分配策略、进程对资源的使用要求以及并发进程的速率有关。出现死锁会造成很大的损失,解决系统中的死锁问题,有以下几种策略:

(1) 预防死锁。通过破坏上面提及的 4 个必要条件之一,可以使系统不具备产生死锁的条件。

(2) 避免死锁。在为申请者分配资源前先测试系统状态,若把资源分配给申请者会产生死锁,则拒绝分配,否则接受申请,为它分配资源。

(3) 检测死锁并恢复。允许系统出现死锁,在死锁发生后,通过一定方法加以恢复,并尽可能地减少损失。

(4) 忽略死锁。任凭死锁的出现。当系统中出现死锁时,就将系统重新启动。采用这种对策,主要看出现死锁的概率有多大,花费极大的精力去解决系统的死锁问题是否值得。UNIX 系统就采用了这种对策,因为它认为在其系统里,出现死锁的各种可能性都极小。

4.6.3 死锁的预防与避免

1. 死锁的预防

死锁预防是排除死锁的静态策略,它对进程申请资源的活动加以限制,从而使产生死锁的 4 个必要条件不能同时具备,以保证死锁不会发生。

1）破坏互斥条件

系统中互斥条件的产生是由于资源本身的独占特性引起的。比如，若允许两个进程同时使用打印机，那么两个进程的打印结果会交织在一起，出现混乱，因此对于打印机等独占资源，必须互斥使用。另一方面，可共享的资源不需要互斥存取，它们不会包含在死锁之中。一般来说，预防死锁不采用破坏互斥条件的办法，主要是破坏其他几个必要条件。

2）破坏部分分配（占有且等待）条件

为使系统不出现这种条件，需一个进程任何时候都可申请到它想要占有的任何资源。一种办法是采用预分配策略，在进程执行前就申请它所要的全部资源，即直到进程所要的所有资源都得到满足之后它才开始执行。进程在执行中不再申请资源，因而不会出现占有了某些资源再等待另一些资源的情况。这就是资源的静态分配。在实现时，进程申请资源的系统调用要先于其他系统调用。

另一种办法是仅当进程没有占用资源时才允许它去申请资源，如果进程已经占用了某些资源，再要申请资源时，应先释放所占的全部资源后再申请新资源。

上述两个方法是有差别的。例如，一个进程，它把数据从磁带机复制到盘文件，又把盘文件修改后在打印机上输出结果。采用预分配策略，进程在执行前必须先申请到磁带机、盘文件和打印机。而后在整个执行过程中，一直占用打印机，直至打印完毕后释放。采用第二种方法，允许进程最初只申请磁带机和盘文件，把数据从磁带机复制到磁盘，然后释放磁带机和盘文件。再申请盘文件和打印机，修改和打印文件后释放这两个资源。

虽然这两种方法实现起来并不困难，很多操作系统采用此方法，但这种策略严重地减低了资源利用率，因为即使有些资源最后才被该进程用到一次，但也要被进程一直占用。在许多情况下，进程在执行前不可能知道它所需要的全部资源，无法实行预分配策略。

3）破坏不可抢占（非剥夺）条件

产生死锁的一个必要条件是对已分配资源，其他进程不能抢占。可以破坏这个条件，允许在一些情况下，抢占其他进程占有的资源。当一个进程占有某些资源，再申请其他进程占有的资源而处于等待状态时，该进程当前所占有的全部资源可被抢占。当进程获得它被剥夺的资源和新申请的资源时，才能重新启动。这种办法常用于资源状态易于保留和恢复的环境中，如CPU寄存器和内存，但不能用于打印机或磁带机等资源。

4）破坏循环等待条件

为了破坏这个条件，一种方法是实行资源按序（层次）分配策略，把全部资源事先分成多个层次，排上序号，然后依次序分配。系统中有 m 类资源 $\mathrm{R}=\{\mathrm{r}_1, \mathrm{r}_2, \mathrm{r}_3, \cdots, \mathrm{r}_m\}$，定义函数 F: R→N，N是自然数，表示序号。例如，某系统中有CD-ROM、磁带机和打印机，则函数 F 定义如下：

F(磁带机)＝1，F(CD-ROM)＝3，F(打印机)＝7

所有进程对资源的申请严格按照序号递增的次序进行。如果某进程想申请磁带机和打印机，那么它必须先申请磁带机，再申请打印机。

另一种方法是先释放大，再申请小。一个进程申请资源 r_j，它应释放所有满足 $F(\mathrm{r}_i) \geqslant F(\mathrm{r}_j)$ 的资源 r_j。

这两种方法都可破坏环路等待条件，可采用反证法证明。假设在一组进程 $\{\mathrm{P}_0, \mathrm{P}_1, \mathrm{P}_2, \cdots, \mathrm{P}_n\}$ 中存在循环等待，P_i 等待 P_{i+1} 所占有的资源 r_i，P_n 等待 P_0 占有的资源 r_n。由于

P_{i+1} 占有资源 r_i，又申请资源 r_{i+1}，从而存在 $F(r_i)<F(r_{i+1})$，该式对所有的 i 都成立。于是必有

$$F(r_0)<F(r_1)<\cdots<F(r_n)<F(r_0)$$

由传递性得到

$$F(r_0)<F(r_0)$$

显然，这是不可能的。因此，上述假设不成立，表明不会出现循环等待状况。

破坏循环等待条件策略比预分配策略的资源利用率提高很多，但是当一个进程使用资源的次序和系统规定的各类资源的次序不同时，这种提高可能不明显。因此，给系统中所有资源合理排序号是件难事，并且会增加系统的开销。

2. 死锁的避免

排除死锁的方法除静态策略——死锁的预防外，还有动态策略——死锁的避免，它不限定进程有关申请资源的命令，而是在为申请者分配资源前先测试系统状态，若把资源分配给申请者会产生死锁，则拒绝分配，否则接受申请，为它分配资源。

Dijkstra 于 1965 年提出了一个经典的避免死锁的算法——银行家算法(banker's algorithm)。

其模型基于一个小城镇的银行家，他向一群客户分别承诺了一定金额的贷款，而他知道不可能所有客户同时都需要最大的贷款额。在这里，可将客户比作进程，银行家比作操作系统。银行家算法就是对每一个客户的请求进行检查，检查如果满足它是否会引起不安全状态。假如是，则不满足该请求；否，则满足请求。

所谓系统是安全的，是指系统中的所有进程能够按照某一种次序分配资源，并且依次地运行完毕，这种进程序列$\{P_1,P_2,\cdots,P_n\}$就是安全序列。如果存在这样一个安全序列，则系统是安全的；如果系统不存在这样一个安全序列，则系统是不安全的。不安全状态并不一定引起死锁，因为进程并不一定申请最大资源数量，但系统不能抱有这种侥幸心理。当然，产生死锁后，系统一定处于不安全状态。

银行家算法是这样一种资源分配算法：系统给进程分配资源时，先检查状态是否安全，方法是看它是否有足够的剩余资源满足一个距最大需求最近的进程。如果有，那么分配资源给该进程，然后接着检查下一个距最大需求最近的进程，如此反复下去。如果所有进程都能获得所需资源，那么该状态是安全的，最初的进程申请资源可以分配。

实现银行家算法要用若干数据结构，表示任一时刻系统对资源的分配状态。引入向量 $\text{Available}[j]=k$，表示 r_j 类资源可用的数量是 k；矩阵 $\text{Claim}[i,j]=x$，表示进程 P_i 最大需求 r_j 类资源 x 个；矩阵 $\text{Allocation}[i,j]=y$，表示进程 P_i 此时占有 y 个 r_j 类资源；矩阵 $\text{Need}[i,j]=z$，表示进程 P_i 还总共需要 z 个 r_j 类资源才能完成任务。可以看出

$$\text{Need}[i,j] = \text{Claim}[i,j]- \text{Allocation}[i,j]$$

因此，可以这样描述银行家算法：

设 Request_i 是进程 P_i 的申请向量，如果 $\text{Request}_i[j]=m$，表示 P_i 这次申请 m 个 r_j 类资源。当 P_i 发出申请后，系统按下述步骤进行检查：

```
(1) if (Request_i <= Need_i) goto (2);
    else error("进程对资源的申请量大于它说明的最大值");
```

```
(2) if (Request_i <= Available_i) goto (3);
    else wait( );
```

(3) 系统试探性地把资源分配给 P_i(类似回溯算法),并根据分配修改下面数据结构中的值。

```
Available := Available - Request_i;
Allocation_i := Allocation_i + Request_i;
Need_i := Need_i - Request_i;
```

(4) 系统执行安全性检查,检查此次资源分配后,系统是否处于安全状态。若安全,才正式将资源分配给进程以完成此次分配;若不安全,试探性分配作废,恢复原资源分配表,让进程 P_i 等待。

系统所执行的安全性检查算法可描述如下:

设置两个向量 Free、Finish。

向量 Free 表示系统可分配给进程的各类资源数目,它含有的元素个数等于资源数。执行安全算法开始时,Free := Available。

标记向量 Finish 表示进程在此次检查中是否被满足,初始值表示当前未满足进程申请,即 Finish[i]=false;当有足够资源分配给进程($Need_i$<=Free)时,Finish[i]=true,p_i 完成并释放资源。

(1) 从进程集合中找一个能满足下述条件的进程 P_i。

① Finish[i] == false,表示资源未分配给进程。

② $Need_i$<= Free,表示资源够分配给进程。

(2) 当 P_i 获得资源后,认为 P_i 完成,释放资源。

```
Free := Free + Allocation_i;
Finish[i] = true ;
goto step(1);
```

如此试探分配,若可以达到 Finish[0,…,n]==true 成立,则表示系统处于安全状态;否则,系统处于不安全状态。

下面是应用银行家算法的示例,假设系统中有 5 个进程{P_1,P_2,P_3,P_4,P_5},4 类资源{R_1,R_2,R_3,R_4},各自的数量分别是 6、3、4、2,在 T_0 时刻各进程分配资源的情况如表 4-1 所示。

表 4-1 T_0 时刻的资源分配表

资源 / 进程	Allocation				Claim				Need				Available			
	R_1	R_2	R_3	R_4	R_1	R_2	R_3	R_4	R_1	R_2	R_3	R_4	R_1	R_2	R_3	R_4
P_1	3	0	1	1	4	1	1	1	1	1	0	0	1	0	2	0
P_2	0	1	0	0	0	2	1	2	0	1	1	2				
P_3	1	1	1	0	4	2	1	0	3	1	0	0				
P_4	1	1	0	1	1	1	2	1	0	0	2	0				
P_5	0	0	0	0	2	1	1	0	2	1	1	0				

(1) T_0 时刻是安全的，因为在此刻存在一个安全序列(P_4，P_1，P_2，P_3，P_5)，如表 4-2 所示。

表 4-2 T_0 时刻的安全序列

资源 / 进程	Free				Need				Allocation				Free+Allocation				Finish
	R_1	R_2	R_3	R_4	R_1	R_2	R_3	R_4	R_1	R_2	R_3	R_4	R_1	R_2	R_3	R_4	
P_4	1	0	2	0	0	0	2	0	1	1	0	1	2	1	2	1	True
P_1	2	1	2	1	1	1	0	0	3	0	1	1	5	1	3	2	True
P_2	5	1	3	2	0	1	1	2	0	1	0	0	5	2	3	2	True
P_3	5	2	3	2	3	1	0	0	1	1	1	0	6	3	4	2	True
P_5	6	3	4	2	2	1	1	0	0	0	0	0	6	3	4	2	True

(2) 进程 P_5 发出请求 Request(1,0,1,0)，系统按银行家算法进行检查：

```
RequestP5(1,0,1,0) <= Need(2,1,1,0)
RequestP5(1,0,1,0) <= Available(1,0,2,0)
```

假定满足进程 P_5 的申请，为其分配资源，并且修改 AllocationP_5 和 NeedP_5，得到如表 4-3 所示的资源分配表。

表 4-3 系统为进程 P_5 分配资源后的状态

资源 / 进程	Allocation				Claim				Need				Available			
	R_1	R_2	R_3	R_4	R_1	R_2	R_3	R_4	R_1	R_2	R_3	R_4	R_1	R_2	R_3	R_4
P_1	3	0	1	1	4	1	1	1	1	1	0	0				
P_2	0	1	0	0	0	2	1	2	0	1	1	2				
P_3	1	1	1	0	4	2	1	0	3	1	0	0	0	0	1	0
P_4	1	1	0	1	1	1	2	1	0	0	2	0				
P_5	1	0	1	0	2	1	1	0	1	1	0	0				

从表 4-3 中可见，可用资源 Available(0,0,1,0)已不能满足任何进程的申请，故而系统进入不安全的状态。原因就是系统为进程 P_5 分配所申请的资源。因此，在这种情况下，就不能为进程 P_5 分配所申请的资源 RequestP_5(1,0,1,0)。换句话说，为了避免发生死锁，即使当前可用资源能满足某个进程的申请，也有可能不实施分配，让该进程阻塞，待条件允许时再恢复其运行并分配所需资源。

可以看出，银行家算法从避免死锁的角度上说是非常有效的。但是从某种意义上说，它缺乏实用价值，因为很少有进程能够在运行前就知道其所需资源的最大值，而且进程数也不是固定的，往往在不断地变化(如新用户登录或退出)，况且原本可用的资源也可能突然间变成不可用(如磁带机可能坏掉)。因此，在实际中，也只有极少的系统使用银行家算法来避免死锁。

4.6.4 死锁的检测与恢复

对资源的分配加以限制可以预防和避免死锁的发生，但这不利于各进程对系统资源的充分共享。解决死锁问题的另一个途径是死锁检测方法，这种方法对资源的分配不加以限制,系统周期性地运行一个"死锁检测"程序,判断系统内是否存在死锁,若检测到,则设法加以解除。

死锁检测的频率取决于发生死锁的可能性。在每个进程申请资源时检测可以使算法相对比较简单,并且能尽早发现死锁。但这种频繁的检测会消耗相当多的系统资源。

死锁检测的一个常见算法是使用上一节中定义的 Available 向量、Allocation 矩阵和 Request 矩阵。为了方便记忆,仍把矩阵 Allocation 和 Request 的行作为向量对待,并分别表示为 $Allocation_i$ 和 $Request_i$。

检测算法只调查尚待完成的各个进程所有可能的分配序列。初始化临时向量 Free := Available; 如果 $Allocation_i \neq 0(i=1,2,\cdots,n)$,则 Finish[$i$]=false; 否则 Finish[$i$]=true。

(1) 从进程集合中找一个能满足下述条件的进程 p_i。

① Finish[i] == false,表示资源未分配给进程;

② $Request_i$ <= Free,表示资源够分配给进程。

若找不到这样的进程,则转到(3)。

(2) 当 p_i 获得资源后,认为 p_i 完成,释放资源。

```
Free := Free + Allocationi;
Finish[i] = true ;
goto step(1);
```

(3) 存在某些 i,使得 Finish[i]=false,则系统处于死锁状态,进程 p_i 处于死锁环中。

在算法中,一旦找到一个进程——它申请的资源可以被可用资源所满足,就假定那个进程可以获得所需资源,它能够运行下去,直至完成,然后释放所占有的全部资源。接着查找是否有另外的进程也满足这种条件。

假设系统中有 4 个进程{P_1,P_2,P_3,P_4},3 类资源{R_1,R_2,R_3},各自的数量分别是 8、3、5,在 T_0 时刻各进程分配资源的情况如表 4-4 所示。

表 4-4 死锁检测示例资源分配表

资源/进程	Allocation			Request			Available		
	R_1	R_2	R_3	R_1	R_2	R_3	R_1	R_2	R_3
P_1	1	1	0	0	0	0	0	0	0
P_2	2	0	0	2	0	2			
P_3	3	1	3	0	0	0			
P_4	2	1	2	1	0	2			

按照检测算法,可以找到序列{P_1,P_3,P_2,P_4},对于所有的 i 都有 Finish[i]=true,因此,在 T_0 时刻没有死锁。

如果这时进程 P_3 提出申请一个 R_3 资源,由于资源 R_3 已经分配出去了,若让进程 P_3 等待,会造成环路而形成死锁吗?系统资源分配情况如表 4-5 所示。

由于对于 $i=1,2,3,4$,$Allocation_i \neq 0$,则 Finish[i]=false。

进程 P_1 的 $Requset_1$ <=Free,标记 Finish[1]=true,释放资源,Free=(1,1,0)。此时可用资源不能满足其余进程中任何一个的需要,因此 Finish[i]=false,$i=2,3,4$,出现死锁。

表 4-5　P_3 申请一个 R_3 资源后的资源分配表

进程＼资源	Allocation			Request			Available		
	R_1	R_2	R_3	R_1	R_2	R_3	R_1	R_2	R_3
P_1	1	1	0	0	0	0	0	0	0
P_2	2	0	0	2	0	2			
P_3	3	1	3	0	0	1			
P_4	2	1	2	1	0	2			

当系统检测到死锁后，需要采用某种措施使系统从死锁中解脱出来。下面列出可能的方法：

(1) 最简单的办法是结束所有进程的执行，并重新启动操作系统；

(2) 结束所有卷入死锁的进程的执行；

(3) 一次结束卷入死锁的一个进程的执行，然后在每次结束后再调用检测程序，直到死锁消失；

(4) 重新启动卷入死锁的进程，希望死锁不再出现；

(5) 从一个或多个卷入死锁的进程中抢占资源，再把这些资源分配给卷入死锁的其余进程之一，然后恢复执行；

(6) 周期性地把各个进程的执行情况记录下来，一旦检测到死锁发生，就可以按照这些记录的文件进行回退，让损失减到最小。

对于(3)和(5)，选择进程的原则如下：

(1) 优先级；

(2) 进程已经执行时间，预计剩下的时间；

(3) 进程使用的资源总量；

(4) 进程执行完还需要资源；

(5) 进程是交互式还是批处理的？

尽管检测死锁和发现死锁后实现恢复的代价大于防止和避免死锁所花的代价，但由于死锁不是经常出现的，因而这样做还是值得的，检测的代价依赖于检测的频率，而恢复的代价是时间的损失。

4.6.5　处理死锁的综合方式

上面介绍处理死锁的 3 种基本方法：死锁的预防、死锁的避免、死锁的检测和恢复。它们有不同的资源分配策略，各有其优缺点，表 4-6 对这 3 种方法作了比较。

表 4-6　处理死锁的 3 种方法比较

方法	资源分配策略	各种可能模式	主要优点	主要缺点
预防	• 保守 • 对资源不做调配使用	• 一次分配所有资源 • 抢占式分配资源 • 资源按序分配	• 适用于执行单一突发活动的进程 • 不需要抢占	• 效率低 • 进程初始化时间延长 • 不便于灵活申请新资源

续表

方法	资源分配策略	各种可能模式	主要优点	主要缺点
避免	• “预防”和“检测”的折中 • 安全状态下才分配	• 寻找可能的安全序列	• 不需要抢占	• 必须知道将来的资源申请情况 • 进程可能会长时间阻塞
检测	• 非常宽松 • 只要允许,就分配资源	• 定期检查死锁是否已经发生	• 不延长进程初始化时间 • 允许对死锁进行现场处理	• 通过抢占解除死锁,可能造成损失

从表 4-6 中可以看出,没有一种方式能够对各种资源分配问题都做出合适的处理。因此,Howard 在 1973 年提出,把这 3 种基本方法综合起来,对不同类的资源采用不同的调度策略:

(1) 对不同类型资源,使用资源定序的方法;

(2) 对同一类资源,使用最佳的处理方法。

例如,考虑下述资源分类的情况:

(1) 可交换空间,在进程交换中所使用的辅存中的存储块;

(2) 进程资源,可分配的设备,如磁带设备和文件;

(3) 内存,可以按页或按段分配结进程;

(4) 内部资源,诸如 I/O 通道。

上面列出的次序表示了资源分配的次序,考虑到一个进程在其生命周期中的步骤,这个次序是最合理的。在每一类中,可采用策略如下:

(1) 可交换空间。通过预先一次性分配所有请求的资源来预防死锁,破坏占有且等待的死锁条件。如果知道最大存储需求,这个策略是可行的。这种方式能够避免死锁的发生。

(2) 进程资源。对这类资源,死锁避免策略常常是很有效的,这是因为进程可以事先声明它们将需要的这类资源。采用资源排序的预防策略也是可能的。

(3) 内存。采用抢占内存的方式是预防死锁的最适合的策略。当一个进程被抢占后,它就简单地对换到辅存上,释放所占用的内存空间,从而消除死锁。

(4) 内部资源。通过资源排序可以预防死锁。

4.7 Linux 系统的进程同步和死琐

在 Linux 系统中可以使用信号量(semaphore)机制同步多个进程对共享资源的访问。在内核中信号量集用 struct sem_array 结构表示,其主要字段含义如下:

```
struct sem_array {
    ……
    long sem_otime;                          //最后一次调用 semop()的时间戳
    long sem_ctime;                          //最后一次修改的时间戳
    struct sem * sem_base;                   //指向第一个 sem 结构的指针
```

```
    ......
    unsigned short sem_nsems;                //数组中信号量的个数
};
```

sem_base 字段指向的数据结构 sem 只包括两个字段：semval，信号量的计数器的值；sempid，最后一个访问信号量的进程的 PID。

为获得一个信号量集，首先需要调用函数 semget，其原型如下：

```
int semget(key_t key, int nsems, int flag);
```

如果不存在标识为 key 的信号量集，则新建一个包含 nsems 个信号量的信号量集，否则将返回一个已存在的信号量集。

函数 semctl 可以对信号量集进行操作，其原型如下：

```
int semctl(int semid, int semnum, int cmd, … );
```

cmd 参数为 10 种命令中的一种，当其值为 SEMVAL，则可以设置信号量集中 semnum 成员信号量的 semval 值，该值由 union semun arg 中的 arg. val 指定。

在获得信号量集并为其设置初值以后，可以用 semop 函数对信号量集进行操作，其原型如下：

```
int semop(int semid, struct sembuf semoparray[ ], size_t nops);
```

参数 semoparray[]是一个信号量操作数组，其类型为 sembuf，定义如下：

```
struct sembuf {
    unsigned short  sem_num;         //指定数组成员，可设置为(0,1, … ,nsems - 1)
    short  sem_op;                   //操作(负值,0,正值)
    short  sem_flg;                  //IPC_NOWAIT,SEM_UNDO
};
```

若 sem_op 的值为正时对应进程释放占用的资源数，sem_op 的值为负时表示要获取由信号量保护的共享资源。若 sem_flg 未指定为 IPC_NOWAIT，则进程将进入等待队列，直到操作被中断或其他进程释放该共享资源。

本章小结

进程同步的主要任务是使并发执行的各进程间能有效地共享资源和互相合作，从而使程序的执行具有可再现性。在多进程并发环境下，进程间的相互影响非常复杂，进程各自独立地运行，彼此间具有相互协作及相互竞争的关系。当进程间存在相互协作关系时，需要采用同步机制，使进程按照合理的顺序执行，保证执行结果的正确性。当进程间共享资源时，需要采用互斥机制，保证对共享资源的互斥访问。

进程的并发运行要求对竞争共享资源的“互斥”访问，即一个进程在使用此资源时，其他进程不能同时使用，这种资源称为临界资源，程序中对临界资源访问的代码称为临界区。在并发进程的程序设计中，通过对临界区的互斥实现对共享资源的互斥访问。实现临界区互斥的方法有硬件方法和软件方法两种，硬件方法主要是通过禁止中断或使用指令来保证检查和修改两个操作的执行。软件方法主要是通过内存中标志位实现对临界资源的顺序访问。

信号量是一种有效的进程同步机制，可以通过信号量的状态来决定并发进程对临界资源的访问顺序。常用的信号量机制包括整型信号量机制、结构型信号量机制和AND型信号量机制。对于进程同步的研究有很多经典问题，如：生产者-消费者问题、读者-写者问题、哲学家进餐问题、打瞌睡的理发师问题等。除了采用信号量解决进程同步的问题，还可以使用管程。

在多道程序系统中，当系统中多个进程共享资源引起竞争时，会带来死锁问题，对死锁的处理方法主要有预防死锁、避免死锁、检测死锁和解除死锁。

习题 4

习题 4-1

1. 什么是临界资源和临界区？

2. 何谓与时间有关的错误？举例说明。

习题 4-2

1. 设 S_1 和 S_2 为两个信号量变量，下列8组P、V操作哪些可以同时进行？哪些不能同时进行？为什么？

(1) $P(S_1)$，$P(S_2)$　(2) $P(S_1)$，$V(S_2)$

(3) $V(S_1)$，$P(S_2)$　(4) $V(S_1)$，$V(S_2)$

(5) $P(S_1)$，$P(S_1)$　(6) $P(S_2)$，$V(S_2)$

(7) $V(S_1)$，$P(S_1)$　(8) $V(S_2)$，$V(S_2)$

2. 设有一个可以装A、B两种物品的仓库，其容量无限大，但要求仓库中A、B两种物品的数量满足下述不等式：$-M \leqslant$ A物品数量$-$B物品数量$\leqslant N$，其中 M 和 N 为正整数。试用信号量和P、V操作描述A、B两种物品的入库过程。

3. 试用信号量与P、V操作实现司机与售票员之间的同步问题。设公共汽车上有一个司机和一个售票员，为了安全起见，显然要求：(1)关车门后方能启动车辆；(2)到站停车后方能开车门。亦即“启动车辆”这一活动应当在“关车门”这一活动之后，“开车门”这一活动应当在“到站停车”这一活动之后。其活动如下图所示：

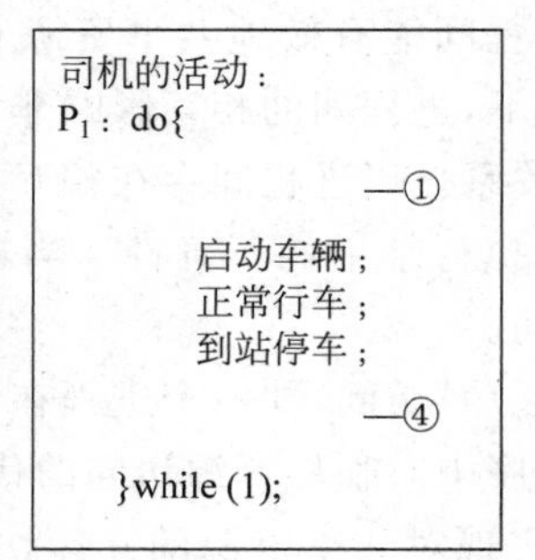

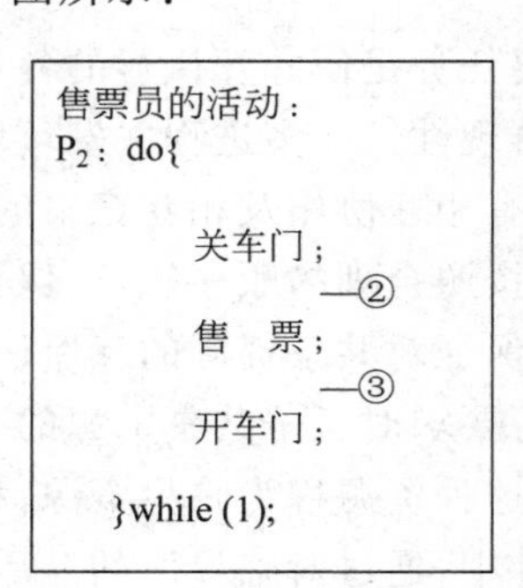

4. 有一阅览室,读者进入时必须先在一张登记表上登记,该表为每一个座位列出一个表目,包括座号、姓名,读者离开时要注销登记信息;假如阅览室共有 100 个座位。试用信号量和 P、V 操作来实现用户进程的同步算法。

习题 4-3

1. 对于生产者-消费者问题,假设缓冲区是无界的,试用信号量与 P、V 操作给出解法。

2. 有 3 个并发进程 R、M、P,它们共享同一缓冲区。进程 R 负责从输入设备读信息,每读入一个记录后,就把它放进缓冲区中;进程 M 在缓冲区中加工读入的数据;进程 P 把加工后的记录打印输出。读入的记录经过加工输出后,缓冲区又可以存放下一个记录。

3. 某寺庙,有小和尚、老和尚若干。庙内有一水缸,由小和尚提水入缸,供老和尚饮用。水缸可容纳 30 桶水,每次入水、取水仅为 1 桶,不可同时进行。水取自同一井中,水井径窄,每次只能容纳一个水桶取水。设水桶个数为 5 个,试用信号量和 P、V 操作给出老和尚和小和尚的活动。

4. 一座小桥(最多只能承重两个人)横跨南北两岸,任意时刻同一方向只允许一人过桥,南侧桥段和北侧桥段较窄只能通过一人,桥中央一处宽敞,允许两个人通过或歇息。试用信号量和 P、V 操作写出南、北两岸过桥的同步算法。

习题 4-4

1. 何谓管程?管程由哪几部分组成?

2. 如何使用管程解决第二类读者-写者(写者优先)问题?

3. 试用管程解决哲学家进餐问题。

习题 4-5

1. 产生死锁的 4 个必要条件是什么?

2. 不安全状态是否必然导致系统进入死锁状态?

3. 设系统中有 3 种类型的资源 A、B、C 和 5 个进程 P_0、P_1、P_2、P_3、P_4,A 资源的数量为 10,B 资源的数量为 5,C 资源的数量为 7。在 T_0 时刻系统状态如表 4-7 所示。系统采用银行家算法实施死锁避免策略。

(1) T_0 时刻是否为安全状态?若是,请给出安全序列。

(2) 在 T_0 时刻若进程 P_1 发出资源请求 Request(1,0,2),是否能够实施资源分配?

(3) 在②的基础上 P_4 发出资源请求 Request(3,3,0),是否能够实施资源分配?

(4) 在③的基础上 P_0 发出资源请求 Request(0,2,0),是否能够实施资源分配?

表 4-7

	Max			Allocation			Need			Available		
	A	B	C	A	B	C	A	B	C	A	B	C
P_0	7	5	3	0	1	0	7	4	3	3	3	2
P_1	3	2	2	2	0	0	1	2	2	—	—	—
P_2	9	0	2	3	0	2	6	0	0	—	—	—
P_3	2	2	2	2	1	1	0	1	1	—	—	—
P_4	4	3	3	0	0	2	4	3	1	—	—	—

习题4参考答案

习题 4-1

1. **答**：将只允许一个进程访问的共享资源称为临界资源；

将程序中对临界资源访问的代码部分称为临界区。

2. **答**：并发进程的执行实际上是进程活动的某种交叉，某些交叉次序可能得到错误结果。由于具体交叉的形成与进程的推进速度有关，而速度是时间的函数，因而将这种错误称为与时间有关的错误。

例如，两个并发进程的程序如下：

```
int n = 0;
main( ){
创建进程 A;
创建进程 B;
};
?
A( ){                          B( ){
while(1){                      while(1){
n++;                           睡眠一段时间;
}                              printf(" %d",n);
};                             n = 0; }
                               };
```

假设进程A被部署在公园入口的终端上，用来记录一段时间内进入公园的人数，进程B被部署在公园的控制中心，用来输出一段时间内进入公园的总人数。进程A和进程B共享全局变量 n，n 表示记录下的人数。如果进程B在执行完打印语句后被进程A打断，之后进程A执行了若干次变量自增语句，之后进程B又接着执行清0语句，那么进程A对 n 的累加其实丢失了，相当于进程B被打断的这段时间内进入公园的人没有被记录下来。此即发生与时间有关的错误。

习题 4-2

1. **答**：能同时进行的包括(1)、(2)、(3)、(4)。这些操作涉及不同信号量变量，属于关于不同组共享变量的临界区。不能同时进行的包括(5)、(6)、(7)、(8)。这些操作涉及相同的信号灯变量，属于关于同一组共享变量的临界区。

2. **答**：已知条件 $-M \leqslant$ A物品数量 $-$ B物品数量 $\leqslant N$ 可以拆成两个不等式，即

A物品数量 $-$ B物品数量 $\leqslant N$，

B物品数量 $-$ A物品数量 $\leqslant M$。

这两个不等式的含义是：仓库中A物品可以比B物品多，但不能超过 N 个；B物品可以比A物品多，但不能超过 M 个。

用信号量和P、V操作的形式描述如下：

```
  semaphore a = n;
semaphore b = m;
void main(){
createprocess(A, … );
```

```
createprocess(B,…);
}
```

A物品入库:

```
void A(){
while(1){
P(a);
A物品入库;
V(b);
}
}
```

B物品入库:

```
void B(){
while(1){
P(b);
B物品入库;
V(a);
}
}
```

3. **答**:如果进程 P_2 尚未推进到②处时,进程 P_1 已经推进到①处,则 P_1 应等待直到 P_2 推进到②处为止;同样,如果进程 P_1 尚未推进到④处时,进程 P_2 已经推进到③处,则 P_2 应等待直到 P_1 推进到④处为止。如果进程 P_1 在①处发生了等待,则当进程 P_2 执行到②处时应将 P_1 唤醒;同样,如果进程 P_2 在③处发生了等待,则当进程 P_2 执行到④处时应将 P_1 唤醒。用信号量和P、V操作解决这一问题,需要定义两个信号量,一个信号量start表示是否允许司机启动车辆,另一个信号量open表示是否允许售票员开车门。初始状态是车停在始发站,车门开着,等待乘客上车。因此,两个信号量的初值都是0。

具体算法如下:

```
semaphore
start = 0;
semaphore open = 0;
```

司机的活动:

```
P1: do{
P(start);
启动车辆;
正常行车;
到站停车;
V(open);
}while (1);
```

售票员的活动:

```
P2: do{
关车门;
V(start);
售票;
P(open);
开车门;
}while(1);
```

4. **答**:

```
    var name: array[1,…,100] of A;
A = record
    number:integer;
    name: string;
end
    for i := 1 to 100 do {A[i].number := i; A[i].name := null; }
      mutex,seatcount:semaphore;
        i:integer; mutex := 1; seatcount := 100;
cobegin
        {
          process readeri(var readername:string)(i = 1,2, … )
            {
            P(seatcount);
            P(mutex);
            for i := 1 to 100 do i++
            if A[i].name = null then A[i].name := readername;
            reader get the seat number = i;
```

```
            V(mutex)
            进入阅览室,座位号 i,坐下读书;
            P(mutex);
            A[i] name := null;
            V(mutex);
            V(seatcount);
            离开阅览室;
                }
        }
```

习题 4-3

1. **答**:由于是无界缓冲区,因此生产者不会因得不到缓冲区而被阻塞,不需要对空缓冲区进行管理,可以去掉在有界缓冲区中用来管理空缓冲区的信号量及其 P、V 操作。

解法如下:

```
semaphore mutex_in = 1;
semaphore mutex_out = 1;
semaphore empty = 0;
int in = 0,out = 0;
生产者活动:                           消费者活动:
while(1){                             while(1){
produce next product;                 P(empty);
P(mutex_in);                          P(mutex_out);
add the product to buffer[in];        take the product from buffer[out];
in++;                                 out++;
V(mutex_in);                          V(mutex_out);
V(empty);                             }
}
```

2. **答**:根据题干,对于进程同步的问题,先找出合作进程的个数,并分别设置相应的私有信号量:

empty,对应进程 R,其开始要检测空闲缓冲区,初值为 1;

full,对应进程 M,代表待加工的数据记录个数,初值为 0;

full2,对应进程 P,对应缓冲区已经加工的数据(即是待打印的数据记录个数),初值为 0。

算法如下:

```
R:
  while(1){
          P(empty)
        从输入设备读记录到缓冲区中;
          V(full);
          通知 M 进程已有记录进入到缓冲区中;
}

M:
while(2){
          P(full);
        在缓冲区中加工记录;
          V(full2);
```

```
            通知 P 进程,数据已经加工完毕;
    }
    P:
    while(1){
                P(full2)
              加工后的数据记录打印输出;
                V(empty);
                通知 R 进程数据已经取出并打印;
    }
```

3. **答**:

```
semaphore empty = 30;          // 表示缸中目前还能装多少桶水,初始时能装 30 桶水
semaphore full = 0;            // 表示缸中有多少桶水,初始时缸中没有水
semaphore buckets = 5;         // 表示有多少只空桶可用,初始时有 5 只桶可用
semaphore mutex_well = 1;      // 用于实现对井的互斥操作
semaphore mutex_bigjar = 1;    // 用于实现对缸的互斥操作

young_monk(){                  old_monk(){
while(1){                      while(){
P(empty);                      P(full);
P(buckets);                    P(buckets);
go to the well;                P(mutex_bigjar);
P(mutex_well);                 get water;
get water;                     V(mutex_bigjar);
V(mutex_well);                 drink water;
go to the temple;              V(buckets);
P(mutex_bigjar);               V(empty);
pure the water into the big jar; }
V(mutex_bigjar);               }
V(buckets);
V(full);
}
}
```

4. **答**:分析题意可知,小桥可能有 3 种状态:桥上可能没有人,也可能有一人,也可能有两人。

当相向两人过桥时也可能有 3 种状态:

(a) 两人同时上桥;(b) 两人都到中间;(c) 南(北)来者到北(南)段。

共需要 3 个信号量,load 用来控制桥上人数,初值为 2,表示桥上最多有两人;north 用来控制北段桥的使用,初值为 1,用于对北段桥互斥;south 用来控制南段桥的使用,初值为 1,用于对南段桥互斥。

算法如下:

```
semaphore load = 2;
semaphore north = 1;
semaphore south = 1;

tosouth(){                     tonorth(){
P(load);                       P(load);
```

```
P(north);
过北段桥;
到桥中间;
V(north);
P(south);
过南段桥;
到达南岸
V(south);
V(load);
}
```

```
P(south);
过南段桥;
到桥中间
V(south);
P(north);
过北段桥;
到达北岸
V(north);
V(load);
}
```

习题 4-4

1. **答**：一个管程定义了一个数据结构和能为并发进程在其上执行的一组操作，这组操作能使进程同步和改变管程中的数据。管程由 4 个部分组成：管程的名称；局部于管程的数据的说明；对数据进行操作的一组过程；对局部于管程内部的共享数据赋初值的语句。

2. **答**：第二类读者-写者问题中的写者优先主要表现在若某个写者申请写，则欲访问的读者均必须等待，若后续写者不断到达，则读者会一直等下去。

使用两个计数器 rc 和 wc 分别对读进程和写进程计数，用 R 和 W 分别表示允许读和允许写的条件变量，于是管理该文件的管程可设计如下：

```
monitor reader - writer{
  int rc,wc;
  condition R,W;
  entry start_read
  {
     if wc > 0 R.wait;
     rc++;
     R.signal;
  }
  entry end_read
  {
     rc -- ;
     if rc = 0 W.signal;
  }
  entry start_write
  {
     wc++;
     if((rc > 0)|wc > 0) W.wait;
  }
  entry end_write
   {
      wc -- ;
      if(wc > 0) W.wait;
      else R.signal;
   }
  rc = wc = 0;
}
```

任何一个进程读(写)文件前，首先调用 start_read(start_write)，执行完读(写)操作后，调用 end_read(end_write)。

```
Reader(int i)
{
 While(1)
 {
    ……
   reader - writer.start_read;
   reading;
   reader - writer.end_read;
    ……
   }
 }
Writer(int i)
 {
   While(1)
    {
      ……
     reader - writer.start_write;
     writing;
     reader - writer.end_write;
      ……
     }
 }

main()
{ conbegin
  {
   reader(1);
   ……
   reader(n);
   writer(1);
   ……
   writer(n);
   }
 }
```

3. **答**：我们认为哲学家可以处于这样 3 种状态之一：进餐、饥饿和思考。相应地，引入数据结构：

```
enum status{
  thinking, hungry, eating
};
enum status state[5];
```

我们还为每一位哲学家设置一个条件变量 self(i)，每当哲学家饥饿，但又不能获得进餐所需的筷子时，他可以执行 self(i). wait 操作来推迟自己进餐。条件变量可描述为：

```
condition self[5];
```

则用于解决哲学家进餐问题的管程描述如下：

```
monitor dining - philosophers
{
  enum status
  {
    thinking, hungry, eating
  };
    enum status state[5];
    condition self[5];
    entry pickup(int i)
    {
      state[i] = hungry;
      test(i);
      if(state[i]≠eating)
        self(i).wait;
    }
    entry putdown(int i)
    {
      state[i] = thinking;
      test(i - 1 mod 5);
      test(i + 1 mod 5);
    }
    test(int i);
    {
      if(state[i - 1 mod 5]!= eating && state[i] == hungry && state[i + 1 mod 5]!= eating)
      {
        state[i] = eating;
        self[i].signal;
      }
    }
    {
      for(i = 0;i <= 4;i++)
      state[i] = thinking;
    }
};
```

习题 4-5

1. **答**：(1)互斥条件。每个资源每次只能分配给一个进程使用，某个进程一旦获得资源，就不准其他进程使用，直到它释放为止。这种独占性资源有打印机、CD-ROM 驱动器、平板式绘图仪等。

(2) 部分分配(占有且等待)条件。进程由于申请不到所需要的资源而等待时，仍然占据着已经分配到的资源。也就是说，进程并不是一次性地得到所需要的所有资源，而是得到一部分资源后，还允许继续申请新的资源。

(3) 不可抢占(非剥夺)条件。任一个进程不能从另一个进程那里抢占资源，即已被占有的资源，只能由占用进程自己来释放。

(4) 循环等待条件。存在一个循环的等待序列$\{P_1, P_2, P_3, \cdots, P_n\}$，其中，$P_1$ 等待 P_2 所占有的某个资源，P_2 等待 P_3 所占有的某个资源，……，而 P_n 等待 P_1 所占有的某个资源，从而形成一个进程循环等待环。

2. **答**：不安全状态不一定导致系统进入死锁状态。因为安全性检查中使用的向量

Max是进程执行前提供的，而在实际运行过程中，一个进程需要的最大资源量可能小于Max，如一个进程对应的程序中有一段进行错误处理的代码，其中需要 n 个 A 种资源，若该进程在运行过程中没有碰到相应的错误则不需要调用该段错误处理代码，则它实际上将完全不会请求这 n 个 A 种资源。

3. **答**：

(1) 利用银行家算法对 T_0 时刻的资源分配情况进行分析，可得此时刻的安全性分析情况如表 4-8 所示。

表 4-8 习题 4-5 第 3 题表(1)

	Work			Need			Allocation			Work+Allocation			Finish
	A	B	C	A	B	C	A	B	C	A	B	C	
P_1	3	3	2	1	2	2	2	0	0	5	3	2	True
P_3	5	3	2	0	1	1	2	1	1	7	4	3	True
P_4	7	4	3	4	3	1	0	0	2	7	4	5	True
P_2	7	4	5	6	0	0	3	0	2	10	4	7	True
P_0	10	4	7	7	4	3	0	1	0	10	5	7	True

可知，在 T_0 时刻存在着一个安全序列{P_1，P_3，P_4，P_2，P_0}，故系统是安全的。

(2) 由于 P_1 请求资源 Request(1,0,2)，系统按照银行家算法进行检查：

Request(1,0,2)<=Need(1,2,2)

Request(1,0,2)<=Available(3,3,2)

于是系统试探分配，修改相应的向量，形成的资源变化情况如表 4-9 所示。

表 4-9 习题 4-5 第 3 题表(2)

	Max			Allocation			Need			Available		
	A	B	C	A	B	C	A	B	C	A	B	C
P_0	7	5	3	0	1	0	7	4	3	2	3	0
P_1	3	2	2	3	0	2	0	2	0	—	—	—
P_2	9	0	2	3	0	2	6	0	0	—	—	—
P_3	2	2	2	2	1	1	0	1	1	—	—	—
P_4	4	3	3	0	0	2	4	3	1	—	—	—

再利用安全性算法检查此时系统是否安全，如表 4-10 所示。

表 4-10 习题 4-5 第 3 题表(3)

	Work			Need			Allocation			Work+Allocation			Finish
	A	B	C	A	B	C	A	B	C	A	B	C	
P_1	2	3	0	0	2	0	3	0	2	5	3	2	True
P_3	5	3	2	0	1	1	2	1	1	7	4	3	True
P_4	7	4	3	4	3	1	0	0	2	7	4	5	True
P_0	7	4	5	7	4	3	0	1	0	7	5	5	True
P_2	7	5	5	6	0	0	3	0	2	10	5	7	True

由安全性算法检查可知，可以找到一个安全序列{P_1,P_3,P_4,P_0,P_2}。因此，系统是安全的，可以立即把 P_1 所申请的资源分配给它。

(3) 由于 P_4 发出资源请求 Request(3,3,0)，系统按照银行家算法进行检查：

Request(3,3,0)≤Need(4,3,1)

Request(3,3,0)>Available(2,3,0)，所以让 P_4 等待。

(4) 由于 P_0 发出资源请求 Request(0,2,0)，系统按照银行家算法进行检查：

Request(0,2,0)<Need(7,4,3)

Request(0,2,0)≤Available(2,3,0)

于是系统试探分配，修改相应的向量，形成的资源变化情况如表 4-11 所示。

表 4-11　习题 4-5 第 3 题表(4)

	Allocation			Need			Available		
	A	B	C	A	B	C	A	B	C
P_0	0	3	0	7	2	3	2	1	0
P_1	3	0	2	0	2	0	—	—	—
P_2	3	0	2	6	0	0	—	—	—
P_3	2	1	1	0	1	1	—	—	—
P_4	0	0	2	4	3	1	—	—	—

对其进行安全性检查，可用资源 Available(2,1,0)已不能满足任何进程的需要，故系统进入不安全状态，此时系统不分配资源。

第5章 存储管理

计算机系统中存储器大都由内存储器(简称内存)和外存储器(简称外存)组成,通常所说的存储管理就是针对内存进行的管理。当前计算机都是基于冯·诺依曼体系,任何程序及数据必须装入内存空间后才能执行,因此,存储管理历来都是操作系统的重要组成部分,能否对存储器进行有效的管理直接影响着系统性能的高低。

内存空间一般由两部分组成:系统区和用户区。系统区主要存放操作系统内核程序以及标准子程序等;用户区存放用户的程序和数据等,这部分区域可供用户进程实现共享。本章主要就用户区的管理进行讨论。

本章首先介绍存储管理有关的一些基本概念,然后对多种连续存储管理方法以及页式和段式存储管理方法进行分析,并进一步讨论虚拟存储器管理,最后介绍 Linux 的内存管理实例。

5.1 存储管理的概念

5.1.1 地址空间

1. 物理地址空间

物理内存是由系统实际提供的硬件存储单元(通常以字节为编址单位)所组成的,其所有存储单元从 0 开始依次编号,每个编号称为对应存储单元的物理地址。由于物理地址是内存中存储单元的真实地址,因此又称为绝对地址或实地址。

系统内存中所包含的存储单元的物理地址的集合称为物理地址空间。在该地址空间中,CPU 可以通过物理地址直接找到其中存放的程序或数据,进而完成各种指令的执行和数据的访问。绝对地址空间的大小受实际存储单元的限制,而系统内存容量与地址线的长度有关。

2. 逻辑地址空间

为了便于实现程序的独立性,用户在编写源程序时经常利用符号名来访问存储单元,程序中各种符号元素的集合所限定的空间即为符号名空间(其中的地址称作符号地址)。源程序经过编译或汇编后会形成目标代码程序,其使用的具有逻辑关系的地址就称为逻辑地址,即首地址为 0,且其中所有地址都是相对于首地址进行编址的。逻辑地址也称为相对地址或虚地址，它不是内存的物理地址，不能作为程序运行时的实际地址进行读写访问。一个目标程序的所有逻辑地址的集合称为逻辑地址空间，与物理地址空间不同，不同程度的逻辑地址空间可以相同或局部重叠。

5.1.2 程序装入与链接

用户利用高级程序设计语言或汇编语言编写的源程序是不能直接运行的，从源程序进入系统到相应程序在机器上运行，需要经过一系列的处理，首先通过编译程序或汇编程序将源程序转换成由机器语言构成的目标程序或目标模块，然后再由链接程序将各目标模块连接起来形成一个可执行目标程序，最后由装入程序将其装入内存。图 5-1 所示为整个过程。

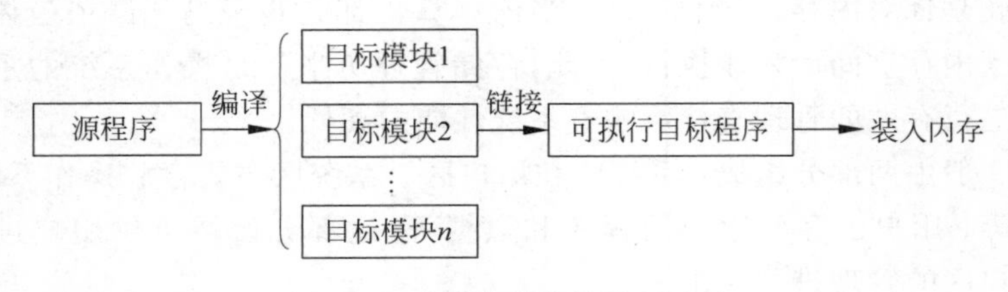

图 5-1 对用户程序的处理过程

1. 链接

编译阶段通过对源程序进行词法、语法分析及代码生成等一系列加工，得到若干目标模块。需要注意的是，此时各个模块中的地址并非实际的物理地址，而是相对地址(相对于各自模块起始地址 0 的相对位移)，这种分散的无法寻址的模块依然是无法被处理器执行的。所以就需要利用链接程序将一组目标模块(和所需系统库函数以及应用程序)进行装配形成一个完整的装入模块。链接工作可以在不同的时机进行，根据链接时间的不同，可把链接分成如下 3 种。

(1) 静态链接：这是指在装入之前，将所有的目标模块及其所需的库函数，链接为一个可执行模块，以后不再拆开。

(2) 装入时动态链接：指经编译后得到的一组目标模块在装入内存时，采用边链接边装入的方式。

(3) 运行时动态链接：这是目前比较流行的一种方式，指对某些模块的链接推迟到执行时才进行。即在运行某一目标模块的过程中，发现需要调用另一个模块，则立即通过操作系统寻找，并将其装入内存和链接到调用模块上，完成链接后再继续运行。

2. 装入

用户程序只有装入到内存才能运行。程序运行之前必须先创建相应的进程，为此应先将程序和数据装入内存。装入程序根据内存的使用情况和分配策略，为装入模块分配一个适当的存储空间。由于 CPU 只能对物理地址进行寻址，程序的逻辑地址与内存的物理地址不一致，所以要进行从逻辑地址到物理地址的转换，即本阶段的最主要任务是正确地完成地址变换工作。将用户程序中的逻辑地址转换为运行时由机器直接寻址的物理地址，这一过程称为重定位。这一概念将在 5.1.3 中详细介绍。

通常，程序装入内存的方式有以下 3 种：

(1) 绝对装入方式。在单道程序环境中，编译程序将产生绝对地址的目标代码，即目标模块可直接装入到内存中事先指定的位置中，装入模块中的地址始终与其内存中的地址相同而不必做任何修改。

(2) 可重定位装入方式。在多道程序环境下，编译之后得到的目标模块起始地址通常为 0，程序中的其他地址都是相对于该起址计算的。此时，绝对装入方式已不再适用，应该由装入程序根据内存当时的使用情况，决定将装入模块放在内存的适当位置。这种情况下，装入模块内使用的地址都是相对地址，而且不允许程序运行时在内存中进行移动。

(3) 动态运行时装入方式。在程序运行的过程中，装入内存的程序段可能经常要进行换入换出操作，即执行一段时间后将其换出到磁盘上，以后再换入到内存中，但对换前后在内存中的位置可能不同。这种允许进程的内存映像在不同时候处于不同的位置的方式就称为动态运行时装入方式。

5.1.3 重定位

前文已经提到程序装入阶段的最主要任务就是正确地完成地址重定位工作。地址重定位又称为地址变换或地址映射，指将用户程序指令中的逻辑地址变换成绝对地址的过程。如图 5-2 所示，源程序通过编译或链接后形成的目标模块，大都为起始地址为 0 的相对地址，装入时分配到的物理地址空间与其虚拟地址空间往往是不一致的，这时如果不将其中所有涉及地址的内容进行相应的修改，那么程序就无法正确执行，所以进行地址重定位是确保程序正确运行不可或缺的步骤。

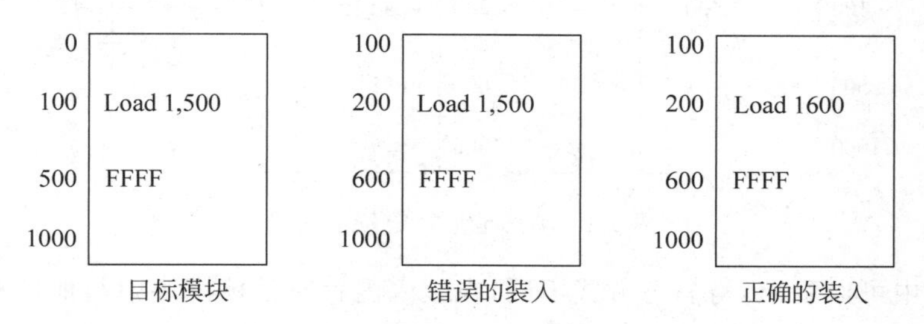

图 5-2 作业装入内存情况

按照实现方式的不同，地址重定位可以分为静态重定位和动态重定位两种。

1. 静态地址重定位

这是指在作业运行之前就由装配程序一次性地实现地址转换，以后在程序运行过程中地址不再发生变化。一般而言，静态重定位工作是由操作系统中的重定位装入程序来完成的。图 5-3 即为一个起始地址为 0 的目标程序装入以 100 为起址的内存空间的静态地址重定位示意图。

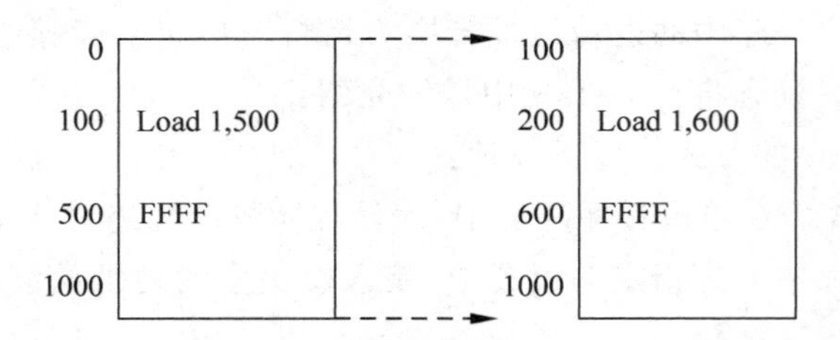

图 5-3 静态地址重定位示意图

从图 5-3 中可以看出，指令 Load 1,500 的含义是把相对地址为 500 的存储单元内容 FFFF 存至 1 号寄存器，然而，程序在装入后内容为 FFFF 的存储单元的实际地址已变换为 600(即相对地址 500 与内存段起始地址 100 之和)。基于此，为确保程序正确执行，需将其中涉及地址的所有指令和数据都要进行相应的修改。

静态地址重定位的优点是不需硬件支持，仅由软件实现。但缺点是程序必须装入连续的地址空间内，并且装入内存后不能移动，这就使得系统内存空间利用率非常低。

2. 动态地址重定位

这是指在程序运行过程中，在 CPU 访问程序和数据之前，由硬件来完成将要访问指令或数据的地址重定位。这里所说的硬件即为地址转换机构，通常由基址寄存器和地址转换线路组成。CPU 每执行一条指令，就把该指令中的相对地址与基址寄存器中的值相加，然后以得到的绝对地址去访问所需要的存储位置。图 5-4 即为一个起始地址为 0 的目标程序装入以 100 为起址的内存空间的动态地址重定位示意图。

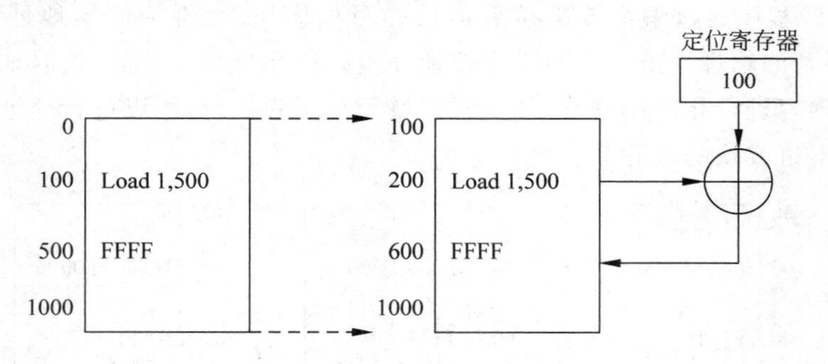

图 5-4 动态地址重定位示意图

从图 5-4 中可以看出，与静态方式不同，在装入内存时目标模块中与地址有关的各指令均保持原有的相对地址不做修改，指令 Load 1,500 在装入内存后，其中要访问的地址并未发生改变(仍是相对地址 500)。当此模块被操作系统调度到处理器上执行时，就把它所在分区的起始地址置入基址寄存器中。当执行 Load 1,500 指令时，地址转换机构自动将指令中的相对地址(500)与基址寄存器中的值(100)相加，再把此和值(600)作为内存绝对地址去访问该存储单元中的内容。

动态地址重定位的优点在于目标模块装入内存时指令本身不需做任何修改，而且不要求占用一个连续的存储区域，如此一来内存的使用就变得更加灵活，更易实现内存的动态扩充和共享。但缺点是需要硬件实现，管理软件也较为复杂。

5.2 内存管理

5.2.1 固定分区

分区存储管理的基本思想是给进入主存的用户作业划分一块连续存储区域，把作业装入该连续存储区域，若有多个作业装入主存，则它们可并发执行，这是能满足多道程序设计需要的最简单的存储管理技术。

固定分区(fixed partition)存储管理又称定长分区或静态分区模式，是把可分配的主存储器空间静态地分割成若干个连续区域。每个区域的位置固定，但大小可以相同也可以不同，每个分区在任何时刻只装入一道程序执行。为了说明各分区的分配和使用情况，存储管理需设置一张“主存分配表”，用以记录主存中划分的分区及各分区使用情况，该表具有如表 5-1 所示的模式。

表 5-1 固定分区存储管理的主存分配表

分 区 号	起始地址/KB	长度/KB	占 用 标 志
1	8	8	0
2	16	16	Job1
3	32	16	0
4	48	16	0
5	64	32	Job2
6	96	32	0

主存分配表指出各分区的起始地址和长度，表中的占用标志位用来指示该分区是否已被占用，当位值为“0”时，表示该分区尚未被占用。进行主存分配时总是选择那些标志为“0”的分区，当某一分区分配给一个长度要求小于等于分区长度的作业后，则在占用标志栏填上占用该分区的作业名。在表 5-1 中，第 2、5 分区分别被作业 Job1 和 Job2 占用，而其余分区为空闲。当分区中的一个程序执行结束退出系统时，相应的分区占用标志位置为“0”，其占用的分区又变成空闲，可被其他程序使用。

由于固定分区存储管理是预先将主存分割成若干个连续区域，因此分割时各区在主存分配表中可按地址顺序排列，如表 5-2 所示。

表 5-2 固定分区存储管理表

操作系统区(8KB)
用户分区 1(8KB)
用户分区 2(16KB)
用户分区 3(16KB)
用户分区 4(16KB)
用户分区 5(32KB)
用户分区 6(32KB)

固定分区存储管理的地址转换既可以采用静态地址重定位方式，也可以选择动态地址重定位方式。采用前者时，装入程序在进行地址转换时检查其绝对地址是否落在指定的分区中，若是，则可把程序装入，否则不能装入且应归还所分得的存储区域。固定分区方式的主存分配很简单，只需将主存分配表中相应分区的占用标志位置成“0”即可。如图 5-5 所示，采用动态定位方式时系统专门设置一对地址寄存器——上限/下限寄存器。当一个进程占有 CPU 执行时，操作系统就从主存分配表中取出其相应的地址和长度，换算后置入上限/下限寄存器。硬件的

地址转换机构根据下限寄存器中保存的基地址 B 与逻辑地址得到绝对地址。硬件的地址转换机构同时把绝对地址和上限/下限寄存器中保存的相应地址进行比较,从而实现存储保护。

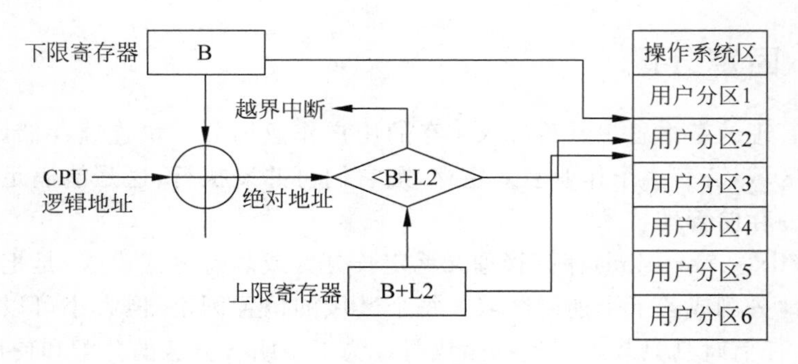

图 5-5 固定分区存储管理的地址转换

固定分区的一个任务是判定何时以及如何把主存空间划分成分区。这个任务通常由系统操作员和操作系统初始化模块协同完成,系统开机初启时,系统操作员根据当天作业情况把主存划分成大小可以不等但位置固定的分区。

作业进入分区时有两种作业排队策略:一是每个作业被调度程序选中时就排到一个能够装入它的最小分区的等待处理队列中,如果等待处理的作业大小很不均匀,会导致有的分区始终处于空闲状态而有的分区一直忙碌;二是所有等待处理的作业排成一个队列,当调度其中一个进入分区运行时,选择可容纳它的最小可用分区,以充分利用主存。

5.2.2 动态分区

一般来说,把在每次计算机或每个用户程序投入正常运行前,对内存空间进行的划分称为静态存储分配。相应地,把在计算机系统或每个用户程序的运行过程中,对内存空间进行的动态划分和分配称为动态存储分配。可变分区模式是动态存储分配的一个例子。

内存管理的可变分区(variable partition)模式,又称为变长分区模式,是指将内存用户区划分为若干个分区(块),每个分区内任一时刻只有一个程序,且为连续完整存放。但划分的时机、大小和位置是动态的,即在系统运行从开机到关机这段时间内,各分区的大小、位置等划分情况是随着各用户程序的来去而变化的。该模式是为了进一步克服和改善固定分区模式在内存空间利用率方面的缺点而出现的,它与固定分区模式的主要区别就是动态地划分分区。

可变分区模式下的相关实现策略:

(1) 必须维持一张内存空闲块表来动态跟踪记录内存空闲块(或称自由块、未用块,指未被任一用户程序占用的处于空闲状态的内存分区)和已用块(正被某一用户程序占用的内存分区)的分布情况,其数据结构可采用链表、位图和伙伴系统等。

(2) 当一个用户程序到来而内存中有多个够大的空闲块时,有 5 种分配算法:

① 最先适配算法。即顺序扫描自由块表,找到遇到的第一个足够大的块,但这不一定是自由块表中唯一足够大的块或长度最合适的块。这种算法最简单、最快捷、效率较高、查找次数较少。

② 下次适配算法。顺序扫描自由块表，直至第二次找到一个足够大的自由块为止。这种算法比最先适配的执行效率略差，在按长度排序时也比最佳适配策差。

③ 最佳适配算法。扫描整个自由块表(除非按长度排序)以获得足够大的且最小的自由存储块，总是找到与分配长度最接近的自由存储块，同时也就产生最小的剩余块，这种算法查找效率低，需要扫描整个自由块表。但在按自由块长度排序时，与最先适配一样快。此外，会导致许多不易分出去的小空闲块(外部存储碎片)；动态扩充余地小。

④ 最坏适配算法。把最大自由块劈成进程需要的存储块和另一个较小的自由块。这种算法所产生的剩余块最大，还可以被使用(至少与最佳适配产生的小剩余块相比)；需要扫描整个自由块表(除非按长度排序)。

⑤ 快速适配法。根据通常要求的长度把自由块分类而非排序。为管理这些表，需要维护一张含有几项指针的指针表。使用这种方法，寻找一个所要求的存储块速度很快，但它和其他按长度排序的算法一样，都有一个共同特点：当进程终止或退出时，寻找相邻块进行存储合并很费时间。如果不合并自由块，那么用不了多久存储区就会变成许多不能使用的小碎片。

相对于固定分区模式，存储的分配和释放工作比较复杂，除了要更频繁地分配、回收和跟踪空闲块表外，还要进行块的划分与合并工作。可变分区模式相对于固定分区模式提高了内存空间利用率，但仍存在空间浪费，主要是外部存储碎片，也有少量的内部存储碎片。

外部存储碎片有两种含义：一是小得分不出去的空闲块；二是当内存所有空闲块长度之和足够装入一个进程，但各个空闲块长度都不够装入该进程时，也称这些空闲块为外部存储碎片。在可变分区模式下，各个程序进入内存时的块的划分，容易形成小的空闲块，最终形成外部存储碎片。外部存储碎片问题和内存总长度与进程平均长度有关，它是个可大、可小的问题(偶尔则小，经常则大)。显然外部存储碎片造成了内存浪费，且加大了查找代价。

可变分区模式对用户要求的满足情况如下：

(1) 动态伸缩问题。当有相邻空闲块时，动态扩充就很容易很自然；当没有相邻空闲块时，则通过存储移动或存储合并来解决。比固定分区好在分区可以动态划定。

(2) 若采用了交换技术，则涉及淘汰(replace)策略，一般换出等待态进程，而且换出该进程在内存的所有空间(因为连续有效)。

(3) 由于可变分区模式限定在程序执行前装入完整的程序，因此不能采用虚存技术。当用户程序太大时，可自行采用覆盖或动态装入技术来解决。

5.2.3 覆盖和交换技术

实现内存容量扩充是存储管理的一个重要功能。在多道程序环境下，当程序的大小大于内存可用空间时，操作系统可以将这个程序的地址空间的一部分放入内存，而把其余部分放在外存。一般来说，内存放置当前需要的执行程序段和数据段，而外存则放置暂不需要的信息(指令和数据)。当所访问的信息不在内存时，再由操作系统负责调入所需要的部分。这样就解决了在较小的存储空间中运行较大程序的问题。为实现这一功能，需要一个可行的内存扩充方法。覆盖技术(Overlay)与交换技术(Swapping)就是早期出现的两种典型的存储空间扩充技术。前者主要用在早期的操作系统中，而后者在现代操作系统中仍具有较强的生命力，目前主要用于小型分时系统。

1. 覆盖技术

通常,一个程序由若干个功能上相互独立的程序段组成。程序在运行的某一时刻,并不是所有的程序段都在执行。这样就可以按照程序自身的逻辑结构,使那些非同时执行的程序段共享同一块内存区域,这就实现了所谓的覆盖技术。

在采用覆盖技术的操作系统中,一个程序的所有程序段开始都保存在外存中。然后,它们中的一部分被调入内存,当前面的程序段执行完毕后,再把后续程序段调入内存并覆盖前面的程序段。这就使得用户看来好像内存扩大了,从而达到内存扩充的目的。

覆盖技术要求程序必须具有一个清楚的可覆盖结构,否则就会导致程序段覆盖次序与它们的执行次序之间的冲突。

图 5-6 是一覆盖的例子。进程 X 的程序正文由 A、B、C、D、E、F 6 个程序段组成,它们之间的调用关系如图 5-6(a)所示。其中,程序段 A 只调用程序段 B 和 C,程序段 B 只调用程序段 D,而程序段 C 调用程序段 E 和 F。由于 B、C 之间没有相互调用,它们可以共享同一覆盖区。覆盖区的大小以能装入所有共享的程序段为准则,在本例中,与 B、C 对应的覆盖区大小为 10KB(取 B、C 的大者)。类似地,D、E、F 也可以共享同一覆盖区,如图 5-6(b)所示。可见,虽然该进程正文段所需要的总空间大小是:8KB(A)+8KB(B)+12KB(D)+10KB(C)+4KB(E)+10KB(F)=52KB,但在采用了覆盖技术之后,只需要 30KB 内存空间就够了。

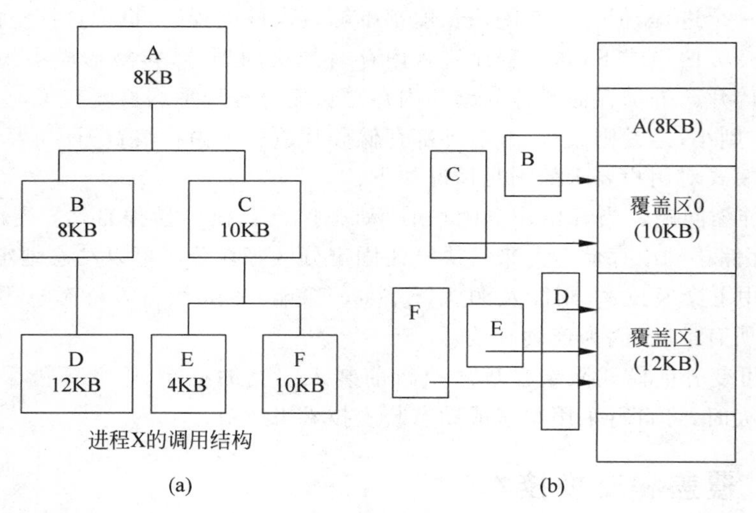

图 5-6 覆盖技术示例

覆盖技术由于打破了需要将一个程序的全部信息装入内存后程序才能运行的限制,在一定程度上解决了小内存运行大进程的问题。这一技术一般用于小型系统中系统程序的内存管理。因为系统软件设计者容易分析和建立覆盖结构,以小型磁盘操作系统为例,设计者可以把磁盘操作系统分为常驻内存部分和覆盖区部分。常驻内存部分由于经常被操作系统用到,所以占有内存固定区域,而覆盖区部分由于不经常用到,故一般放在磁盘上,当调用时才被装入。

覆盖技术的不足在于:

(1) 使用覆盖技术时，操作系统根据程序段之间的可覆盖结构为各程序段分配相应的覆盖区域。这要求用户给出程序段之间的覆盖结构，因而它对用户不透明，增加了用户负担。它只是一种早期简单的内存扩充技术。

(2) 虽然覆盖技术可以在一定程度上扩充内存，但程序段的最大长度仍受内存容量的限制。

2. 交换技术

在多道程序环境下，一方面，内存中的某些进程会由于某事件尚未发生而被阻塞运行，但它们占用了大量的内存空间，甚至有时可能出现在内存中所有进程都被阻塞而迫使CPU停止下来等待的情况；另一方面，许多作业却又在外存上等待，因无法得到内存而不能运行。显然这对系统资源是一种严重的浪费，且使系统吞吐量下降。为了解决这一问题，在系统中又增设了交换设施。所谓“交换”，是指把内存中暂时不能运行的进程或者暂时不用的程序和数据，调出到外存上，以便腾出足够的内存空间，再把已具备运行条件的进程或进程所需要的程序和数据调入内存。交换是提高内存利用率的有效措施。自从20世纪60年代初期出现“交换”技术后，它便引起了人们的重视，现在该技术已被广泛地应用于操作系统中。

如果交换是以整个进程为单位，便称为“整体交换”或“进程交换”。这种交换广泛地应用于分时系统中，其目的是用来解决内存紧张问题，并可进一步提高内存的利用率。而如果交换是以“页”或“段”为单位进行的，则分别称为“页交换”或“分段交换”，又统称为“部分交换”。这种交换方法是实现后面要讲到的请求分页和请求分段式存储管理的基础，其目的是为了支持虚拟存储系统。本节只介绍进程交换，而分页(段)交换将放在虚拟存储器一节中进行讨论。为了实现进程交换，系统必须能实现三方面的功能：交换空间的管理、进程的换出以及进程的换入。

1) 交换空间的管理

在具有交换功能的操作系统中，通常把外存分为文件区和交换区。前者用于存放文件，后者用于存放从内存换出的进程。由于通常文件都是较长久地驻留在外存上，故对文件区管理的主要目标是提高文件存储空间的利用率，为此，对文件区采取离散分配方式。然而，进程在交换区中驻留的时间是短暂的，并且交换操作又较频繁，故对交换空间管理的主要目标是提高进程换入和换出的速度，为此，采取的是连续分配方式，较少考虑外存中的碎片问题。

为了能对交换区中的空闲盘块进行管理，在系统中应配置相应的数据结构，用以记录外存的使用情况。其形式与内存在动态分区分配方式中所用数据结构相似，即同样可以用空闲分区表或空闲分区链。在空闲分区表的每个表目中应包含两项，即交换区的首地址及其大小，分别用盘块号和盘块数表示。

由于交换分区的分配采用连续分配方式，因而交换空间的分配与回收，与动态分区方式时的内存分配与回收方法类同，其分配算法可以是首次适应算法、循环首次适应算法或最佳适应算法等。

2) 进程的换出

每当一进程因创建子进程而需要更多的内存空间，但又无足够内存空间的情况发生时，系统应将该进程换出。其过程是：系统首先选择处于阻塞状态且优先级最低的进程作为换出进程，然后启动磁盘，将该进程的程序和数据传送到磁盘的交换区上。若传送过程未出现错误，便可回收该进程所占用的内存空间，并对该进程的进程控制块做相应的修改。

3）进程的换入

系统应定时地查看所有进程的状态，从中找出已换出而处于"就绪"状态的进程，将其中换出时间（换出到磁盘上）最久的进程作为换入进程，将其换入，直至已无可换出的进程或没有可换入的进程为止。

5.2.4 分页存储管理

除了分区管理外，在现代操作系统管理中，大多采用分页存储管理技术。分页管理与分区管理相比有比较显著的优点和灵活性，本节将主要讨论分页存储管理的基本思想和实现方法。

1. 分页的基本思想

采用分页存储管理，系统需要将进程的逻辑地址空间划分成若干大小相等的页(page)，并对各页加以编号。相应地，也把内存的存储空间划分为若干个与页相同大小的块(block)，同样也对各块加以编号。分页后的地址结构由两部分构成，即页编号 P 和页内偏移量 W。图 5-7 给出的是一个 32 位地址长度表述的地址结构，其中 0～11 为页内地址，即可表示的页长为 2^{12}＝4KB，12～31 位为页号，即地址空间最多有 2^{20} 个页。

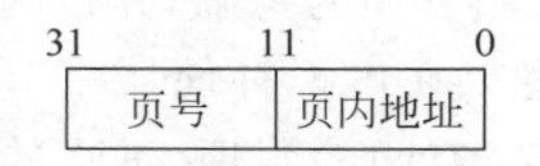

图 5-7 分页后的逻辑地址表示形式

在分页系统中，分配时规定，对于每次用户的内存分配请求都以页为单位进行分配，请求进入内存的进程除了在一个页中是连续的外，进程包含的页与页之间所分配的块可以是不连续的，这与分区分配方式不同，因此采用页式分配实现了内存空间的不连续分配。

2. 静态页式管理

页式存储管理又可以分为静态页式管理和动态页式管理两种。

静态页式管理的思想是，对于被选中运行的进程，在开始执行前必须将其程序段、数据段一次性装入内存的块中，对于程序中包含的与地址有关的内容也必须用页表和地址变换机构完成从逻辑址到物理址的转换，而且进程进入内存后，地址将不再发生变化，直到进程执行完成或者被阻塞后无法运行而被交换到存储交换区，下次被调度时再重新进行分配。

静态页式管理虽然是一种相对简单的分页管理方式，但在应用中也有许多实用特性，因为这种管理方式可以解决内存的不连续分配问题，也可以克服分区管理中的大量外碎片问题，同时还可以使分配中的内碎片缩小到一页以内。在静态页式分配中需要建立一些专用的数据结构和管理策略，其中有些也适合动态页式管理机制。下面介绍一些有关页式管理的数据结构和管理策略。

1）页式管理中使用的数据结构

在页式管理中操作系统要建立一些专用的数据结构，如存储页表、请求表、进程页表等，操作系统通过它们完成对内存块的管理与控制。这些数据结构的意义如下：

(1) 进程页表。系统为每个产生的进程建立一个页表，该表主要描述该进程占用的物理块以及物理块与逻辑页之间的对应关系。进程页表格式如表5-3所示。

(2) 请求表。为了便于操作系统掌握整体情况，在系统中为所有进程建立一个请求表，该表中主要描述系统内各个进程的逻辑地址空间页表个数及它们在物理地址空间中的位置。进程请求表格式如表5-4所示。通过这张表还可以了解到哪些物理块已经被哪些进程所占用。

表5-3　页表(进程/张)

页号	块号

表5-4　进程请求表(系统/张)

进程号	请求数	页表地址	页表长度	状态
1	20	1034	20	已分配
2	34	1044	34	已分配
3	25			未分配
4	30			未分配

(3) 存储块表。存储块表也是针对整个系统进行描述，用来指出系统的每个物理块是否被分配，还有多少未分配的块。存储块表通常采用位示图或空闲链方式实现，其中位示图方式如表5-5所示，位示图中的每一位都对应一个块，当此位为0时表示该块未分配，当此位为1时表示此块已分配。空闲链方式是将所有的空闲块用链表连接在一起，当有分配请求来时，就从该链表中分配块；当块使用完后再将块挂在该链表上。空闲链方式如图5-8所示。

表5-5　存储块表(系统/张)

1	0	…	1	0
1	1	…	1	0
0	1	…	0	1
0	0	…	0	0

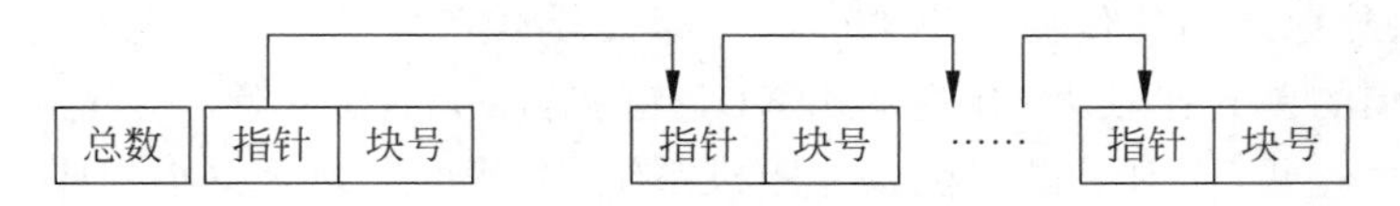

图5-8　用空闲链方式记录块分配情况

2) 页式管理地址变换过程

采用页式管理，当将用户程序从虚址转换成实址时，首先要完成地址变换。由于内存按分页处理时规则性比较强，因此地址变换页可以用规则的方式完成。通常，若系统可以用分页方式管理内存，就意味着处理器具有分页地址变换功能，而操作系统要根据硬件的地址变换机构完成地址变换的管理。图5-9给出了页式管理中地址变换的实现原理。

由图5-9可以看出，在进行分页地址变换时，实际上经历了3个阶段，即从程序的虚址描述阶段，到分页处理阶段，再到物理内存表示阶段。变换时首先取出虚地址中的页编号值，让它与页表寄存器中的内容相加(页表寄存器中保存的是页表起始地址)，这时就找到了该地址在页表中的描述位置；读出该页表项中的内容，就可以知道该逻辑页对应的物理块号，将块号作为页号描述，再取出逻辑地址中的偏移量，就构成了物理地址描述格式，按照这

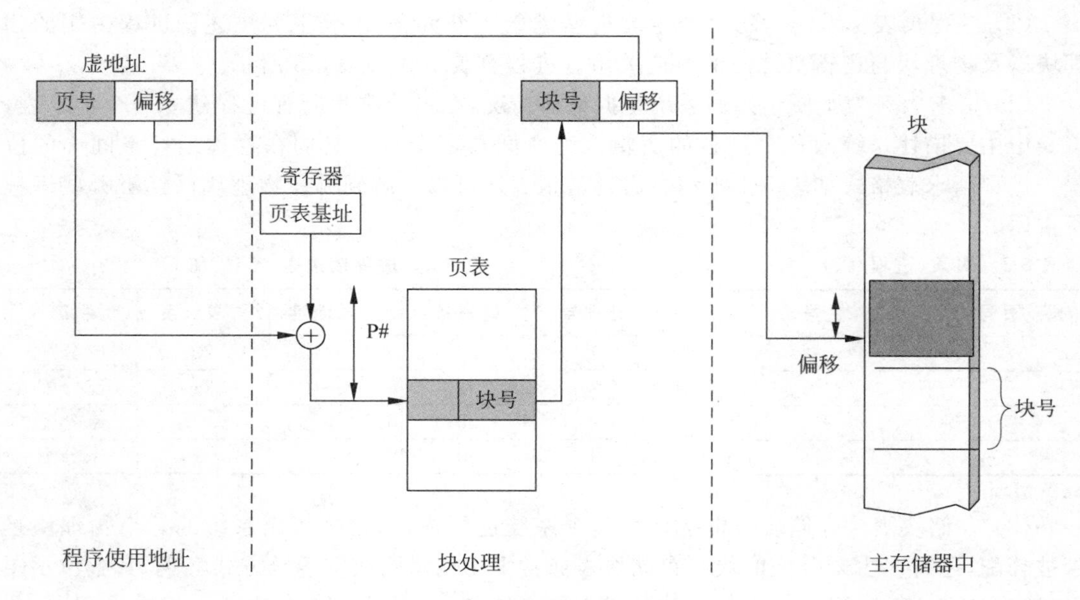

图 5-9 页式管理中的地址变换模式

个物理地址描述就可以对应到物理地址的位置。这就是分页地址变换过程,每个将要进入内存的程序和数据都要经过这个地址变换过程将虚地址对应到物理地址上。这种地址变换过程适用于静态页式管理和动态页式管理两种模式,因为无论是采用哪种页式管理模式,其地址描述方式和变换方法是相同的,只是变换的时机不同而已,即静态页式管理中是在程序装入内存时一次性完成地址变换的,而动态页式管理中是随着程序被装入而逐步完成地址变换的。

3) 分页大小的确定

前面曾介绍过,分页管理中页大小的确定与系统的配置指标有关,主要是根据内、外存的容量以及内、外存之间的传输速率来确定。那么分页究竟多大合适呢?在不同系统中,页大小的变化范围的差异比较大,有些是几 KB,有些是几十 KB 不等。对于大型机系统,页可以确定得比较大一些,而对于微型机或专用机系统,页就可以划分得小一些。

对于内存管理性能,不能用页划分的大小做一概性衡量,即不能说页划分得小就一定好或不好,这里重要的衡量指标是页大小与系统的适应性如何。例如,如果页划分得比较小,那么分配时产生的内碎片会比较小,这是好的一面;但是如果系统内存容量比较大,为了描述进程占用内存情况所使用的页表就会比较长,而页表本身也是需要占用内存空间,页表长则页表占用空间大,同时,页表比较长对页表的查询时间也会加长。这些又是对系统性能产生负面影响的一面。而如果将页划分得比较大,进程的页表会比较短,那么对内存的管理来讲开销就会减小,而且在实现内、外存交换时,I/O 响应效率也会比较高。但是由于页比较大,内存分配时的内碎片就会增大,这会带来一定的内存浪费情况,这又是不好的一面。

鉴于上述种种原因,目前在计算机系统中,采用分页方式管理内存的操作系统中都有自己的分页方法,页的大小相差也会比较大。常见的是 4~256KB,但实际上为了有效地管理内存,通常都不主张将页划分得过大。

4) 静态页式管理的特点

通过上面对页式管理策略和实现技术的描述,现对采用静态页式管理的优缺点归纳如下:

(1) 优点。第一,在页式管理中没有外碎片,而且每个内碎片也不会超过一页大;第二,使用分页管理可以实现内存的不连续分配,可以有效地使用内存空间;第三,使用分页管理后,当进程占用的存储空间改变(如进程中的数据增长)时,可以比较方便地实现存储空间的大小调整和管理。

(2) 缺点。使用静态页式分配时,要求进程使用的地址空间必须一次性全部装入内存,这时如果占用内存后的进程暂时无法运行,就会浪费内存空间。而且由于静态分配采用的是整个进程的换入和换出策略,这也会造成不必要的系统性能损耗。有些问题在静态管理中是无法解决的,只能期待在动态页式管理中克服。

3. 动态页式管理

静态页式管理方式可以有效地解决内存分配中的存储区利用问题,实现内存的不连续分配,而且在分配中取消了外碎片,减少了内碎片。但是在静态页式分配中,对于多进程并行存储没有给出好的解决方案,例如,当一个进程包含的内容比较多时,有限的内存就无法装入太多的进程,因此处理器资源也就无法得到充分的利用。相对于静态页式管理,动态页式管理在进行内存分配时不要求一次将进程的所有页都装入到内存中,而是在进程的部分页装入内存后,就允许进程运行,在运行中当所需的页不在内存时就产生一次缺页中断,将需要的页调入内存,使进程可以继续执行,所以有的教科书中将动态页式管理称为请求调页技术。采用这种页式管理方式,可以提供虚拟存储机制(关于虚拟存储将在本章的5.3节中描述),而静态页式管理不支持虚拟存储机制。

在动态页式管理中,需要采用及时的内存地址分配和地址变换,这个变换过程是在程序执行过程中进行的,为了保证快速地址变换,仅靠软件技术无法实现,这里需要硬件的支持,图5-10中给出了支持动态页式管理的系统结构。在处理器中必须包含MMU(存储管理单元),指令执行中的地址只有采用这种软、硬件相结合的方式才可以满足动态页式管理的需要。

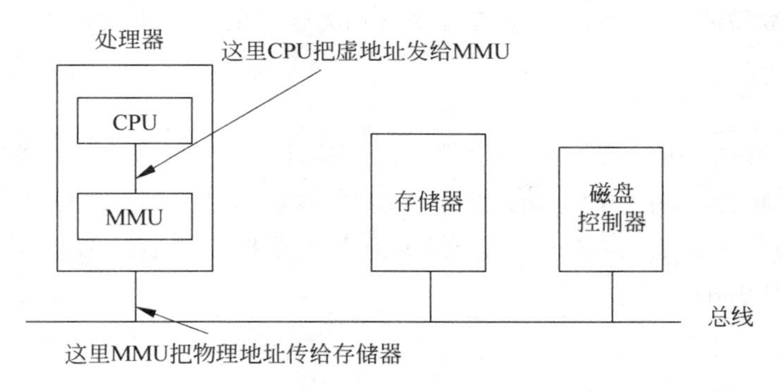

图5-10 支持动态页式管理的系统结构

图5-10中描述了将虚地址变换成实地址需要经过的步骤,其中在处理器模块中CPU读出的是虚地址程序指令,它与存储管理单元MMU交互。MMU负责完成虚地址到实地址变换的处理,具体变换过程包括CPU将从程序中读到的虚地址发送给MMU,MMU接

收到这个虚址后按照事先规定好的变换逻辑完成地址变换，然后将变换后的物理地址发送到总线上供存储器或其他参与内存管理的部件使用。

动态页式管理中采用的页式地址变换方法与静态分页管理中的方式相似，所以程序的虚地址结构和进程页表项也可以采用与静态页式管理中基本相同的数据结构。地址变换逻辑也基本相同，只是动态地址变换是在进程运行过程中逐步完成的，而不是在进程装入内存时就一次完成的。

5.2.5 分段存储管理

1. 分段存储管理的基本概念

通常，一个用户程序是由若干相对独立的部分组成的，它们各自完成不同的功能。如上所述，为了编程和使用方便，用户希望把自己的程序按照逻辑关系组织，即划分成若干段，并且按照这些段来分配内存。所以，段是一组逻辑信息的集合。它支持存储管理的用户观点。例如，有主程序段 MAIN、子程序段 P、数据段 D 和栈段 S 等，如图 5-11 所示。

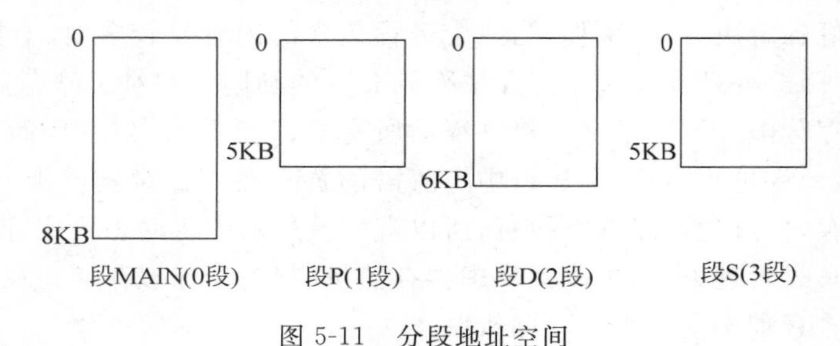

图 5-11 分段地址空间

每段都有自己的名字和长度。为管理方便，系统为每段规定一个内部段名。内部段名实际上是一个编号，称为段号。例如，图 5-11 中段 MAIN 对应的段号是 0，段 P 对应的段号是 1。每段都从 0 开始编址，并采用一段连续的地址空间。段长度由该段所包含的逻辑信息的长度决定，因而各段长度不等。

通常，用户程序需要进行编译，编译程序自动为输入的程序构建各个段。

2. 程序的地址结构

由于整个进程的地址空间分成多个段，因此，逻辑地址要用两个成分来表示：段号 s 和段内地址 d。也就是说，在分段存储情况下，进程的逻辑地址空间是二维的。

不同机器中指令的地址部分会有差异，如有些机器指令的地址部分占 24 位，其中段号占 8 位，段内地址占 16 位。

3. 内存分配

在分段存储管理中，内存以段为单位进行分配，每段单独占用一块连续的内存分区。各分区的大小由对应段的大小决定。这类似于动态分区分配方式，但二者是不同的。在分段存储管理系统中，一个作业或进程可以有多个段，这些段可以离散地放入内存的不同分区中。也就是说，一个作业或进程的各段不一定放在彼此相邻的分区中。

4. 段表和段表地址寄存器

与分页一样，为了找出每个逻辑段在所对应的物理内存中分区的位置，系统为每个进程建立一个段映射表，简称“段表”。每个段在段表中占有一项，段表项中包含段号、段长和段起始地址（又称“基址”）等。段基址包含该段存放在内存中的起始物理地址，而段长指定该段的长度。段表按段号从小到大顺序排列。一个进程的全部段都应在该进程的段表中登记。当作业调度程序调入该作业时，就为相应进程建立段表；在撤销进程时，清除此进程的段表。

通常，段表放在内存中。为了方便地找到运行进程的段表，系统还要建立一个段表地址寄存器。它有两部分：一部分指出该段表在内存的起始地址；另一部分指出该段表的长度，表明该段表中共有多少项，即该进程一共有多少段。

5. 分页和分段的主要区别

分页和分段存储管理系统有很多相似之处，如二者在内存中都不是整体连续的，因而都要通过地址映射机构将逻辑地址映射到物理内存中。但是，二者在概念上完全不同，主要有以下 4 点。

(1) 页是信息的物理单位。就好像系统用“一把尺子”(即固定大小的字节数）去丈量用户程序的长度：量了多少“尺”，就有多少页，根本不考虑一页中是否包含完整的函数，甚至一条指令可能跨两个页。所以，用户本身并不需要把程序分页，完全是系统管理上的要求。段是信息的逻辑单位。每段在逻辑上是相对完整的一组信息，即段是一个逻辑实体，如一个函数、一个过程、一个数组等，它一般不会同时包含多种不同的内容。用户可以知道自己的程序分成多少段，以及每段的作用。所以，分段是为了更好地满足用户的需要。

(2) 页的大小是由系统确定的，即由机器硬件把逻辑地址划分成页号和页内地址两部分。在一个系统中所有页的大小都一样，并且只能有一种大小。段的长度因段而异，它取决于用户所编写的程序，如主程序段为 8KB，而子程序只有 5KB，等等。

(3) 分页的进程地址空间是一维的，地址编号从 0 开始顺次递增，一直排到末尾。因而只需用一个地址编号（如 10 000）就可确定地址空间中的唯一地址。分段的进程地址空间是二维的。标识一个地址时，除给出段内地址外，还必须给出段名，只有段内地址是不够的。

(4) 分页系统很难实现过程和数据的分离，因此，无法分别对它们提供保护，也不便于在用户间对过程进行共享。分段系统却可以很容易实现这些功能。

6. 地址转换

在分段系统中，用户可用二维地址表示程序中的对象，但实际的物理内存仍是一维的字节序列。为此，必须借助段表把用户定义的二维地址映射成一维物理地址。

段地址转换与分页地址转换的过程基本相同，其过程如图 5-12 所示。

(1) CPU 计算出来的有效地址分为两部分：段号 s 和段内地址 d。

(2) 系统将该进程段表地址寄存器中的内容 B（表示段表的内存地址）与段号 s 相加，得到查找该进程段表中相应表项的索引值。从该表项中得到该段的长度 limit 及该段在内存中的起始地址 base（设该段已经调入内存）。

(3) 将段内地址 d 与段长 limit 进行比较。如果 d 不小于 limit，则表示地址越界，系统

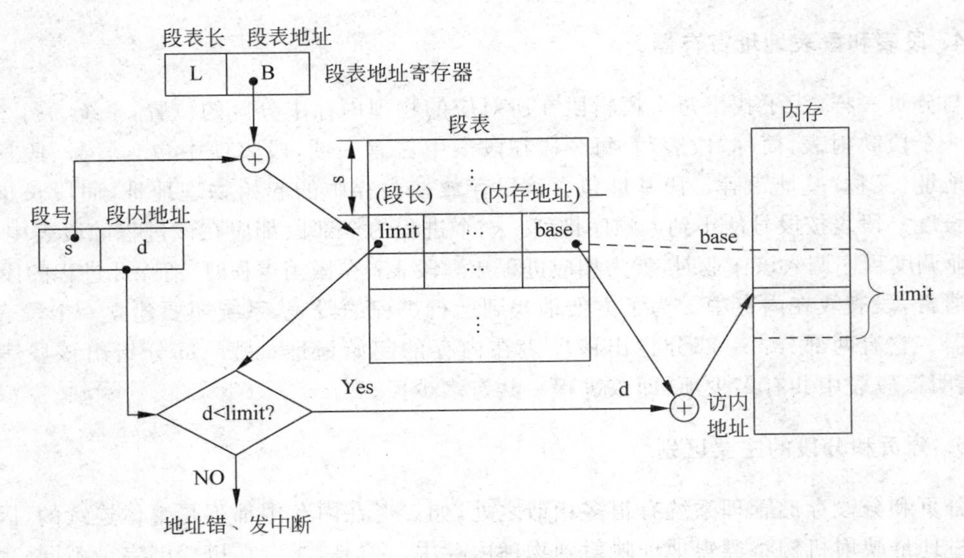

图 5-12 分段地址转换

发出地址越界中断,终止程序执行;如果 d 小于 limit,则表示地址合法,将段内地址 d 与该段的内存始址 base 相加,得到所要访问单元的内存地址。

7. 段的共享和保护

1) 段的共享

分段管理的一个优点是提供对代码或数据的有效共享。每个进程有一个段表。当不同的进程要共享某个段时,只需在各个进程的段表中都登记一项,使它们的基地址都指向同一个物理单元,如图 5-13 所示。

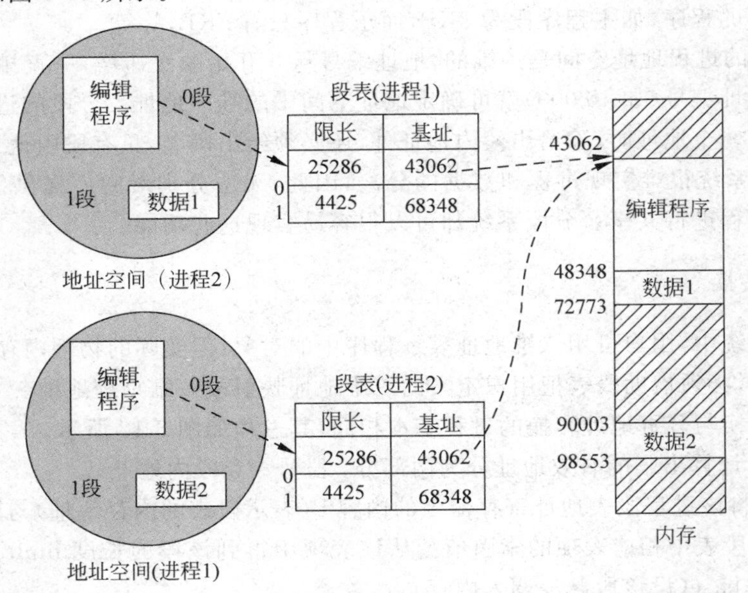

图 5-13 分段系统中段的共享

共享是在段一级实现的，任何共享信息可以单独成为一段。例如，在分时系统中使用的正文编辑程序，整个编辑程序相当大，由很多段组成，它们可被所有用户共享。这样，在内存中只需保留一个编辑程序的副本，每个用户的存储空间都对这个副本实现地址覆盖。而每个用户单独使用的局部量分别放在各自的、不能共享的段中。

2）段的保护

分段管理的另一个突出优点是便于各段保护。因为各段是有意义的逻辑信息单位，即使在运行过程中也不失去这些性质。因此段中所有内容可以以相同的方式使用。例如，一个程序中某些段只含指令，另一些段只含数据。一般指令段是不能修改的，它的存取方式可以定义为只读和可执行；数据段则可读可写，但不能执行。在程序执行过程中，存储映射硬件对段表中保护位信息进行检验，防止对信息进行非法存取，如对只读段进行写入操作，或把只能执行的代码段当做数据加工。当出现非法存取时，将产生段保护中断。

段的保护措施包括以下 3 种：

(1) 存取控制。在段表的各项中增加几位，用来记录对本段的存取方式，如可读、可写、可执行等。

(2) 段表本身可起保护作用。每个进程都有自己的段表，在表项中设置该段的长度限制。在进行地址映射时，段内地址先与段长进行比较，如果超过段长，便发出地址越界中断。这样，各段都限定自己的活动范围。另外，段表地址寄存器中有段表长度的信息。当进程逻辑地址中的段号不小于段表长度时，表示该段号不合法，系统会产生中断。从而每个进程也被限制在自己的地址空间中运行，不会发生一个用户进程破坏另一个用户进程空间的问题。

(3) 保护环。它的基本思想是把系统中所有信息按照其作用和相互调用关系分成不同的层次(即环)，低编号的环具有高优先权，如操作系统核心处于环内；某些重要的实用程序和操作系统服务位于中间环；而一般的应用程序(包括用户程序)则在外环上。即每一层次中的分段有一个保护环，环号越小，级别越高。

在环保护机制下，程序的访问和调用遵循如下规则：一个环内的段可以访问同环内或环号更大的环中的数据段；一个环内的段可以调用同环内或环号更小的环中的服务。

5.2.6 段页式存储管理

前面介绍几种存储管理方案各有所长。段式存储管理大大方便了用户，便于信息共享和信息的动态增加，但存在内存的碎片问题；页式存储管理则大大提高了主存的利用率，但不便于信息的共享。因此，结合二者的优点的一种新的存储管理方案被提了出来，这就是段页式存储管理。

1. 基本思想

段页式存储管理，对用户来说，与段式存储管理相同，其中一个进程仍由用户按照程序的逻辑信息，划分成不同的段。经编译和链接后的程序，每个段有唯一的段号。因而，用户地址空间仍是一个二维的逻辑虚地址空间。而对于系统来说，则与页式存储管理相同，内存空间被划分成若干个大小相同的内存块，对应的每个进程的每个段被划分成若干个与内存块大小相同的页，以页为单位来分配内存空间，一个页占用一个内存块。这样，一个进程中的一个段的信息可以存放在块号不连续的内存块中，分段的大小不受内存大小的限制。

2. 数据结构

在段页式存储管理系统中，为了实现内存分配与释放、缺页处理、地址变换等，系统为每一个进程建立一张段表，同时为每个段建立一张页表。页表的表项与页式存储管理的表项相同，页表中有指向页对应的存储块号以及缺页处理和页保护等的表项。段表中的表项与段式存储管理的段表项类似，不同的是，原来在段式存储管理中段表中的内存地址现在变为指向与段对应的页表的起始地址。段页式存储管理中段表、页表以及内存的关系如图 5-14 所示。

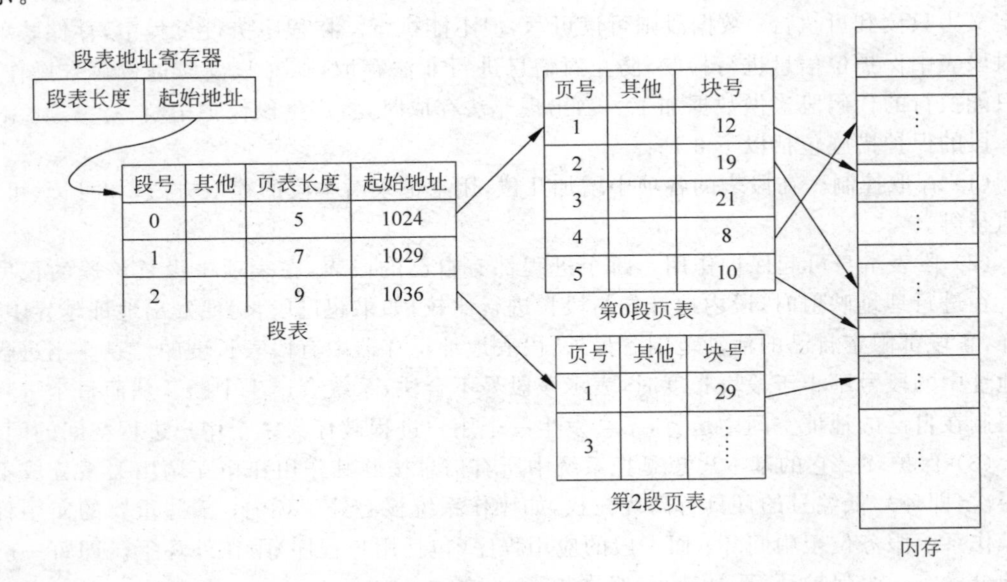

图 5-14　段页式存储管理中段表、页表以及内存的关系

与段式存储管理类似，每个进程有对应的 PCB 表项用于记录每个进程对应的段表始址和段表长度；系统中有用于记录内存空闲块的空闲链表。

3. 地址结构与地址变换

在段页式存储管理中，程序的分段由程序员决定，因此，对用户来说，用户的地址空间仍然由段号和段内相对地址组成(S,W)。而对于系统来说，以页为单位来分配内存空间，地址变换机构将根据页的大小把段内地址解释为页号和页内地址。因此，段页式存储管理系统中，进程的地址空间由段号、页号、页内相对地址 3 部分组成(S,P,d)，如图 5-15 所示。

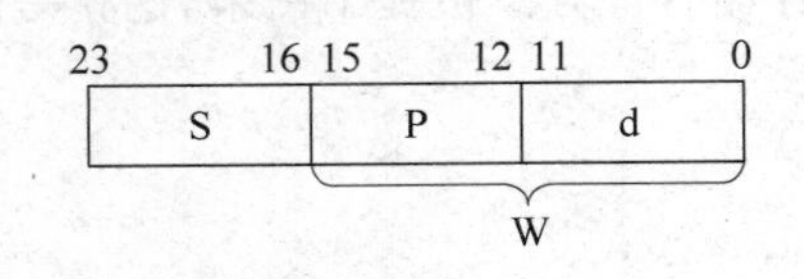

图 5-15　段页式管理地址结构示例

为了实现地址的变换，在段页式系统中，设置了段表寄存器，用于存放当前运行的进程的段表的起始地址和段表的长度。当 CPU 访问一个逻辑地址(S,W)时，系统首先自动将地址分成 3 部分(S,P,d)，然后将段号与段表寄存器中的段表长度进行比较。若段号大于段长，则越界；否则，根据段号找到对应的段的页表始址，再利用 P 号找到对应的页的内存块号，最后，将页

内地址与找到的块号合并形成逻辑地址对应的物理地址。

显然，在段页式存储管理中，访问内存的指令或数据需要访问内存3次，因此，为了提高访问的速度，在系统中设置联想寄存器比段式和页式存储管理更为重要。在联想寄存器中存放当前最常用的段号、页号和对其对应的内存页号。图5-16说明了采用这种方案的地址变换过程。

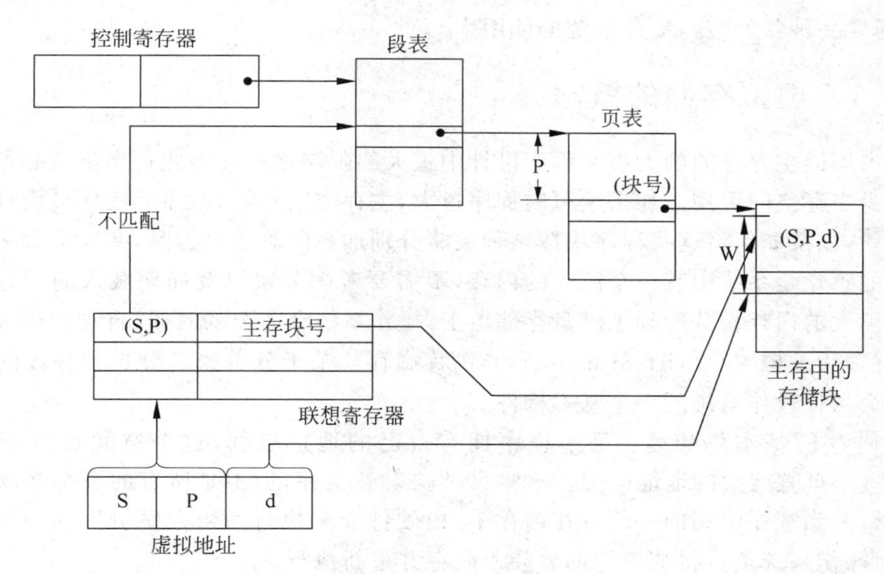

图5-16 段页式管理的地址转换过程

4. 段页式存储管理的其他问题

有关段页式存储管理中的内存分配与释放、存储保护、缺页与缺段处理等，在段式存储管理和页式存储管理中提到的方法，稍作修改便可适用，在此不再赘述。

因为段页式存储管理是页式和段式存储管理的结合，所以它具有二者的优点。但是由于增加软件管理，系统的管理开销也随之增加，需要的硬件支持和内存占用也增加了，而"碎片"问题与页式存储管理一样存在，且更为严重。另外，如果不采用联想寄存器的方式提高CPU的访问速度，将大大降低系统的执行速度。

5.3 虚拟存储器管理

通过对简单分页、简单分段与固定分区、动态分区进行比较，可以看到内存管理具有根本性突破的可能。那就是实存储器管理中，一个进程只能在主存中执行。这种管理方式在实际操作中经常引起各种问题。

假设一个进程在执行过程中，只要所有的存储器访问的都是主存中的单元，执行就可以顺利进行。如果处理器需要访问一个不在主存中的逻辑地址，则会产生一个中断，说明产生了内存访问故障。操作系统首先把被中断的进程设置为阻塞状态(blocked)，为了能继续执行该进程，需要把包含引起内存访问故障的逻辑地址的进程块装入内存。为此，操作系统会产生一个读磁盘的I/O请求,产生该I/O请求后,再执行I/O操作(期间操作系统可以调度另一个进程运行)。当所需要的进程块被读入主存,则产生一个I/O中断,控制权交回操作系统。最后,操作系统把刚刚由于进程块不在主存中而被阻塞的进程设置为就绪状态(runnable)。

在上面一种情况中,仅仅因为不能将所有需要的进程块都装入主存,进程的执行效率大大降低,需要一种新的策略提高系统的使用率。

5.3.1 虚拟存储的概念

程序占用的主存空间的大小是程序设计中最大的限制之一。因此程序员就必须知道系统还有多少主存空间可用。如果编写的程序过大,主存空间不够,就需要程序员设计出将程序如何分块,以及如何将这些程序块按某种策略分别加载的算法。但是,实际上程序员在编程过程中的感觉是系统中有一个巨大的内存,不需要考虑分块以及如何载入的问题。这是因为这个巨大的内存被分配到了磁盘存储器上,操作系统在需要的时候,自动把进程块装入主存,这就称为虚拟内存(virtual memory),简称虚存。基于分页或者分页和分段的虚拟内存已经成为当代操作系统的一个基本构件。

虚拟内存的基本思想是:每个程序拥有自己的地址空间,这个空间被分割成多页(page)。每一页有连续的地址范围。这些页被映射到主存,但不是所有的页都必须在内存中才能运行。当程序引用的一部分在内存中,由硬件立刻执行。当程序引用的一部分不在内存中,由操作系统负责将缺失的部分装入内存并重新执行。

那么在虚拟存储实现的过程中,一个程序只将部分程序块装入内存到底是否可行?通过众多操作系统的经验,在任何一段很短的时间内,执行通常局限在很小的一段子程序中,并且可能仅仅会访问个别数据。这样,如果在程序被挂起或换出前仅仅使用了一部分进程块,那么将该进程中太多的块装入主存,显然会带来浪费。

因此,在任何时刻,任何一个进程只有一部分位于主存中,这样可以在主存中保留更多的进程。在稳定状态,几乎所有的主存空间都被进程块所占据,处理器和操作系统可以直接访问尽可能多的进程。当操作系统读取一块时,它必须把另一块扔出。但是,如果一个进程块在正好将要被用之前扔出,操作系统又不得不把刚扔出的进程块装入,太多类似的操作会导致系统抖动(thrashing)。

这类情况类似于局部性原理(principle of locality),假设在很短时间内仅需要访问进程的一部分是合理的,同时还需要根据最近的历史对不远的将来可能会访问的块进行猜测,从而避免系统抖动。

为了使虚拟存储得到比较高效的使用,操作系统中必须有管理页或段在主存与辅助存储器之间移动的软件。

5.3.2 虚拟页式存储管理

假设执行一条指令:

```
MOV REG,1000
```

它把地址为1000的单元的内容复制到REG中。由指令产生的这些地址称为虚拟地址

(virtual address),它们构成了一个虚拟地址空间(virtual space)。在没有使用虚拟内存的情况下,系统直接将虚拟地址传送到内存总线上,读写操作使用具有同样地址的物理内存;在使用虚拟内存的情况下,虚拟地址不是被直接送到内存总线上,而是被送到内存管理单元(Memory Management Unit,MMU),MMU 再把虚拟地址映射为物理内存地址,其过程已经在 5.2 节中的动态页式管理中描述,如图 5-11 所示。

虚拟地址空间按照固定大小划分为页,在物理内存中对应的单元称为块。页和块的大小通常是一样的。现有的系统中常用的页大小一般为 512B～64KB。

考虑基于分页的虚拟内存方案时,与简单分页方案中一样需要页表,每个进程都有一个唯一的页表,但在虚拟内存的分页中页表项更复杂,如图 5-17 所示。

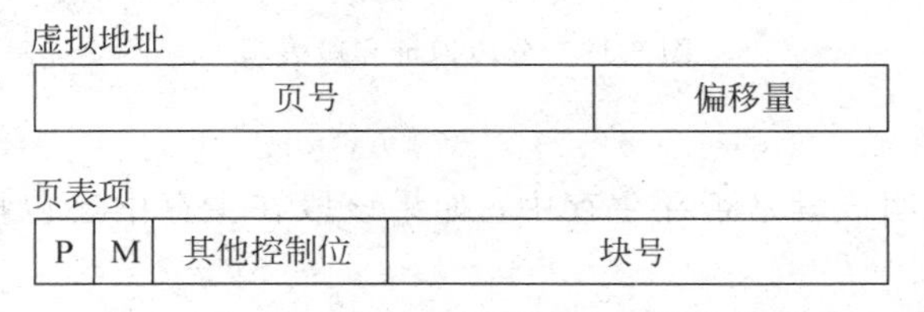

图 5-17　典型的虚拟内存分页

虚拟地址又称为逻辑地址,由页号和偏移量组成,而物理地址由块号和偏移量组成。假设页号的长度为 n 位,块号的长度为 m 位,一般情况,页号域大于块号域($n>m$)。

因为一个进程可能只有一部分页在主存中,所以每一页中有一个标志位 P 为存在位,用于表示它所对应的页是否在主存中。如果该页在主存中,则页表项中还包括该页的块号。另一个标志位 M 为修改位,用以表示相应页的内容从上一次装入主存到现在是否已经改变。如果没有改变,该页被换出时,不需要更新;如果已经改变,该页被换出时,要使用块中的内容更新该页的内容。其他的控制位,可以提供页一级的保护或共享等功能。

分页系统中虚拟地址到物理地址的转换过程与 5.2.4 节实存管理中分页管理的地址转换过程相同,见图 5-7。需要注意的是,由于页表的长度依据进程的长度而不同,因而没有必要在寄存器中保存页表的长度,只需要知道页表保存在主存中的位置并且可以访问它。

了解了虚拟存储的分页系统的基本原理后,还有两个要考虑的主要问题:

(1) 虚拟地址到物理地址的映射速度必须非常快;

(2) 如果虚拟地址空间很大,页表也会很大。

第一个问题是因为每次访问内存都必须进行虚拟地址到物理地址的映射。所有的指令最终都必须来自内存,同时很多指令使用的操作数也可能来自内存。所以,每执行一条指令都要访问页表一次或多次。根据操作系统实际使用的经验,如果执行一条指令需要 1ns,页表查询必须在 0.2ns 内完成,否则地址映射会成为影响系统执行效率的主要瓶颈。

第二个问题来自现代计算机至少使用 32 位虚拟地址,而且 64 位地址越来越普遍。假设页长为 4KB,32 位地址空间将被分割成 100 万页,那么页表中也会有 100 万条页表项。如果地址空间再不断增大,那产生的页数以及页表则大得惊人。

5.3.3　虚拟段式存储管理

虚拟存储的分页系统,是将内存分割成大小相等的块。与其对应,分段系统允许程序员把内存看成由若干个地址空间或段组成的，这里段的大小是不相等的，并且是动态的。程序员不一定知道一个特定的数据结构会变得多大，使用段式虚存，可以为这个数据结构动态地分配段的大小，操作系统可以根据实际情况扩大或缩小这个段。

虚拟地址由段号和偏移量组成。基于分段的虚拟内存仍然要设计段表，而且每个进程都有一个唯一的段表，段表项的结构如图 5-18 所示。

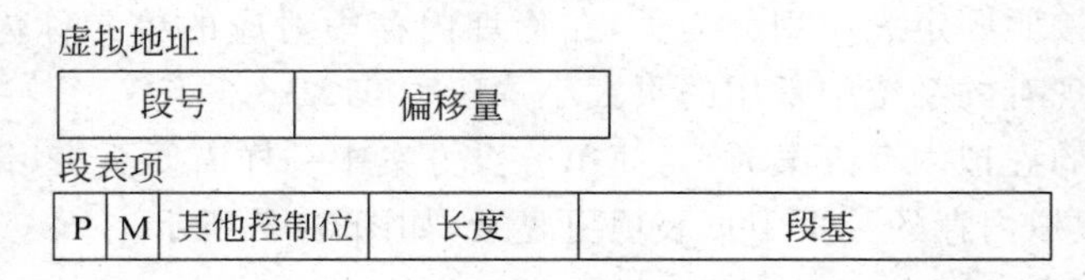

图 5-18 分段地址和段表项

段表项内容如下：

- 存在位 P。表明该段是否在主存中；如果该段在主存中还包括该段的起始地址和长度。
- 修改位 M。表明相应的段从上一次被装入主存到目前为止其内容是否被更改；如果该段没有被更改，换出时就不需要写回。
- 其他控制位。在段级管理保护或共享。

虚拟存储的分段系统需要使用段表将由段号和偏移量组成的虚拟地址转换为物理地址。根据进程的大小，段表的长度可变，访问段表时它必须在主存中。因此，需要一个寄存器为进程保存段表的起始地址。使用段表的起始地址和段号组合，检索段表可以查找该段起始位置对应的主存地址；再使用这个地址与虚拟地址中的偏移量组合，产生需要的物理地址。其过程与 5.2.5 节中实存管理的分段存储管理的地址转换过程相同，如图 5-12 所示。

段式虚拟存储便于实现保护与共享。由于每个段表项包括一个长度和一个段的基地址，因而程序不会不经意地访问超出该段的主存单元。为了实现共享，一个段对应的段表项可能出现在多个进程的段表中。当然，在分页系统中也可以使用同样的机制进行块的共享。

虚拟存储的分页和分段各有优点。分页系统对程序员是透明的，它有利于消除内部碎片，可以更有效地使用内存。另外，块的大小相等而且固定，程序员可以开发出更有效的存储管理算法。分段系统对程序员是可见的，可以自定义分段的大小以及根据进程动态修改分段大小的能力。为了把二者的优点结合起来，可以配备特殊的硬件和操作系统同时支持这两者。

5.3.4 虚拟段页式存储管理

在分页和分段相结合的系统中，用户的地址空间首先被分割成若干段。每个段依次划分为固定大小的页，页的长度等于主存中块的大小。如果某一段的长度不足一页，则该段也占据一页。因此，设计虚拟地址由段号、页号和页偏移量组成。图 5-19 给出了段页式虚拟存储的地址以及段表项和页表项的格式。

其中，段表项中包含段的长度和段基，现在段基域指向一个页表。注意，这时段表项中不需要存在位 P 和修改位 M，因为和它们相关的问题（是否在主存中以及是否被修改过）将

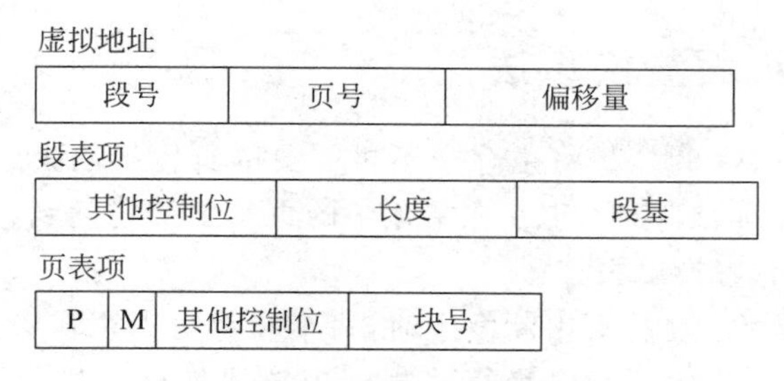

图 5-19 分段和分页相结合

在页级处理。页表项的内容和纯粹的分页系统中的页表项相同。如果某一个块在主存中，则它的页号通过页表映射到相应的块号。修改位表明某页被换出时是否需要写回。段表项和页表项中都有一些其他控制位用于管理保护和共享。

虚拟段页式存储中每一个进程使用一个段表和一些页表(每个段对应一个页表)。当一个进程运行时,需要一个寄存器记录该进程段表的起始地址。根据输入的虚拟地址,使用段号检索段表以寻找该段对应的页表。然后使用虚拟地址中的页号检索页表,再根据标志位P判断是否可以查找到相应的块,还是需要装入页。其过程与5.2.6节中实存管理的段页式存储管理的地址转换过程相同。

5.4 页面置换算法

在虚拟存储机制中会发生缺页中断,这时,操作系统必须在内存中选择一个页将其换出,以便为即将调入的页腾出空间。如果将要被换出的页在内存中运行时已经被修改,那么在将其换出时一定要将修改过的页写回磁盘,以保证磁盘上副本的一致性。如果将要被换出的页没有被修改过,那么不用写回磁盘,直接用即将调入的页将其覆盖即可。

当发生缺页中断时,到底应该选择哪个页换出?最先想到也是最简单的方法是随机选择一个页进行置换。但是,如果每次都选择的是不经常使用的页,会提升系统性能。如果选择置换的是频繁使用的页,很可能它被换出后很短时间内又要被调入内存,这样会降低系统性能。这样,就需要对页置换算法进行深入的研究。

在研究页面置换算法之前,必须搞清楚一个概念。当需要从内存中置换出某个页时,被置换出的页是否必须是缺页进程本身的页?换句话说,当前进程运行时需要调入一个页,这时被置换的页是否必须属于该进程,还是可以置换另外一个进程的某个页?在实际的操作系统中,被置换的页既可以是缺页进程本身的页,也可以是另外一个进程的页。但是,前一种情况可以把每一个进程限定在固定的页数内。

在这里还要指出,“页面置换”问题除了在虚拟存储问题中出现,在计算机的其他领域也同样会发生。例如,在计算机设计过程中,可以适当使用高速缓存保存一些数据来提高系统运行的速度。那么当高速缓存存满数据之后,必须选择丢掉一些数据来存放新产生的数据。另外一个例子是Web服务器。服务器可以把一定数量经常访问的Web页存放在高速缓存中。但是,当高速缓存存满后并且要访问一个不在高速缓存中的页时,就必须置换高速缓存中的某个Web页。

5.4.1 最优页面置换算法

最优页面置换算法(OPT),是将主存中不再需要的页置换出去。但是,如果这样的页不存在,也就是说在以后的运行中,现在在主存中的页都要被访问到,那么就选择最长时间不需要被访问的页,将它置换出去。

该运算是这样工作的:在缺页中断发生时,每个页都可以用在该页首次被访问前所要执行的指令数作为标记,最优页面置换算法规定应该置换标记最大的页。如果一个页在100万条指令内不会被使用,另一个页在150万条指令内不会被使用,根据最优页面置换算法置换后一个页。所以该算法是把因需要调入置换出的页而发生的缺页中断推迟到将来,越久越好。

这个算法的问题就是无法实现。当缺页中断发生时,操作系统无法知道各个页下一次将在什么时候被访问。所以,在实际操作系统中基本上不使用最优页面置换算法。而是,首先通过在仿真程序上运行程序,跟踪所有页的访问情况。然后通过最优页面置换算法对其他可实现算法的性能进行比较。

5.4.2 最近最少使用页面置换算法

最近最少使用页面置换算法基于这样一个假设,在前面几条指令中频繁使用的页很可能在后面的几条指令中被使用。反过来说,已经很久没有使用的页很可能在未来较长时间内仍然不会被使用。这个假设提出了一个可实现的算法,在缺页中断时,置换出未使用最长时间的页。这种策略称为LRU(Least Recently Used)页面置换算法。

LRU算法是基于OPT算法的一种观察,它和OPT算法比较:OPT算法是往后看,在未来的时间内哪个页最久没有被使用,就置换该页;而LRU算法是往前看,之前已经被访问过的页中哪个页最久没有被使用,就置换该页。

虽然LRU算法在理论上是可行的,但实现代价很高。为了完全实现LRU算法,需要在内存中维护一个所有页的链表,最近最多使用的页放在表头,最近最少使用的放在表尾。每次访问内存时都必须更新整个链表。在链表中找到一页,删除它,再把它移动到表头。

5.4.3 先进先出页面置换算法

先进先出页面置换算法(FIFO)中,先淘汰掉驻留在主存中时间最长的页,哪一个页最先装入主存,该页最先被置换。由操作系统维护一张所有当前在主存中的页的链表,最新进入的页放在链表尾部(自然最久进入的页被放在链表首部)。当发生缺页中断时,淘汰表头的页并将新调入的页添加到链表尾部。

在实际使用FIFO操作中,也可能被淘汰掉的页虽然进入主存时间最长,但是该页是经常被访问的,由于这一原因,很少使用纯粹的FIFO算法。

所以可以对FIFO算法做一个简单的修改。操作系统在页表项中为每一个页设置两个状态位。当页被访问(读或写)时设置R位(置为1);当页被修改时(写入)设置M位(置为1)。每次访问内存时更新这些标志位。在实现算法时,检查最老页(链表头部)的R位。如果R位为0,那么这个页既是最老的又是没有被使用的,可以立刻置换掉;如果R位为1,就将 R 位清 0 并将该页放到链表尾部，修改它的装入时间，使该页像刚装入一样，然后继续搜索置换页。这种算法称为第二次机会(second chance)算法。

实际上，第二次机会算法就是寻找一个最近的时钟间隔以来没有被访问过的页。如果所有页都被访问过了，该算法就简化为 FIFO 算法。

5.4.4 时钟页面置换算法

尽管第二次机会算法是一个比较合理的算法，但它要经常在链表中移动页，这降低了系统效率。可以将所有页都保存在一个类似钟面的环形链表中，一个指针指向最老的页。

当发生缺页中断时，算法首先检查指针指向的页，如果它的 R 位是 0 就淘汰该页，并将新的页插入到这个位置，然后把指针前移一个位置；如果 R 位是 1 就清除 R 位并把指针前移一个位置，重复这个过程直到找到一个 R 位为 0 的页为止。该算法称为时钟(CLOCK)算法。

【例 5-1】 在一个使用局部置换策略的分页系统中，分配给某个作业的主存块个数为 4，其中存放的 4 个页的情况如表 5-6 所示。

表 5-6 页面分配情况表

块号	页号	装入时间	最后一次访问时间	R	M
0	2	60	157	0	1
1	1	160	161	1	0
2	0	26	158	0	0
3	3	20	163	1	1

表中所有数字均为十进制，所有时间都是从进程开始运行时，从 0 开始计数的时钟数，如果系统将要访问的页是 73503162013，采用下列置换算法，第一次将选择哪一页进行换出？

(1) OPT (2) LRU (3) FIFO (4) CLOCK

【解答】

(1) OPT：当访问页 7 时，根据将来要访问的页序列，检索页表中哪一个页被访问的时间最靠后，首先是 3，其次是 0，再次是 1，最后是 2，所以被换出的页为 2。

(2) LRU：根据最后一次访问的时间，计算出哪个页是被访问最久的，得出页 2 最后访问的时间最小，即最久未被访问，页 2 被换出。

(3) FIFO：根据装入顺序，建立链表的顺序为 3021，故而替换出最早装入的页 3。

(4) CLOCK：首先根据装入顺序，建立环形链表，指针从页 3 开始；页 3 的 R 位为 1，将 R 位修改为 0，然后指向下一页页 0；R 位为 0，使用页 7 将其替换，换出的页为 0。

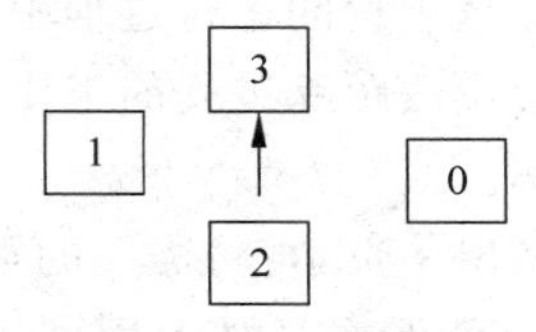

【例 5-2】 在一个虚拟分页存储系统中，一个作业的页走向是 4、3、2、1、4、3、5、4、3、2、

1、5，当分配给该作业的物理块为 3 块，试计算采用下述页置换算法时的缺页率（假设进程开始执行时主存中没有页）：

（1）OPT （2）LRU （3）FIFO

【解答】

表 5-7～表 5-9 分别表示了 OPT、LRU、FIFO 算法的缺页情况，“—”表示缺页中断。

表 5-7 OPT 算法缺页情况

走向	4	3	2	1	4	3	5	4	3	2	1	5
块 0	4	4	4	4			4			***2***	2	
块 1		3	3	3			3			3	***1***	
块 2			2	***1***			***5***			5	5	
OPT	—	—	—	—			—			—	—	

缺页率：7/12

表 5-8 LRU 算法缺页情况

走向	4	3	2	1	4	3	5	4	3	2	1	5
块 0	4	4	4	***1***	1	1	***5***			***2***	2	2
块 1		3	3	3	***4***	4	4			4	***1***	1
块 2			2	2	2	***3***	3			3	3	***5***
LRU	—	—	—	—			—			—	—	—

缺页率：10/12

表 5-9 FIFO 算法缺页情况

走向	4	3	2	1	4	3	5	4	3	2	1	5
块 0	4	4	4	***1***	1	1	***5***			5	5	
块 1		3	3	3	***4***	4	4			***2***	2	
块 2			2	2	2	***3***	3			3	***1***	
顺序	4	43	432	321	214	143	435			352	521	
FIFO	—	—	—	—		—	—			—	—	

缺页率：9/12

5.4.5 抖动和工作集

一个进程当前正在使用的页的集合称为它的工作集（working set）。显然，如果整个工作集都被装入到内存里，那么进程在运行到下一个阶段之前，不会产生很多缺页中断。但若内存太小而无法装下整个工作集，那么进程的运行过程中会产生大量缺页中断，导致运行速度变得很慢。所以，不少分页系统会设法跟踪进程的工作集，以确保进程的工作集已在内存中，其目的就是大大减少缺页中断率。

当内存已满的情况下，必须先换出一页，再将需要的页调入。该调出哪一页取决于使用哪种页置换算法。如果本次调出一页，下次又马上用到该页，这样会导致频繁的页调出调入，系统会无法正常工作，这种现象叫做系统抖动。所以，要选择合适的页面置换算法，减少或避免系统抖动。

5.4.6 局部分配策略和全局分配策略

上面讨论了在发生缺页中断时如何来选择被置换的页，那么被选择的这个页与准备装入的页是否应属于同一个进程，还是属于不同进程，怎样在相互竞争的可运行进程之间分配内存，则是本节要讨论的内容。

图 5-20(a)给出了一个例子，3 个进程 A、B、C 构成了可运行的进程的集合。

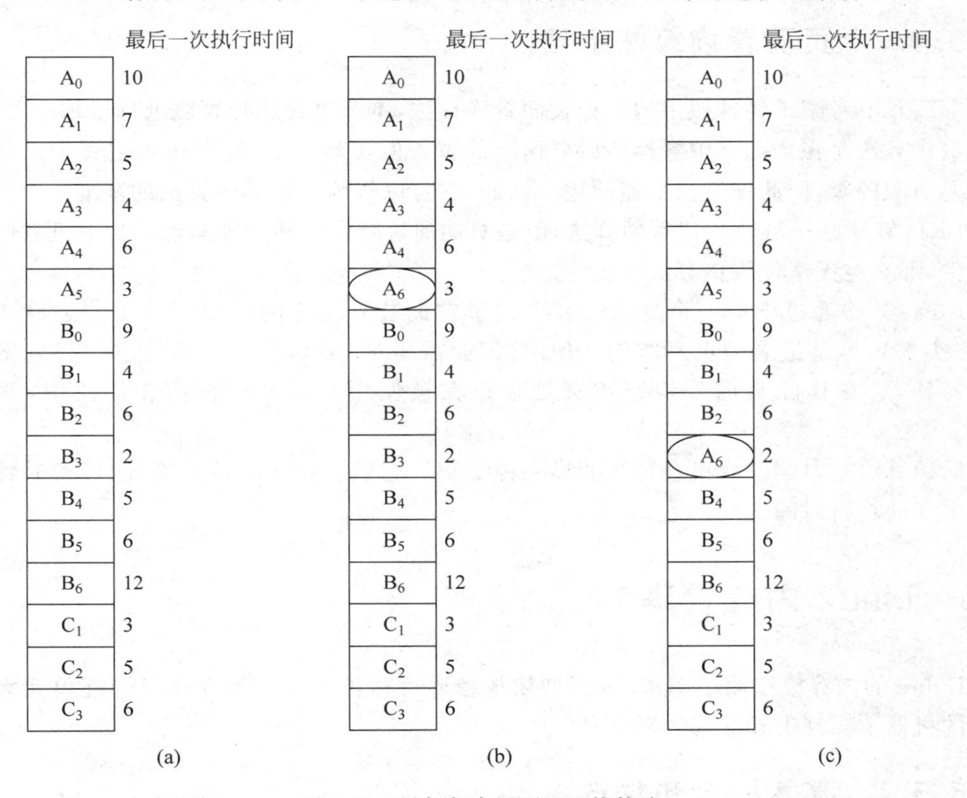

图 5-20 局部与全局页面置换策略

假如 A 发生缺页中断，页面置换使用 LRU 算法，那么是只考虑分配给进程 A 的 6 个页，还是考虑所有存在于内存中的页？

如果只考虑分配给 A 的页，其中最近最少使用的页为 A_5，于是得到图 5-20(b)的状态。

另一方面，如果不管属于哪个进程，在内存的所有页中选择最近最少使用的页，则选中页 B_3，于是得到图 5-20(c)的状态。

图 5-20(b)表示的第一种情况称为局部页面置换策略，而图 5-20(c)表示的第二种情况称为全局页面置换策略。局部策略可以有效地为每个进程分配固定的内存片段。全局策略在可运行进程之间动态地分配物理块，因此分配给每个进程的物理块的数目是随时间变化的。

通常情况下，全局策略比局部策略工作得好，尤其是当工作集的大小随进程运行时间发生变化时，这种优势更加明显。如果使用局部策略，即使有再多的空闲块，工作集的增长也会增加抖动现象；工作集的减少会造成主存的浪费。如果使用全局策略，系统必须不断给每个进程分配物理块。

一种方法是监测工作集的大小，另一种方法是使用一个为进程分配物理块的算法。可以定期确定进程运行的数目并为它们分配等额的物理块，也可以根据进程的大小按比例为其分配页，该分配必须在程序运行时动态更新。

值得注意的是，一些页面置换算法既适用于局部置换算法，又适用于全局置换算法。而有些页面置换算法，只有采用局部策略才有意义。

5.4.7 页面置换算法小结

上面几节考察了经常使用的几种页面置换算法，本节将对这些算法进行小结。

最优算法是在当前页中置换最后要访问的页。但实际上，没有办法判定哪个页是最后一个要访问的页，因此该算法不能使用。然而，它可以作为衡量其他算法的基准。

LRU 算法是一种非常优秀的算法，但是只能通过特定的硬件来实现。如果机器中没有该硬件，那么也无法使用该算法。

FIFO 算法通过维护一个页的链表来记录它们装入主存的顺序。淘汰的是最老的页(链表头部)，但是最老的页可能仍在使用，因此需要对 FIFO 算法进行改进。得到第二次机会算法，它在移除页前先检查该页是否正在被使用。如果该页正在被使用，就保留该页。

时钟算法是对第二次机会算法的另一种实现。它们有相同的性能特征，而且时钟算法需要更少的执行时间。

5.5 Linux 内存管理

Linux 的内存模型简单明了，该模型使得程序可移植并且能够在内存管理单元大小不相同的机器上实现 Linux。

5.5.1 基本概念和特点

每个 Linux 进程都有一个地址空间，逻辑上由 3 段组成：代码段、数据段和堆栈段。Linux 中存储管理技术采用的是段页式虚拟存储技术。它将进程中的 3 部分分成若干“段”处理。Linux 中的段表，每个段有一个 8B 的段表项，由该段的起始地址、长度和存取权限等构成。在 CPU 中通过一个寄存器，指出段表的起始位置。

在创建一个新进程时，仅分配两页物理块。一页用作新进程的进程控制块(PCB)，另一页用作新进程的核心栈。

Linux 新建的子进程只从父进程那里复制页表给子进程，而不复制父进程所访问的页内容。

Linux 对数据段和堆栈段采用写时复制的方法。当一个进程要将数据写到当时共享数据或堆栈页时，才将父进程的一页复制过来，并修改页表，每个进程都有这一页的副本。这样一个进程的写操作不会影响另一个进程。

Linux 采用了一系列与高速缓存有关的存储管理技术：buffer cache、页缓存(page cache)、交换缓存(swap cache)和硬件缓存(hardware cache)等。

5.5.2 Linux 内存管理基本思想和实现

Linux 是一个多任务操作系统，即系统中同时存在着许多程序的进程。为了节省内存空间，使更多的进程有内存可用，Linux 采用虚拟存储技术，它使进程不必担心内存是否有空闲，也不必考虑周围有其他进程存在而引起内存容量增加带来的麻烦，它能够同时运行比实际内存所能容纳得更多的进程。

32 位机器上的每个 Linux 进程通常有 3GB 的虚拟地址空间，还有 1GB 留给其页表和其他内核数据。在用户态下运行时，内核的 1GB 是不可见的，但是当进程陷入内核时是可访问的。

为了使分页机制在 32 位和 64 位体系结构下高效工作，Linux 采用了一个四级分页策略。最初使用三级分页策略，在 Linux 2.6.10 之后加以扩展，并且从 2.6.11 版本以后使用一种四级分页策略。每个虚拟地址划分为 5 个域，如图 5-21 所示。类似地，在需要的时候可以使用三级分页，此时把上级目录域的大小设置为 0 就可以了。

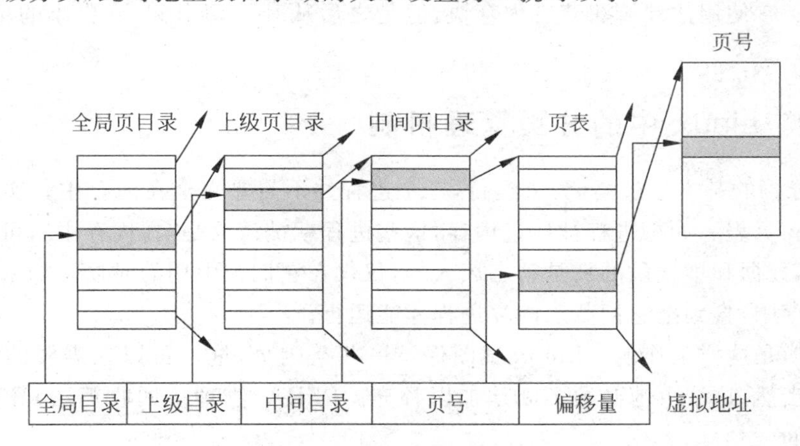

图 5-21 Linux 使用四级页表

Linux 支持多种内存分配机制。分配物理块的主要机制是块分配器，它使用了著名的伙伴算法。

管理一块内存的基本思想为，刚开始，内存由一片连续的片段组成，在图 5-22(a)的简单例子中是 64 个页。当一个内存请求到达时，首先将其舍入到 2 的幂，比如 8 个页。然后整个内存块被分割成两半，如图 5-22(b)所示。因为这些片段还是太大了，较低的片段被再次二分，如图 5-22(c)所示，然后再二分，如图 5-22(d)所示。现在有一块大小合适的内存，因此把分配给请求者。

现在假定 8 个页的第二个请求到达了。这个请求有图 5-22(e)所示内存分块可直接满足，此时 4 个页的第三个请求到达了。最小可用的块被分割，如图 5-22(f)所示，然后其一半被分配，如图 5-22(g)所示。接下来，8 页的第二块被释放，如图 5-22(h)所示。最后，8 页的另一块也被释放。因为刚刚释放的两个邻接的 8 页块来自同一个 16 页块，它们合并起来得到一个 16 页的块，如图 5-22(i)所示。

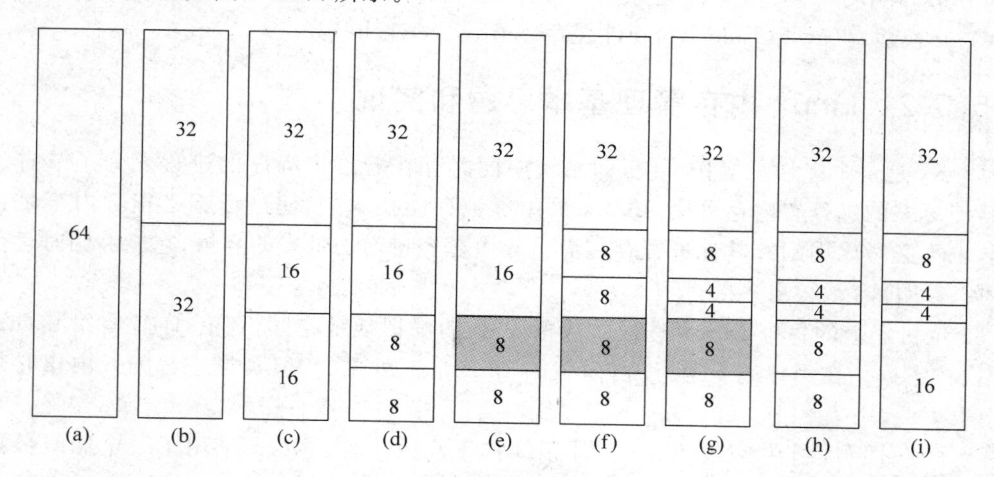

图 5-22 伙伴算法的操作

这个算法导致了大量的内部碎片，为了缓解这个问题，Linux 另有一个内存分配器——slab 分配器。它使用伙伴算法获得内存块，但是之后从其中切出 slab(更小的单元)并且分别进行管理。

5.5.3 Linux 中的分页管理机制

Linux 分页的基本思想是，为了运行，一个进程并不需要完全在内存中。实际上需要的是用户结构和页表。如果进程被换进内存，这些进程就被认为是"在内存中"，可以被调度运行了。代码、数据和堆栈段的页是动态载入的，仅仅在它们被引用的时候。如果用户结构和页表不在内存中，直到把它们载入内存进程才能运行。

页面替换是这样工作的。Linux 试图保留一些空闲页，这样可以在需要的时候分配这些空闲页。当然，这个页池必须不断地加以补充。PFRA(物理块回收算法)算法展示了它是如何发生的。

首先，Linux 区分 4 种不同页：不可回收(unreclaimable)页、可交换的(swappable)页、可同步的(syncable)页、可丢弃的(discardable)页。不可回收页包括保留或者锁定页、内核态栈等不会被换出的页。可交换页必须在回收之前写回到交换区或者分页磁盘分区。可同步的页如果被标记为 dirty 就必须要写回磁盘。最后，可丢弃的页可以被立即回收。

5.5.4 Linux 中的虚存段式管理机制

Linux 虚拟存储管理的分段机制就是将线性地址空间分段，利用这些段来存储代码和数据，通过对段的保护来提供一种对数据或代码的保护。根据每个段的作用和存储内容的不同，分为 3 类进程段，代码段、数据段和堆栈段；两类系统段，TSS 段(任务状态段)和 LDT 段(局部描述符表段)。

在保护模式下，逻辑地址空间可达 4GB。从逻辑地址到线性地址的转换由分段机制管理。段寄存器 CS、DS、ES、SS、FS 或 GS 标识一个段。这些段寄存器作为段选择器，用来选择该段的描述符。

进程使用的是48位的逻辑地址，其中高16位是段选择符，低32位是段内的偏移量。通过段选择符在GDT(全局描述符表)或LDT(局部描述符表)中索引相应的段描述符，以得到该段的基地址，再加上偏移量得到逻辑地址对应的线性地址。然后通过分页地址的转换，将线性地址转换为物理地址，最后通过物理地址访问内存。图5-23即为分段逻辑地址到线性地址的转换图。

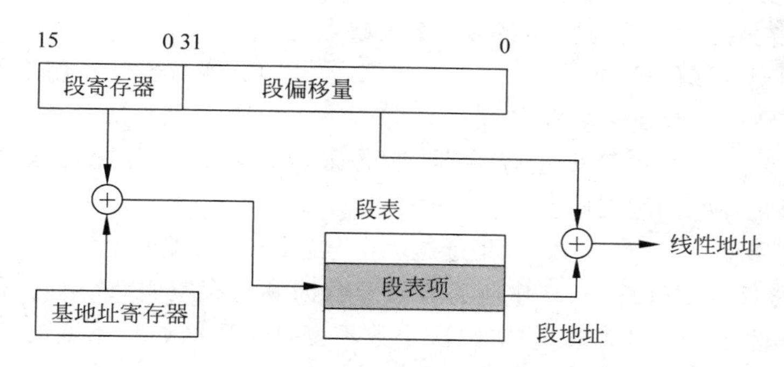

图5-23 分段逻辑地址映射到线性地址

本章小结

本章考察存储管理。最简单的系统中根本没有任何交换或分页。一旦一个程序装入内存，它将一直在内存中运行直到完成。一些操作系统在同一时刻只允许一个进程在主存中运行，而另一些操作系统支持多道程序。

在多道程序系统中，通过交换技术可以同时运行总主存占用超过物理主存大小的多个进程。如果一个进程没有主存空间可用，它将会被换到磁盘上。

现代计算机中大都通过某种形式的虚拟内存实现交换技术。最简单的虚拟存储，每个进程的地址空间被划分成同等大小的块，称为页，页可以被放入物理主存中任何可用的块中。

进一步可以使用分段虚拟存储，它可以帮助处理在执行过程中大小有变化的数据结构，并能简化保护和共享。有时，可以把分页和分段结合，以提供一种二维的虚拟存储。

当内存已经被多道进程占满后，需要将物理主存中的块换出，然后换入需要的页，有多种页面置换算法。在分页系统中，还要考虑页大小的确定、存储器分配策略、工作集的确定等。

习题5

一、单项选择题

1. 要保证一个程序在主存中被改变了存放位置后仍能正确执行，则对主存空间应采用________技术。

A. 动态重定位　　B. 静态重定位　　C. 动态分配　　D. 静态分配

2. 固定分区存储管理把主存储器划分成若干个连续区，每个连续区称一个分区。经划分后分区的个数是固定的，各个分区的大小________。

A. 是一致的
B. 都不相同
C. 可以相同，也可以不相同，但根据作业长度固定
D. 在划分时确定且长度保持不变

3. 采用固定分区方式管理主存储器的最大缺点是________。

A. 不利于存储保护　　B. 主存空间利用率不高
C. 要有硬件的地址转换机构　　D. 分配算法复杂

4. 采用可变分区方式管理主存储器时，若采用最优适应分配算法，宜将空闲区按________次序登记在空闲区表中。

A. 地址递增　　B. 地址递减　　C. 长度递增　　D. 长度递减

5. 在可变分区存储管理中，某作业完成后要收回其主存空间，该空间可能要与相邻空闲区合并。在修改未分配区表时，使空闲区个数不变且空闲区始址不变的情况是________空闲区。

A. 无上邻也无下邻　　B. 无上邻但有下邻
C. 有上邻也有下邻　　D. 有上邻但无下邻

6. 在可变分区存储管理中，采用移动技术可以________。

A. 汇集主存中的空闲区　　B. 增加主存容量
C. 缩短访问周期　　D. 加速地址转换

7. 页式存储管理中的页表是由________建立的。

A. 操作员　　B. 系统程序员　　C. 用户　　D. 操作系统

8. 采用页式存储管理时，重定位的工作是由________完成的。

A. 操作系统　　B. 用户
C. 地址转换机构　　D. 主存空间分配程序

9. 采用段式存储管理时，一个程序如何分段是在________决定的。

A. 分配主存时　　B. 用户编程时
C. 装入作业时　　D. 程序执行时

10. 采用段式存储管理时，一个程序可以被分成若干段，每一段的最大长度是由________限定的。

A. 主存空闲区的长度　　B. 硬件的地址结构
C. 用户编程时　　D. 分配主存空间时

11. 实现虚拟存储器的目的是________。

A. 扩充主存容量　　B. 扩充辅存容量
C. 实现存储保护　　D. 加快存取速度

12. LRU 页面调度算法是选择________的页先调出。

A. 最近才使用　　B. 很久未被使用
C. 驻留时间最长　　D. 驻留时间最短

13. 若进程执行到某条指令时发生了缺页中断，经操作系统处理后，当该进程再次占用

处理器时，应从________指令继续执行。

A. 被中断的前一条　　B. 被中断的后一条

C. 被中断的　　D. 开始时的第一条

14. 下面的存储管理方案中，________方式可以采用静态重定位。

A. 固定分区　　B. 可变分区　　C. 页式　　D. 段式

15. 系统抖动现象的发生是由________引起的。

A. 置换算法选择不当　　B. 交换的信息量过大

C. 内存容量不足　　D. 请求页式管理方案

16. 在可变式分区存储管理中的紧凑技术可以________。

A. 集中空闲区　　B. 增加主存容量

C. 缩短访问时间　　D. 加速地址转换

17. 在存储管理中，采用覆盖与交换技术的目的是________。

A. 减少程序占用的主存空间　　B. 物理上扩充主存容量

C. 提高 CPU 效率　　D. 代码在主存中共享

18. 采用段式存储管理的系统中，若地址用 24 位表示，其中 8 位表示段号，则允许每段的最大长度为________。

A. 2 的 24 次方　　B. 2 的 16 次方

C. 2 的 8 次方　　D. 2 的 32 次方

19. 在请求分页存储管理中，若采用 FIFO 页面置换算法，则当分配的页数增加时，缺页中断的次数________。

A. 减少　　B. 增加

C. 无影响　　D. 可能增加也可能减少

20. 下述________页面置换算法会产生 Belady 现象。

A. 先进先出　　B. 最近最少用

C. 最不经常使用　　D. 最佳

二、多项选择题

1. 采用________管理方式时应使作业使用的逻辑地址空间和占用的绝对地址空间都是连续的。

A. 固定分区　　B. 可变分区　　C. 页式　　D. 段式

E. 段页式

2. 可实现虚拟存储器的存储管理方式有________。

A. 固定分区　　B. 可变分区　　C. 页式　　D. 段式

E. 段页式

3. 页式存储管理与段式存储管理的共同点是________。

A. 逻辑地址都是连续的

B. 都采用动态重定位

C. 作业信息均可分散存放在不连续的主存区域中

D. 如何分页和分段都由用户确定

E. 均要由地址转换机构作支撑

4. 实现虚拟存储器后,可以________。

A. 提高主存空间利用率

B. 减少系统开销

C. 允许逻辑地址空间大于主存实际容量

D. 缩短作业的执行时间

E. 有利于多道程序设计

三、填空题

1. 把________地址转换成________地址的工作称为重定位。

2. 重定位的方式可以有________和________两种。

3. 用户程序中使用的地址被称为________地址,但处理器必须按________访问主存储器才能保证程序的正确执行。

4. 采用动态重定位时一定要有硬件的________机构支持。

5. 采用________重定位时不允许作业在执行过程中改变存放区域。

6. 在可变分区存储管理中采用________技术可集中分散的空闲区。

7. 可变分区存储管理中常用的分配主存的算法有________、________和________。

8. 采用页式存储管理时,程序中的逻辑地址可分成________和________两部分。

9. 页式存储管理中的页表是由________建立的。

10. 采用页式存储管理的系统中,若逻辑地址中的页号用 8 位表示,页内地址用 16 位表示,则用户程序的最大长度可为________B,主存分块大小为________B。

11. 若段式存储管理中供用户使用的逻辑地址为 24 位,其中段内地址占用 16 位,则用户程序最多可分为________段。当把程序装入主存时,每段占用主存的最大连续区为________B。

12. 若允许用户使用的逻辑地址空间大于主存储器的绝对地址空间,则应采用________存储管理技术。

四、问答题

1. 解释下列术语:逻辑地址;绝对地址;地址转换。

2. 什么叫重定位?重定位的方式有哪两种?比较它们的不同。

3. 比较固定分区、可变分区和页式存储管理的优缺点。

4. 页式存储管理中为什么要设置页表?

5. 页式存储管理中页大小是根据什么决定的?页表的长度又是根据什么决定的?

6. 叙述页式存储管理中地址转换过程。

7. 什么叫虚拟存储器?

8. 叙述页式存储管理实现虚拟存储器的基本思想。

9. 什么叫"抖动"?怎样衡量页面调度算法的好坏?

10. 某采用页式存储管理的系统,接收了一共 7 页的作业,作业执行时依次访问的页为 1、2、3、4、2、1、5、6、2、1、2、3、7。若把开始 4 页先装入主存,若分别用先进先出(FIFO)调度算法和最近最少用(LRU)调度算法,作业执行时回产生多少次缺页中断?写出依次产生缺页中断后应淘汰的页。

11. 设有一页式存储管理系统,向用户提供的逻辑地址空间最大为 16 页,每页 2048B,

内存总共有 8 个存储块，试问逻辑地址至少应为多少位？内存空间有多大？

12. 假定某页式系统，主存为 64KB，分成 16 块，块号为 0、1、2，…，15。设某作业有 4 页，其页号为 0、1、2、3，被分别装入主存的 2、4、1、6 块。试问：

(1) 该作业的总长度是多少 B？

(2) 写出该作业每一页在主存中的起始地址。

(3) 若给出逻辑地址[0,100]、[1,50]、[2,0]、[3,60]，请计算出响应的内存地址。

13. 某虚拟存储器的用户空间共有 32 个页，每页 1KB，主存 16KB。假定某时刻，系统为用户的第 0、1、2、3 页分配的物理块号分别为 5、10、4、7。有人将虚拟地址 0A6F(十六进制数)变换成物理地址 125C(十六进制数)，对吗？为什么？

14. 在一个请求页式系统中，假如一个作业的页走向为 5、1、2、3、4、5、3、4、1、2、3、4；分配给该作业的物理块数 M 为 3(初始为空，第一次缺页即算缺页次数)。计算采用 OPT、FIFO、LRU 页面置换算法，在访问过程中所发生的缺页次数和缺页率。

15. 在采用分页存储管理系统中，地址结构长度为 18 位，其中 11～17 位表示页号，0～10 位表示页内位移量。若有一作业的各页依次放入 2、3、7 号物理块中，试问：

(1) 主存容量最大可为多少 KB？分为多少块？每块有多大？

(2) 逻辑地址 1500 应在几号页内？对应的物理地址是多少？

16. 在一个采用页式虚拟存储管理的系统中，有一用户作业，它依次要访问的字地址序列是 115、228、120、88、446、102、321、432、260、167。若该作业的第 0 页已经装入内存，现分配给该作业的主存共 300 字，页的大小为 100 字，请回答下列问题。

(1) 按 FIFO 调度算法将产生多少次缺页中断？缺页中断率为多少？

(2) 按 LRU 调度算法将产生多少次缺页中断？缺页中断率为多少？

习题 5 参考答案

一、单项选择题

1. A　2. D　3. B　4. C　5. D　6. A　7. D　8. C　9. B　10. B　11. A　12. B
13. C　14. A　15. A　16. A　17. A　18. B　19. D　20. A

二、多项选择题

1. AB　2. CDE　3. BCE　4. ACE

三、填空题

1. 逻辑地址，绝对地址
2. 静态重定位，动态重定位
3. 逻辑地址，绝对地址
4. 地址转换
5. 静态
6. 移动
7. 最先适应，最优适应，最坏适应
8. 页号，页内地址
9. 操作系统

10. 2^{24},2^{16}

11. 2^{8},2^{16}

12. 虚拟

四、问答题

1. **答**:逻辑地址。对于用户来说,他们无须知道自己的作业究竟是在主存的什么位置,他们可以认为自己的程序和数据就是放在从0地址开始一组连续的地址空间中,这个地址空间是程序用来访问信息所用的一系列连续地址单元的集合,该地址空间就是逻辑地址空间。逻辑地址空间中,地址单元的编号称为逻辑地址。

绝对地址。主存也被按照连续的存储单元进行编号,绝对地址空间就是主存中一系列连续存储信息的物理单元的集合,也称绝对地址空间为存储地址空间或物理地址空间。绝对地址空间中物理单元的编号称为绝对地址。

地址转换。由于一个作业装入到与其逻辑地址空间不一致的绝对地址空间,使得逻辑地址与绝对地址不同,而引起的对有关地址部分的调整,即逻辑地址转换成绝对地址的过程称为重定位,也称为地址转换。

2. **答**:由于一个作业装入到与其逻辑地址空间不一致的绝对地址空间,使得逻辑地址与绝对地址不同,而引起的对有关地址部分的调整,即逻辑地址转换成绝对地址的过程称为重定位,也称为地址转换。

重定位有静态和动态两种情况:所谓静态重定位是在装入一个作业的时候,把作业中的指令地址和数据地址全部一次性地转换成绝对地址。所谓动态重定位是由软件和硬件相配合来实现的。地址重定位不再是装入的时候一次完成了,而是设置一个基址寄存器,装入作业的时候,将作业在主存区域的首地址放入到基址寄存器中。作业执行的时候,由硬件的地址转换机构动态地对地址进行转换,执行指令的时候,只要将逻辑地址加上基址寄存器的内容,就得到了绝对地址。

静态重定位和动态重定位的不同在于:①静态重定位是在作业装入的时候一次完成,动态重定位是在作业执行时再实现的;②静态重定位是软件支持的,动态重定位是硬件和软件合作实现的;③静态重定位不能实现主存的移动,而动态重定位可以;④动态重定位还可能提供虚拟存储空间。

3. **答**:固定分区优点为:①能支持多道程序设计;②无须专门的硬件地址转换机构。缺点为:①主存利用率不算太高,分配中出现内部零头问题;②分区大小固定不灵活,不能为程序动态申请内存;③不具备虚拟存储能力。

可变分区优点为:①支持多道程序设计;②没有内部零头问题,主存利用率比固定分区高;③ 采用移动技术后可以满足正在执行的作业的主存扩充的要求。缺点为:①动态重定位和保护措施需要硬件机构支持,成本高;②由于有外部零头,所以主存利用率依然不算很高;③移动技术开销很大;④每次必须将作业完整调入并连续存放,主存利用率不高;⑤不具备虚拟存储能力。

页式存储管理优点为:①支持多道程序设计;②解决了外部零头问题,内部零头大大减少(一个作业平均只有50%页面大小的内部零头),主存利用率比较高;③用户作业无须在主存中连续存放,提高主存的利用率;④如果是分页虚拟存储管理,可以提供大容量的多个虚拟存储器,主存利用率更高了。缺点为:①动态重定位和保护措施需要硬件机构支持,成本高；②采用页表，占用了一部分主存空间和处理机时间；③分页虚拟存储管理中增加了缺页中断的处理，从而增加了系统开销。

4. **答**：因为页式管理时把作业分散在主存中的不连续块中存放，必须通过页表来建立逻辑地址中的页号到绝对地址中的块号的映射，作为硬件进行地址转换的依据。

5. **答**：页面的大小是由地址结构决定的。页表的长度是由作业的信息量决定的，作业有多少页，页表中就有多少个记录项。

6. **答**：首先，操作系统为每个作业创建一张页表，它建立了逻辑地址中的页号到绝对地址中的块号的映射。然后，借助于硬件地址转换机构，在作业执行过程中，每执行一条指令时，按逻辑地址中的页号查页表得到对应的块号，再根据公式"绝对地址＝块号×块长＋页内地址"换算出欲访问的主存单元的绝对地址。

7. **答**：根据程序执行的互斥性和局部性两个特点，我们允许作业装入的时候只装入一部分，另一部分放在磁盘上，当需要的时候再装入到主存，这样一来，在一个小的主存空间就可以运行一个比它大的作业。同时，用户编程的时候也摆脱了一定要编写小于主存容量的作业的限制。也就是说，用户的逻辑地址空间可以比主存的绝对地址空间要大。对用户来说，好像计算机系统具有一个容量很大的主存储器，称为"虚拟存储器"。

8. **答**：基本思想是，只需将作业的全部信息作为副本存放在磁盘上，作业被调度投入到运行时，至少把第一页信息装入主存储器，在作业执行过程中访问到不在主存储器的页的时候，再把它们装入到主存。

9. **答**：如果选用了一个不合适的调度算法，就会出现下面这样的现象。刚被淘汰了的页面又立即要用，又要把它调入进来，而调入不久又被调出，调出不久再次被调入，如此反复，使得调度非常频繁，以至于大部分时间都花费在来回调度上。这种现象叫"抖动"。一个好的调度算法应减少和避免抖动现象。

10. **答**：采用先进先出调度算法会产生 6 次缺页中断，依次淘汰的页是 1、2、3、4、5、6。采用最近最少用调度算法会产生 4 次缺页中断，依次淘汰的页是 3、4、5、6。

11. **答**：页式存储管理系统中的逻辑地址结构为，页号 P＋页内位移 W，即逻辑地址包含两部分，前一部分为页号 P，后一部分为页内位移 W。本题设定每页为 2048 字节，所以页内位移部分地址需要占 11 个二进制位，逻辑地址空间最大为 16 页，所以页号部分地址需要占 4 个二进制位，即逻辑地址至少应为 15 个二进制位。由于内存有 8 个存储块，而存储块大小与页面大小相等，故每块大小为 2KB(2048B)，即内存空间为 16KB。

12. **答**：(1)每块的大小为 64KB/16＝4KB，因为块的大小与页的大小相同，所以每页为 4KB，因此作业的总长度为 4KB×4＝16KB。

(2) 依题意得页表为：

页号	块号
0	2
1	4
2	1
3	6

所以，该作业各页在内存的起始地址如下：

第 0 页的起始地址为 4KB×2＝8KB；

第 1 页的起始地址为 4KB×4＝16KB；

第 2 页的起始地址为 4KB×1＝4KB；

第 3 页的起始地址为 4KB×6＝24KB。

(3) 逻辑地址[0,100]的内存地址为 4KB×2＋100B＝8192B＋100B＝8292B；

逻辑地址[1,50]的内存地址为 4KB×4＋50B＝16384B＋100B＝16434B；

逻辑地址[2,0]的内存地址为 4KB×1＋0B＝4096B；

逻辑地址[3,60]的内存地址为 4KB×6＋60B＝24KB＋60B＝24636B。

13. **答**：不对。

虚空间共 32 个页面，页大小为 1KB，所以虚地址共 15 位二进制长度。

0A6F 对应的二进制数为 000 10**10 0110 1111**；虚页号为 00010，即 2 号页面，对应的物理块号为 4，即 0100，因此，相应的物理地址为 0001 00**10 0110 1111**，即 126FH。

14. **答**：

采用 OPT 页面置换算法时，对应的页面置换情况如表 5-10 所示。

表 5-10　习题 5 问答题第 14 题表(1)

页面走向	5	1	2	3	4	5	3	4	1	2	3	4
物理块 0	5	5	5	5	5	5	5	5	1	2	2	2
物理块 1		1	1	1	4	4	4	4	4	4	4	4
物理块 2			2	3	3	3	3	3	3	3	3	3
缺页	缺	缺	缺	缺	缺				缺	缺		

由表 5-10 可知，在 OPT 算法中，缺页为 7，缺页率为 7/12。

采用 FIFO 算法时，对应的页面置换情况如表 5-11 所示。

表 5-11　习题 5 问答题第 14 题表(2)

页面走向	5	1	2	3	4	5	3	4	1	2	3	4
物理块 0	5	5	5	3	3	3	3	3	1	1	1	4
物理块 1		1	1	1	4	4	4	4	4	2	2	2
物理块 2			2	2	2	5	5	5	5	5	3	3
缺页	缺	缺	缺	缺	缺	缺			缺	缺	缺	缺

由表 5-11 可知，在 FIFO 算法中，缺页为 10，缺页率为 5/6。

在采用 LRU 算法时，对应的页面置换情况如表 5-12 所示。

表 5-12　习题 5 问答题第 14 题表(3)

页面走向	5	1	2	3	4	5	3	4	1	2	3	4
物理块 0	5	5	5	3	3	3	3	3	3	2	2	2
物理块 1		1	1	1	4	4	4	4	4	4	3	3
物理块 2			2	2	2	5	5	5	1	1	1	4
缺页	缺	缺	缺	缺	缺	缺			缺	缺	缺	缺

由表 5-12 可知，在 LRU 算法中，缺页为 10，缺页率为 5/6。

15. **答**：(1) 主存容量最大为 2^{18}，即 256KB，可分为 $2^{17-11+1}$ 块，即 128 块，每块大小为 2^{11}，即 2KB。

(2) 相对地址 1500 没有超出一页的长度，所以指令所在页号为 0 号。物理地址为 2×2028+1500=5596。

16. **分析**：由于作业的页面大小为 100 个字，因而主存块的大小也为 100 个字。现该作业可使用的主存空间共 300 个字，即共可使用 3 个主存块。根据作业依次要访问的字地址，可以得到作业将依次访问的页如下：

次序	所要访问的字地址	该地址所在页号
1	115	1
2	228	2
3	120	1
4	88	0
5	446	4
6	102	1
7	321	3
8	432	4
9	260	2
10	167	1

现只有第 0 页已经在主存但尚有两块主存空间可供使用，所以作业执行时依次访问第 1 页和第 2 页时均要产生缺页中断，但不必淘汰已在主存中的页面，可把第 1 页和第 2 页装入到可使用的主存块中，现在主存中已有 0、1、2 共 3 个页面的信息。在进行第 3 次和第 4 次访问时不会产生缺页中断，而在第 5 次访问第 4 页时将产生一次缺页中断。此时，若采用 FIFO 算法应淘汰最先装入主存的第 0 页，而采用 LRU 算法则应淘汰最近最久没有使用的第 2 页。显然，进行第 6 次访问不会产生缺页中断，而在第 7 次访问时必须经缺页中断处理来装入第 3 页。为此，FIFO 算法会淘汰第 1 页，LRU 算法会淘汰第 0 页。于是，作业继续执行时，对 FIFO 算法来说，将在第 10 次访问时再产生一次缺页中断，为了装入当前需用的第 1 页而应淘汰第 2 页；对 LRU 算法来说，将在第 9 次访问时产生缺页中断，为了装入当前需用的第 2 页而应淘汰第 1 页，在随后的第 10 次访问时仍将产生缺页中断，为了把第 1 页重新装入而应淘汰第 3 页。可见，按 FIFO 页面调度算法将产生 5 次缺页中断，依次淘汰的页面为 0、1、2。按 LRU 页面调度算法将产生 6 次缺页中断，依次淘汰的页面为 2、0、1、3。

答：根据作业依次要访问的字地址序列可以知道作业应访问的页面顺序为 1、2、1、0、4、1、3、4、2、1。现只有第 0 页在主存中，但尚有两块主存空间可供使用。因而，作业在进行前两次访问时均会产生缺页中断，但不必淘汰已在主存中的页面。目前主存中有第 0、1、2 这 3 个页面。

(1) 按 FIFO 页面调度算法将在后继的第 5、7、10 次访问时再产生 3 次缺页中断。因而，共产生 5 次缺页中断，依次淘汰的页号为 0、1、2。

(2) 按 LRU 页面调度算法将在后继的第 5、7、9、10 次访问时再产生 4 次缺页中断。因而，共产生 6 次缺页中断，依次淘汰的页号为 2、0、1、3。

第6章 文件管理

在现代计算机系统中，需要长期保存的信息大多以文件的形式保存在外存储器中。高效地处理（如存储、查换、访问和删除）外存储器中的数据，保证外存储器数据的安全和正确，是操作系统的重要任务之一。

本章介绍了文件的组织结构形式、文件的存取方式、文件的目录结构及检索方法以及文件的共享和保护保密的措施，还介绍了对外存储器的管理和使用方法，用户使用文件系统的方法等。

6.1 磁盘组织与管理

6.1.1 磁盘结构

硬盘（Hard Disc Drive，HDD，全名“温彻斯特式硬盘”）是电脑主要的存储媒介之一，由一个或者多个铝制或者玻璃制的碟片组成。这些碟片外覆盖有铁磁性材料。绝大多数硬盘都是固定硬盘，被永久性地密封固定在硬盘驱动器中。很久以前，在硬盘的容量还非常小的时候，人们采用与软盘类似的结构生产硬盘。也就是硬盘盘片的每一条磁道都具有相同的扇区数，由此产生了硬盘的物理结构，即是磁头、磁道、柱面、扇区。

1. 磁头

硬盘内部结构磁头是硬盘中最昂贵的部件，也是硬盘技术中最重要和最关键的一环。传统的磁头是读写合一的电磁感应式磁头，但是硬盘的读、写是两种截然不同的操作，为此，这种二合一磁头在设计时必须要同时兼顾到读/写两种特性，从而造成了硬盘设计上的局限。而 MR 磁头（MagnetoResistive head），即磁阻磁头，采用的是分离式的磁头结构：写入磁头仍采用传统的磁感应磁头（MR 磁头不能进行写操作），读取磁头则采用新型的 MR 磁头，即所谓的感应写、磁阻读。这样，在设计时就可以针对两者的不同特性分别进行优化，从而得到最好的读/写性能。另外，MR 磁头是通过阻值变化而不是电流变化去感应信号幅度，因而对信号变化相当敏感，读取数据的准确性也相应提高。而且由于读取的信号幅度与磁道宽度无关，故磁道可以做得很窄，从而提高了盘片密度，达到 200MB/英寸^2，而使用传统的磁头只能达到 20MB/英寸^2，这也是 MR 磁头被广泛应用的最主要原因。目前，MR 磁头已得到广泛应用，而采用多层结构和磁阻效应更好的材料制作的 GMR 磁头（Giant MagnetoResistive head）也逐渐普及。

2. 磁道

当磁盘旋转时，磁头若保持在一个位置上，则每个磁头都会在磁盘表面画出一个圆形轨迹，这些圆形轨迹就叫做磁道。这些磁道用肉眼是根本看不到的，因为它们仅是盘面上以特殊方式磁化了的一些磁化区，磁盘上的信息便是沿着这样的轨道存放的。相邻磁道之间并不是紧挨着的，这是因为磁化单元相隔太近时磁性会相互产生影响，同时也为磁头的读写带来困难。一张 1.44MB 的 3.5 英寸软盘，一面有 80 个磁道，而硬盘上的磁道密度则远远大于此值，通常一面有成千上万个磁道。

3. 扇区

磁盘上的每个磁道被等分为若干个弧段，这些弧段便是磁盘的扇区，每个扇区可以存放 512 个字节的信息，磁盘驱动器在向磁盘读取和写入数据时，要以扇区为单位。1.44MB 的 3.5 英寸软盘，每个磁道分为 18 个扇区。

4. 柱面

硬盘通常由重叠的一组盘片构成，每个盘面都被划分为数目相等的磁道，并从外缘的"0"开始编号，具有相同编号的磁道形成一个圆柱，称为磁盘的柱面。磁盘的柱面数与一个盘面上的磁道数是相等的。由于每个盘面都有自己的磁头，因此盘面数等于总的磁头数。所谓硬盘的 CHS，即 Cylinder(柱面)、Head(磁头)、Sector(扇区)，只要知道了硬盘的 CHS 的数目，即可确定硬盘的容量，硬盘的容量＝柱面数×磁头数×扇区数×512B。

6.1.2 磁盘调度算法

磁盘调度分为移臂调度和旋转调度两类，并且是先进行移臂调度，然后再进行旋转调度。

1. 移臂调度

在有多个进程访问磁盘时，选择什么样的算法以求得最小的访问时间，是所要研究的问题。当有不同进程的磁盘 I/O 请求构成一个随机分布的请求队列，磁盘 I/O 调度的目标就是减少请求队列对应的平均柱面定位时间。平均柱面定位时间决定了读取速度。

1) 先进先出(FIFO)算法

磁盘 I/O 执行顺序为磁盘 I/O 请求的先后顺序。该算法的特点是公平；在磁盘 I/O 负载较轻且每次读写多个连续扇区时，性能较好。

2) 短查找时间优先(Shortest Seek Time First,SSTF)算法

即考虑磁盘 I/O 请求队列中各请求的磁头定位位置，选择从当前磁头位置出发，移动最少的磁盘 I/O 请求。该算法的目标是使每次磁头移动时间最少。它不一定是最短平均柱面定位时间，但比 FIFO 算法有更好性能。对中间的磁道有利，可能会有进程处于"饥饿"状态。

3) 扫描(SCAN)算法

选择在磁头前进方向上从当前位置移动最少的磁盘 I/O 请求执行，没有前进方向上的请求时才改变方向。该算法是对 SSTF 算法的改进，磁盘 I/O 较好，且没有进程会饿死。

4) 循环扫描(C-SCAN)算法

在一个方向上使用扫描算法，当到达边沿时直接移动到另一沿的第一个位置。该算法

可改进扫描算法对中间磁道的偏好。实验表明，该算法在中负载或重负载时，磁盘 I/O 性能比扫描算法好。

5）*N* 步扫描(N-step-SCAN)算法

把磁盘 I/O 请求队列分成长度为 *N* 的段，每次使用扫描算法处理这 *N* 个请求。当 $N=1$ 时，该算法退化为 FIFO 算法。该算法的目标是改进前几种算法中可能的在多磁头系统中出现磁头静止在一个磁道上，导致其他进程无法及时进行磁盘 I/O。

6）双队列扫描(FSCAN)算法

把磁盘 I/O 请求分成两个队列，交替使用扫描算法处理一个队列，新生成的磁盘 I/O 请求放入另一队列中。该算法的目标与 *N* 步扫描算法一致。

2. 旋转调度

当移动臂定位后，有多个进程等待访问该柱面时，应当如何决定这些进程的访问顺序？这就是旋转调度要考虑的问题。显然系统应该选择延迟时间最短的进程对磁盘的扇区进行访问。

6.1.3 常见的磁盘管理任务

常见的磁盘管理任务如下：

- 创建和删除磁盘分区。
- 创建和删除扩展分区中的逻辑驱动器。
- 读取磁盘状态信息，如分区大小。
- 读取卷的状态信息，如驱动器名的指定、卷标、文件类型、大小及可用空间。
- 指定或更改磁盘驱动器及 CD-ROM 设备的驱动器名和路径。
- 创建和删除卷和卷集。
- 创建和删除包含或者不包含奇偶校验的带区集。
- 建立或拆除磁盘镜像集。
- 保存或还原磁盘配置。

6.2 文件和文件系统

6.2.1 文件和文件系统的概念

文件(file)是具有符号名的、在逻辑上具有完整意义的一组相关信息项的集合。例如，一个源程序、一个目标程序、编译程序、一批待加工的数据、各种文档等都可以各自组成一个文件。文件是一种抽象机制，它隐蔽了硬件和实现细节，提供将信息保存在磁盘上而且便于以后读取的手段，使用户不必了解信息存储的方法、位置以及存储设备实际运作方式便可存取信息。

所谓文件管理系统，就是操作系统中实现文件统一管理的一组软件和相关数据的集合，专门负责管理和存取文件信息的软件机构，简称文件系统。文件系统的功能包括按名存取，即用户可以“按文件名存取”，而不是“按地址存取”；统一的用户接口，在不同设备上提供同样的接口，方便用户操作和编程；并发访问和控制，在多道程序系统中支持对文件的并发访问和控制；安全性控制，在多用户系统中的不同用户对同一文件可有不同的访问权限；优化性能，采用相关技术提高系统对文件的存储效率、检索和读写性能；差错恢复，能够验证文件的正确性，并具有一定的差错恢复能力。

6.2.2　文件的分类

文件分类的目的是对不同文件进行管理，提高系统效率，提高用户界面友好性。当然，根据文件的存取方法和物理结构不同还可以将文件分为不同的类型。

- 按文件性质和用途分类，可将文件分为系统文件、库文件和用户文件。
- 按信息保存期限分类，可将文件分为临时文件、档案文件和永久文件。
- 按文件的保护方式分类，可将文件分为只读、读写、可执行和不保护文件。
- 目前常用的文件系统类型有 FAT、NTFS、Ext2、Ext3、HPFS 等。

6.3　文件的结构和组织

文件的结构是指文件的组织形式。从用户角度看到的文件组织形式称为文件的逻辑结构，文件系统的用户只要知道所需文件的文件名，就可存取文件中的信息，而无须知道这些文件究竟存放在什么地方。而从实现的角度看文件在文件存储器上的存放方式，也就是文件的物理结构。

6.3.1　文件的逻辑结构

文件的逻辑结构可分为两大类：第一类是有结构的记录式文件，它是由一个以上的记录构成的文件，故又称为记录式文件。所有的记录通常都是描述一个实体集的有着相同或不同数目的数据项，记录的长度可分为定长和不定长两类。第二类是无结构的流式文件，它是由一串顺序字符流构成的文件。文件体为字节流，不划分记录。无结构的流式文件通常采用顺序访问方式，并且每次读写访问可以指定任意数据长度，其长度以字节为单位。对流式文件的访问是利用读写指针指出下一个要访问的字符。可以把流式文件看作记录式文件的一个特例。

6.3.2　文件的物理结构

文件的物理结构是指文件的内部组织形式，即文件在物理存储设备上的存放方法。由于文件的物理结构决定了文件信息在文件存储设备上的存放位置，所以文件的逻辑块号到物理块号的转换也是由文件的物理结构决定的。根据用户和系统管理上的需要，可采用多种方法来组织文件，常见的文件物理结构如下所述。

1. 连续结构

连续结构也称顺序结构，它将逻辑上连续的文件信息(如记录)依次连续存放在连续编号的物理块上。只要知道文件的起始物理块号和文件的长度，就可以很方便地进行文件的存取。连续结构的最佳应用场合是对文件的所有记录进行批量存取，在所有逻辑文件中其存取效率是最高的。连续结构的缺点是不便于记录的查找、增加或删除操作。

2. 链接结构

链接结构也称串联结构，它是将逻辑上连续的文件信息（如记录）存放在不连续的物理块上，每个物理块设有一个指针指向下一个物理块。因此，只要知道文件的第一个物理块号，就可以按链指针查找整个文件。

3. 索引结构

采用索引结构将逻辑上连续的文件信息（如记录）存放在不连续的物理块中，系统为每个文件建立一张索引表。索引表记录了文件信息所在的逻辑块号对应的物理块号，并将索引表的起始地址放在文件对应的文件目录项中，如图 6-1 所示。

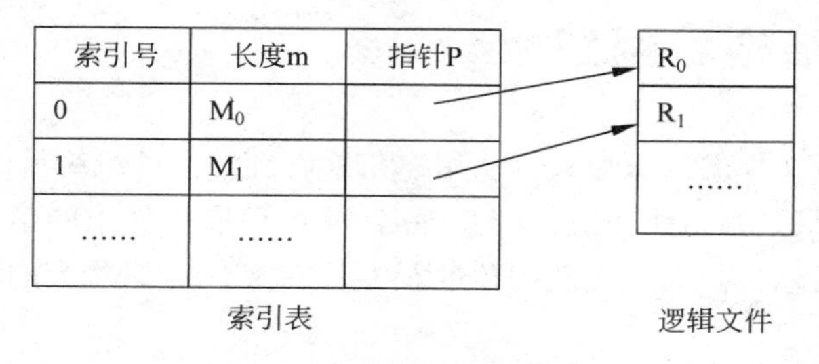

图 6-1　文件索引表存放方式

4. 索引顺序文件

在连续结构的基础上，另外建立索引和溢出文件。这样做的目的是加快连续文件的检索速度。在索引文件中，可将关键字域中的取值划分若干个区间（如按字母可以划分为 A 到 Z 共 26 个区间），每个区间对应一个索引项，后者指向该区间的开头记录。新记录暂时保存在溢出文件中，定期归并入主文件。

6.4 文件的目录

存放在磁盘空间上的各类文件，必须进行编目才能实现管理，这如同图书馆中的藏书需要编目，一本书需要分章节。用户总是希望能“按名存取”文件中的信息。为此，文件系统必须为每一个文件建立目录项，即为每个文件设置用于描述和控制文件的数据结构，记载该文件的基本信息，如文件名、文件存放的位置、文件的物理结构等。这个数据结构称为文件控制块（FCB）。另外，文件系统还必须构造目录的结构，使得各个文件容易区分和查找。文件控制块的有序集合称为文件目录。

文件目录结构的组织方式直接影响到文件的存取速度，关系到文件共享性和安全性，因此组织好文件的目录是设计文件系统的重要环节。常见的目录结构有一级目录结构、二级目录结构、多级目录结构和图形目录结构等。

6.4.1 一级目录

一级目录(也叫单级目录)的整个目录组织是一个线性结构,在整个系统中只需建立一张目录表,系统为每个文件分配一个目录项(文件控制块)。一级目录结构简单,但缺点是查找速度慢,不允许重名且不便于实现文件共享等,因此它主要用在单用户环境中。

6.4.2 二级目录

为了克服一级目录结构存在的缺点,引入了二级目录结构。二级目录结构是由主文件目录(Master File Directory,MFD)和用户目录(User File Directory,UFD)组成的。在主文件目录中包括用户名和指向该用户目录文件的指针。用户目录由用户所有文件的目录项组成,如图 6-2 所示。

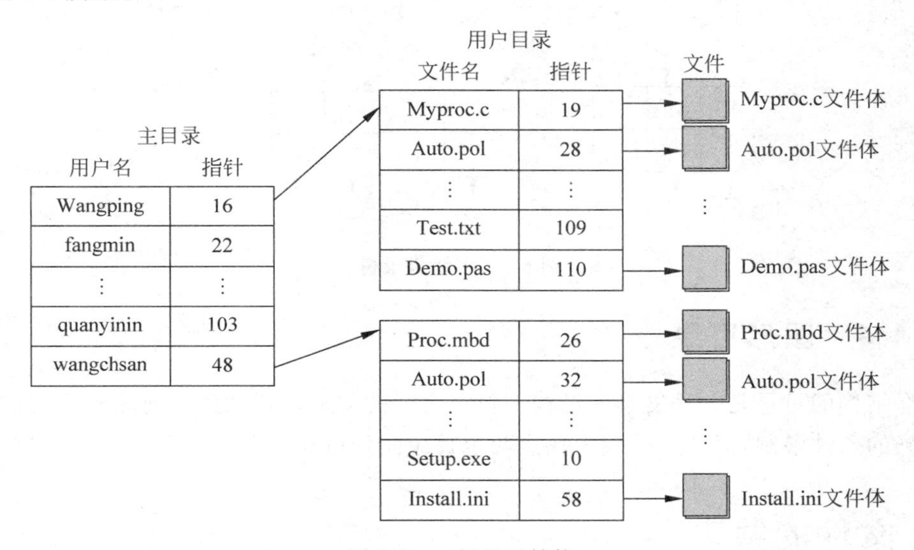

图 6-2 二级目录结构

二级目录结构基本上克服了单级目录的缺点,其优点是提高了检索目录的速度,较好地解决了重名问题。采用二级目录结构也存在一些问题。该结构虽然能有效地将多个用户隔离开,这种隔离在各个用户之间完全无关时是一个优点,但当多个用户之间要相互合作去共同完成一个大任务时,且一用户又需要去访问其他用户的文件时,这种隔离便成为一个缺点,因为这种隔离使各用户之间不便于共享文件。

6.4.3 多级目录

为了解决以上问题,在多道程序设计系统中常采用多级目录结构,这种目录结构像一棵倒置的有根树,所以也称为树形目录结构。从树根向下,每一个节点是一个目录,叶节点是文件。MS-DOS 和 UNIX 等操作系统均采用多级目录结构,如图 6-3 所示。

采用多级目录结构的文件系统中,用户要访问一个文件,必须指出文件所在的路径名,路径名可由从根目录开始到该文件的通路上的所有各级目录名拼起来得到。各目录名之间、目录名与文件名之间需要用分隔符隔开。例如，F_1 的路径为\A\$A_2$\$A_{21}$\$A_{211}$\$F_1$。

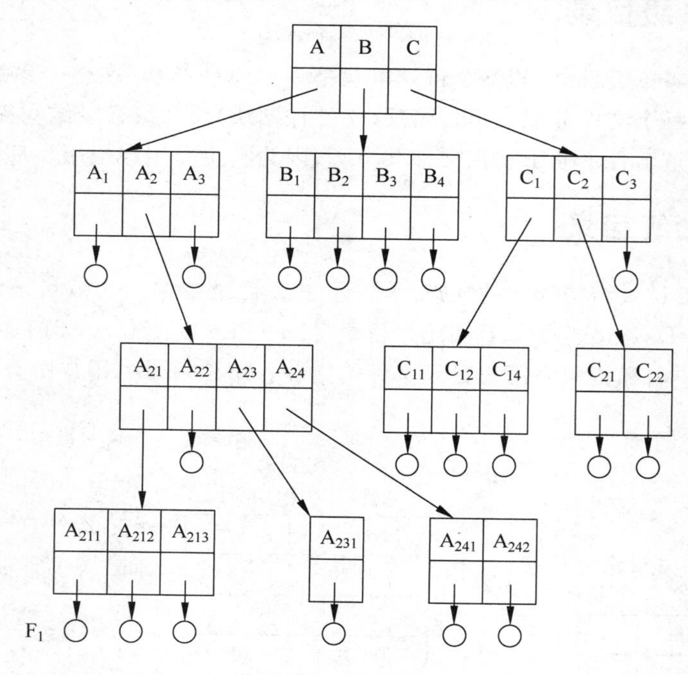

图 6-3 多级目录树

6.4.4 图形目录

图形结构的目录是一种复杂的结构。目录之间的关系是任意的。前面所述的目录结构都有明确的条件限制，而图形结构中任意两个目录间均可相关联。

6.5 文件的共享

6.5.1 共享动机

文件共享是指不同用户进程使用同一文件，它不仅是不同用户完成同一任务所必需的功能，而且还可以节省大量的主存空间，减少由于文件复制而增加的访问外存的次数。文件共享有多种形式，采用文件名和文件说明分离的目录结构有利于实现文件共享。

6.5.2 共享方式

文件共享方式分为静态共享和动态共享。若不管用户是否正在使用系统，文件的连接关系都是存在的，这种共享关系称为静态共享。静态共享是使两个以上用户通过连接关系，达到共享文件的目的。用文件连接代替文件复制，不仅可以提高文件资源利用率，还可以节省文件存储器的存储空间。另一种文件共享方式是动态共享。所谓动态共享是指系统中不同的用户进程，或同一用户的不同进程可并发地访问同一文件。这种共享关系，仅当用户进程存在时才可能存在，一旦用户进程消亡，共享关系也就自动消失。

6.6 文件保护

实现文件保护措施可以从两方面考虑：一是防止系统故障（包括软件、硬件的故障）造成破坏；二是防止用户共享文件时可能造成的破坏。一种方法可以建立文件副本和定时转储；另一种是实现文件保密措施，包括隐藏文件目录、设置口令和对文件进行加密等方法。

6.6.1 访问类型

访问是围绕文件内容读写进行的操作。有如下几种访问类型。

- 打开(open)：为文件读写所进行的准备。包括给出文件路径，获得文件句柄，或文件描述符，所需该文件的目录项读入到内存中。
- 关闭(close)：释放文件描述符，把该文件在内存缓冲区的内容更新到外存上。
- 复制文件句柄(dup)：用于子进程间的文件共享，复制前后的文件句柄有相同的文件名、文件指针和访问权限。
- 读(read)、写(write)和移动文件读写指针(lseek)：系统为每个打开文件维护一个读写指针，它是相对于文件开头的偏移地址(offset)。读写指针指向每次文件读写的开始位置，在每次读写完成后，读写指针按照读写的数据量自动后移相应的数值。
- 执行(exec)：执行一个可执行文件。
- 修改文件的访问模式：提供对打开文件的控制，如文件句柄复制、读写文件句柄标志、读写文件状态标志、文件锁定控制、流的控制。

6.6.2 访问控制

访问控制是围绕文件属性控制进行的操作。

- 创建(create 和 open)：给出文件路径，获得新文件的文件句柄。
- 删除(unlink)：对于 symbolic link 和 hard link，删除效果是不同的。
- 获得文件属性(stat 和 fstat)：stat 的参数为文件名，fstat 的参数为文件句柄。
- 修改文件名(rename)。
- 修改文件属主(chowm)。
- 修改访问权限(chmod)：与相应系统命令类似。

6.7 存取方式和存储空间的管理

文件的存取方法是指读写文件存储器上的一个物理块的方法，通常有顺序存取和随机存取两种。顺序存取是指对文件中的信息按顺序依次读写；随机存取是指对文件中的信息按任意的次序随机读写。

外存具有大容量的存储空间，被多用户共享，用户执行程序经常要在磁盘上存储文件和删除文件，因此文件系统必须对磁盘空间进行管理。对外存空闲空间管理的数据结构通常称为磁盘分配表(Disk Allocation Table)。常用的空闲空间的管理方法有空闲区表、位示图、空闲块链和成组链接 4 种。

6.7.1 空闲区表

该方法将外存空间上一个连续未分配区域称为“空闲区”。操作系统为磁盘外存上所有空闲区建立一张空闲表,每个表项对应一个空闲区,空闲表中包含序号、空闲区的第一块号、空闲块的块数等信息。它适用于连续文件结构。

6.7.2 位示图

这种方法是在外存上建立一张位示图(Bitmap),记录文件存储器的使用情况。每一位对应文件存储器上的一个物理块,取值 0 和 1 分别表示空闲和占用。文件存储器上的物理块依次编号为 0、1、2、…。这种方法的主要特点是位示图的大小由磁盘空间的大小(物理块总数)决定,位示图的描述能力强,适合各种物理结构。

假定一个盘组有 100 个柱面,每个柱面有 8 个磁道,每个盘面又分为 4 个扇区,那么整个磁盘空间的总块数为 4×8×100=3200,即总块数=扇区数×磁道数×柱面数。若用字长为 32 位的单元来构造位示图,共需 100 个字,如图 6-4 所示。

	0位	1位	2位	…	30位	31位
第0字	0/1	0/1	0/1		0/1	0/1
第1字	0/1	0/1	0/1		0/1	0/1
第2字	0/1	0/1	0/1		0/1	0/1
⋮						
第99字	0/1	0/1	0/1		0/1	0/1

图 6-4 构造位示图

若磁盘存储块按柱面编号,则第一个柱面上的存储块号为 0~31,第二个柱面的储存块号位 32~63,……依次计算,位示图中第 i 个字的第 j 位($i=0,1,\cdots,99$; $j=0,1,\cdots,31$)对应的块号为:块号$=i\times32+j$,即块号=字号×字长+位号。

当存储文件时,根据需要的块数在位示图中找状态位为“0”的位,将信息存入,并将状态改为“1”。同时,根据某块信息对应的字、位可算出该块的块号,然后确定这些块在哪个柱面上,对应哪个扇区,哪个柱面。简单的算法是,假定 $m=$[块号/字长],$n=$\{块号/字长\}([]表示取整数,{}表示取余数),则由块号可计算出:

$$柱面号=m+1$$

$$磁头号=[n/4]+1$$

$$扇区号=\{n/4\}+1$$

这些文件信息就可按确定的物理位置存放到磁盘上。

6.7.3 空闲块链

每个空闲物理块中有指向下一个空闲物理块的指针,所有空闲物理块构成一个链表,链表的头指针放在文件存储器的特定位置上(如管理块中)。由于不需要磁盘分配表,因而可节省空间。每次申请空闲物理块时只需根据链表的头指针取出第一个空闲物理块,根据第一个空闲物理块的指针可找到第二个空闲物理块,依次类推即可。图 6-5 展示了磁盘空闲空间用块链表形式表示的情况。

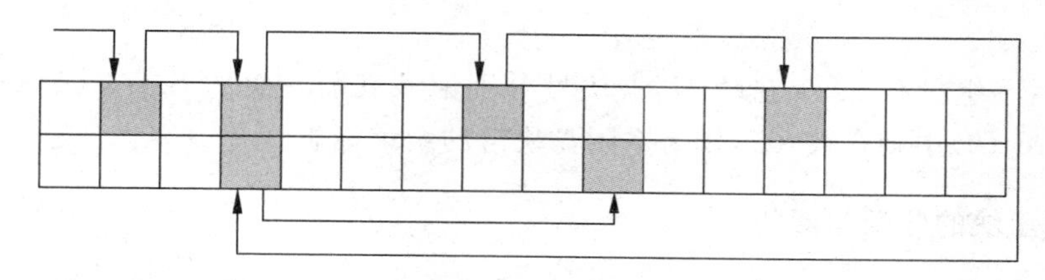

图 6-5 空闲块链表

6.7.4 成组链接

在 UNIX 系统中,将空闲块分成若干组,每 100 个空闲块为一组,该组空闲块总数和各空闲块块号存入下一组的第一个空闲块中。最后不满 100 块的那组空闲块总数和各空闲块块号记入磁盘区专用管理块的空闲块管理的数据结构。由于文件系统安装时,磁盘专用块拷入内存系统缓冲区,所以成组链接法分配和回收操作大部分情况只与内存进行读写,所以速度较快。

1. 空闲盘块的组织

(1) 设置空闲盘块号栈。图 6-6 左侧示出了空闲盘块号栈的结构。其中,S. free(0)是栈底,栈满时的栈顶为 S. free(99)。

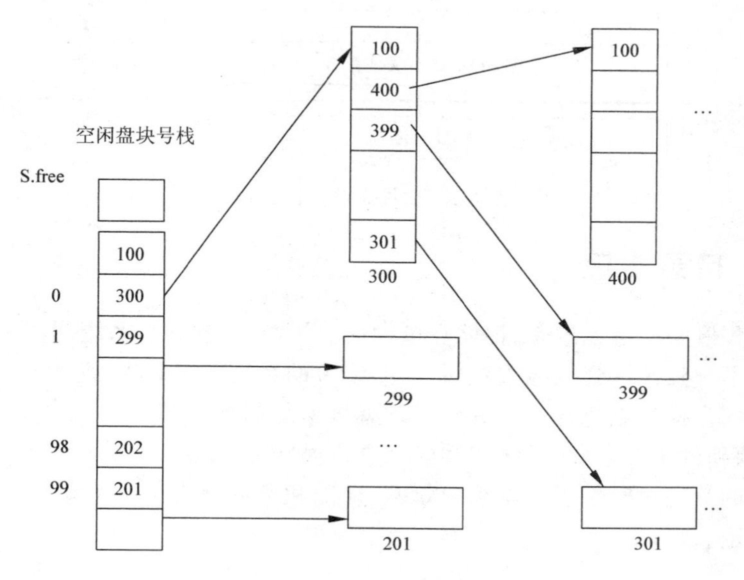

图 6-6 成组链接法示意图

(2) 文件区中的所有空闲盘块,被分成若干个组,将每 100 个盘块作为一组。假定盘上共有 10 000 个盘块,每块大小为 1KB,其中第 201～9999 号盘块用于存放文件,即倒数第二组的盘块号为 301～400；最后一组为 201～300，如图 6-6 右侧所示。

(3) 将每一组含有的盘块总数 N 和该组所有的盘块号记入其前一组的第一个盘块中，这样，由各组的第一个盘块可成一条链。

(4) 将第一组的盘块总数和所有的盘块号，记入空闲盘块号栈中，作为当前可供分配的空闲盘块号。

(5) 最后一组只有 99 个盘块，其盘块号分别记入其前一组的 S. free(1)～S. free(99)中，而在 S. free(0)中则存放"0"，作为空闲盘块链的结束标志。

2. 空闲盘块的分配与回收

当系统要为用户分配文件所需的盘块时，需调用盘块分配程序来完成。

6.8 文件系统实现

6.8.1 文件系统层次结构

文件系统层次结构如图 6-7 所示。

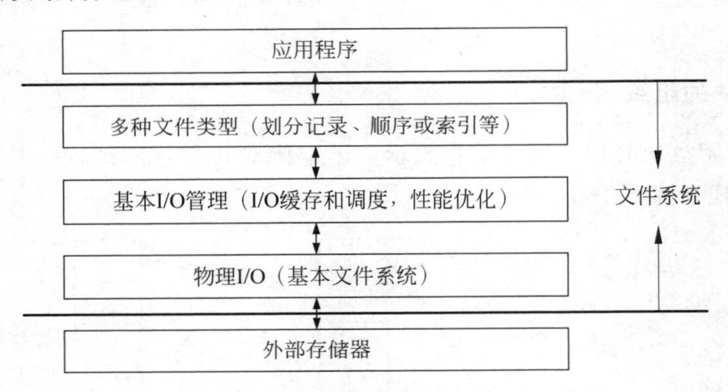

图 6-7 文件系统层次结构

6.8.2 目录实现

目录管理程序必须考虑效率、性能和可靠性。然而，表损坏和系统崩溃可能导致目录信息与磁盘内容不一致。一致性检查程序，如 UNIX 的系统程序 fsck，或 MS-DOS 的 chkdsk，可用来修补损坏。操作系统备份工具允许磁盘数据复制到磁带，可以从数据损失甚至整个磁盘的故障(因硬件失败、操作系统错误或用户错误)中恢复。

目录实现的算法对整个文件系统的效率、性能和可靠性有很大的影响。下面对这些算法作一简单讨论。

1. 线性表算法

目录实现的最简单的算法是一个线性表，每个表项由文件名和指向数据块的指针组成。当要搜索一个目录项时，可采用线性搜索。这个算法实现简单，但运行很耗时。比如创建一个新的文件时，需要先搜索目录确定没有同名文件存在，然后再在线性表的末尾添加一条新的目录项。

线性表算法的主要缺点就是寻找一个文件时要做线性搜索。目录信息是经常使用的，访问速度的快慢会被用户觉察到。所以很多操作系统常常将目录信息放在高速缓存中。访问高速缓存中的目录可以避免磁盘操作，从而加快访问速度。当然也可以采用有序的线性表，使用二分搜索来降低平均搜索时间。然而，这会使实现复杂化，而且在创建和删除文件时，必须始终维护表的有序性。

2. 哈希表算法

采用哈希表算法时，目录项信息存储在一个哈希表中。进行目录搜索时，首先根据文件名称计算一个哈希值，然后得到一个指向表中文件的指针。这样该算法就可以大幅度地减少目录搜索时间。插入和删除目录项都很直观，只需要考虑一下两个目录项冲突的情况，就是两个文件名返回的数值一样的情形。哈希表的主要难点是选择合适的哈希表长度与适当的哈希函数。

3. 其他算法

除了以上方法外，还可以采用其他数据结构，如B+树。NTFS文件系统就使用了B+树来存储大目录的索引信息。B+树数据结构是一种平衡树。对于存储在磁盘上的数据来说，平衡树是一种理想的分类组成方式，这是因为它可以使查找一个数据项所需的磁盘访问次数减到最小。

由于使用B+树存储文件，文件按顺序排列，因此可以快速查找目录，并且可以快速返回已经排好序的文件名。同时，因为B+树是向宽度扩展而不是深度扩展，NTFS的快速查找时间不会随着目录的增大而增加。

6.8.3 文件实现

由于文件系统持久驻留在外存上，外存因而都设计成可以持久地容纳大量数据。最常用的外存介质是磁盘。物理磁盘可划分成分区，以便控制介质的使用，允许在同一磁盘上支持多个不同的文件系统。这些文件系统安装在逻辑文件系统结构上，然后才可以使用。文件系统通常按层结构或模块结构来加以实现。低层处理存储设备的物理属性，高层处理符号文件名和文件逻辑属性，中间层将逻辑文件概念映射到物理设备属性。

每个文件系统类型都有其结构和算法。VFS(Virtual File System，虚拟文件系统)层允许上层统一地处理每个文件系统类型。即使远程文件系统也能集成到文件系统目录结构中，通过VFS接口采用标准系统调用进行操作。

Linux装配和访问不同类型的文件系统是通过虚文件系统(VFS)转换实现的。VFS的主要任务是在Linux文件存储系统中有效地增加间接访问层，将文件系统的调用转换为对相应的子程序的调用，这些子程序用准确的文件系统的代码写成。图6-8为VFS和具体文件系统的层次图。

Linux通过VFS支持许多类型的文件系统，主要有：

(1) Ext2。第2代扩充文件系统，几乎成为是Linux标准文件系统。它可以移植到其

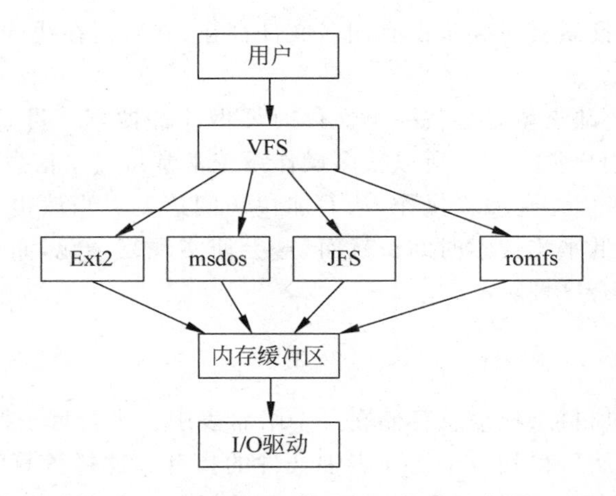

图 6-8 VFS 和具体文件系统的层次图

他系统上。该系统允许磁盘分区的容量达到 4TB，文件名长 255 字符。

(2) Minix。这是 Linux 最早支持的文件系统，也是它当时支持的唯一的文件系统。它的两个主要的缺点：只支持最大 64MB 的磁盘分区和最长 14 个字符的文件名称。

(3) System V。这是早期支持的文件系统。可以在 Linux 中使用。缺点和 Minix 文件系统一样。

(4) NFS(网络文件系统)。网络文件系统原先由 SUN 公司开发。当计算机与网络连接时，允许将一台机器上的文件系统装配到网上另一台计算机的目录结构中。

(5) ISO 9006。这是光盘使用的文件系统，它已在 Linux 系统中实现。

(6) 另外还支持 MSDOS、UMSDOS、Ext3 等文件系统。

6.9 文件系统的安全与可靠性

6.9.1 文件系统的安全

系统的安全涉及两类不同的问题，一类是具体的操作系统的安全机制；另一类涉及技术、管理、法律、道德和政治等问题。随着计算机应用范围的扩大，安全问题日益突出。现在所有稍具规模的系统，都会从多个级别考虑来保证系统的安全性。一般从 4 个级别对文件进行安全性管理：系统级、用户级、目录级和文件级。

6.9.2 文件系统的可靠性

文件系统的可靠性是指系统抵抗和预防各种物理性破坏和人为性破坏的能力。比起计算机的损坏，文件系统破坏往往后果更加严重。例如，将开水撒在键盘上引起的故障，尽管伤脑筋，但毕竟可以修复；而文件系统破坏了，在很多情况下是无法恢复的，特别是对于那些程序文件、客户档案、市场计划或其他数据文件丢失的客户来说，这不亚于一场大的灾难。尽管文件系统无法防止设备和存储介质的物理损坏，但至少应能保护信息。文件系统的可靠性所涉及的内容包括转储和恢复、日志文件和文件系统的一致性。

6.10 Linux 系统的文件管理

Linux 系统中有 3 种基本的文件类型：普通文件、目录文件和设备文件。下面是一些常用的 Linux 文件操作命令。

1. 列出文件和目录(ls)

使用命令 ls 可列出文件和目录,并了解到有关文件和目录的其他信息。它的格式如下：

```
$ ls [options] [file name] [directory name]
```

常用的选项有：

- -l,不仅列出文件名,还应列出各文件的全部细节信息。
- -a,列出所有的文件,包括正常情况下隐含的文件。
- -F,在文件名上附着一个符号,以显示文件的类型(可执行文件用星号"*"表示,目录用斜杠"/"表示),在 Turbolinux 中,ls 被设置为了 ls -F 的别名。

如果未指定文件或目录名,那么将列出当前目录下的文件和子目录。

2. 切换工作目录(cd)

要想从当前目录切换到不同的目录,可使用 cd 命令。它的格式是：

```
# cd [name of the desired directory]
```

如果你在使用 cd 命令时未带参数,即省略了目录名,那么命令 cd 将切换目录到当前用户的主目录下。

不必总是为所需的目录切换指定完整的路径。可以使用下述参数：

符号 意义

- 当前目录。
- ..,当前目录的上一级目录即父目录。
- ～ ,用户的主目录。
- -,当前目录的前一个目录。

3. 查看当前目录(pwd)

要想查看你当前所在的目录,可以使用 pwd 命令：

```
$ pwd
/home/jon
```

4. 拷贝文件和目录(cp)

使用命令 cp,不仅能将文件从一个位置拷贝到另一个位置,而且还能将整个目录及其子目录拷贝到不同的位置。命令 cp 的使用格式如下：

```
$ cp [options] [source filename | source directory name] [destination filename | destination directory name]
```

命令 cp 的常用选项如下：

- -b，如果目标文件已存在，在执行拷贝操作前，会对已存在的文件进行备份。
- -f，如果目标文件已存在，该文件将被强行覆盖。
- -i，如果目标文件已存在，系统会询问你是否要覆盖该文件。如果回答"y"(是)，已存在的文件将被覆盖。如果给出的回答是"y"以外的，不会执行拷贝操作（在 Turbolinux 中，cp 的别名被设为 cp -i）。
- -u，如果目标文件已存在，只有当目标文件的日期比源文件的日期更早时，才会执行拷贝操作（如果目标文件的日期较新，拷贝操作不会进行）。
- -p，在执行拷贝的过程中，保留源文件的属性（日期、所有者属性、许可权限）。
- -v，显示拷贝操作的结果（源文件名→目标文件名）。
- -R，拷贝目录。

5. 移动文件(mv)

使用命令 mv，可以将文件和目录从一个位置移动到另一个位置。它的使用格式是：

```
$ mv [options] [source filename | source directory name] [destination filename | destination directory name]
```

下面给出了常用的选项：

- -b，如果目标文件已存在，在执行移动操作前，会对已存在的文件进行备份。
- -f，如果目标文件已存在，该文件将被强行覆盖。
- -i，如果目标文件已存在，系统会询问你是否要覆盖该文件。如果回答"y"(是)，已存在的文件将被覆盖。如果给出的回答是"y"以外的，不会执行移动操作（在 Turbolinux 中，mv 的别名被设为 mv -i）。
- -u，如果目标文件已存在，只有当目标文件的日期比源文件的日期更早时，才会执行移动操作（如果目标文件的日期较新，移动操作不会进行）。
- -v，显示移动操作的结果（源文件名→目标文件名）。

注意：如果你打算移动多个目录，但是存在具有相同名称的目标目录，不会执行移动操作。

6. 文件改名(mv)

使用命令 mv，你还能更改文件的名称，它的格式是：

```
$ mv [options] [source filename | source directory name] [destination filename | destination directory name]
```

常见的选项有：

- -v，显示更改名称操作的结果（源文件名→目标文件名）。

7. 创建目录(mkdir)

使用命令 mkdir，可以创建新的目录。该命令的格式是：

```
$ mkdir [options] [name of the new directory]
```

该命令的常用选项有：

• -m，在创建新目录的同时设置许可权限。

8. 删除文件和目录(rm，rmdir)

使用命令 rm 删除文件和目录。命令 rmdir 可用于删除空目录。这两个命令的格式是：

```
$ rm [options] [name of file to delete | name of directory to delete]
$ rmdir directoryname
```

下面是常用的选项：

• -f，强行删除，无提示。
• -I，如果目标文件已存在，系统会询问你是否要覆盖该文件。如果回答"y"(是)，已存在的文件将被覆盖。如果给出的回答是"y"以外的，不会执行移动操作(在 Turbolinux 中，rm 的别名被设为 rm-i)。
• -v，显示删除操作的结果。
• -r，删除所有的文件、子目录和目录。

9. 查看文本文件(cat，less，more)

如果你打算查看文本文件的内容，可以使用命令 cat、less 和 more。命令 cat 的格式是：

```
$ cat [options] [name of file to view]
```

常用的选项是：

• -n，显示行号。

命令 less 的格式是：

```
$ less [options] [name of file to view]
```

使用 less 命令来查看文件时，可以使用数种击键命令，主要的击键命令如下：

• 空格，向下滚动一个屏幕。
• 回车，向下滚动一行。
• Q，中断显示、退出。
• /<search pattern> 从当前屏幕开始，正向搜索"search pattern"。
• N，重复搜索操作。
• D，向下滚动半屏。
• H，显示帮助信息。
• W，向上滚动一个屏幕。
• U，向上滚动半个屏幕。
• Y，向上滚动一行。
• ? <string pattern> 从当前屏幕开始，逆向搜索"search pattern"。
• N，从当前屏幕开始，重复执行前一次的逆向搜索操作。
• M，给出详细提示(与 more 类似)，屏幕上最后一行的位置将以它在文件中的百分比表示。默认情况下，less 的提示是冒号“:”。

M 给出的提示比 m 更详细。

more 命令的格式是：

```
$ more [options] [name of file to view]
```

对于 more 命令，默认设置是给出“已显示内容的百分比”。

10. 查找文件(find)

要想查找、定位任何文件，可以使用 find 命令，该命令的格式是：

```
$ find [options] [path to search target] [expressions]
```

该命令的常用选项包括：

- -name <string pattern>，搜索与<string pattern>匹配的文件。
- -iname <string pattern>，搜索与<string pattern>匹配的文件，忽略大小写之间的区别。
- -path <string pattern>，搜索与<string pattern>匹配的文件，包括完整的路径名。
- -ipath <string pattern>，搜索与<string pattern>匹配的文件，包括完整的路径名，忽略大小写之间的区别。
- -uid <user ID>，目标文件的数值用户 ID，用<user ID>指明。
- -user <user name>，目标文件的所有者，用<user name>指明。
- -gid <group ID>，目标文件的数值组 ID，用<group ID>指明。
- -group <group name>，目标文件所属的组，用<group name>指明。

11. 搜索字符串(grep)

如果打算搜索文本文件中的文本字符串，应使用命令 grep，该命令的格式是：

```
$ grep [options] [string pattern for search] [target files]
```

该命令的常用选项包括：

- -i，在搜索过程中，忽略大小写字符之间的区别。
- -l，不同于常规的搜索结果，仅列出文件的名称。
- -n，显示行的号码。
- -x，仅搜索与整个“string pattern”行相匹配的结果。

```
11: initrd = /boot/initrd
```

其中，-n 选项可以在显示出的搜索结果上添加行号。

12. 压缩和解压缩文件(gzip)

在很多场合下，你可能会希望通过压缩来降低大文件的尺寸，而有些时候，你可能又需要对已经压缩的文件进行解压缩操作(已压缩的文件具有.gz 的扩展名)。执行这类任务

时,可以使用命令 gzip。使用命令 gzip 的格式如下:

```
$ gzip [options] [file name]
```

该命令常用的选项有:

- -d,解压缩文件。如果省略了-d 选项,将执行压缩操作。
- -f,强制覆盖具有相同名称的文件。
- -v,以详细方式显示操作结果。

13. 创建和提取归档文件(tar)

使用命令 tar,你可以将多个文件合并到一个单独的归档文件中。并且这些文件可以进行压缩处理。对于归档系统硬盘、移动硬盘或磁带上的重要数据来说,该命令十分有效。

命令 tar 的使用格式是:

```
$ tar [options] [file name of archive] [target file name]
```

命令 tar 能使用的常见选项包括:

- -c,创建一个新的归档文件。
- -f,使用文件名来创建归档文件。
- -v,按详细方式列出已处理的文件。
- -x,从归档文件中提取文件。
- -z,使用 gzip,在将文件添加到归档文件前对其进行压缩,或者是从归档文件中提取出文件后,对提取出的文件进行解压缩。

本章小结

计算机系统对需要长期保存的信息大多是以文件的形式存储在外存储器上。磁盘作为一种主要的外存储器被广泛使用。文件管理系统采用目录结构形式对文件进行有效管理。

磁盘的物理结构由磁头、磁道、柱面、扇区构成。

磁盘的调度算法分为移臂调度和旋转调度。

文件的物理结构包括连续结构、链接结构、索引结构、索引顺序文件等。

文件目录结构有一级目录结构、二级目录结构、多级目录结构和图形目录结构等。

常用的空闲空间的管理方法有空闲区表、位示图和空闲块链和成组链接 4 种。

目录实现算法有线性表算法、哈希表算法等。

习题 6

一、选择题

1. 操作系统对文件实行统一管理,最基本的是为用户提供________功能。

   A. 按名存取　　　　B. 文件共享

   C. 文件保护　　　　D. 提高文件的存取速度

2. 采取哪种文件存取方式，主要取决于________。
A. 用户的使用要求
B. 存储介质的特性
C. 用户的使用要求和存储介质的特性
D. 文件的逻辑结构
3. 文件系统的按名存取主要是通过________实现的。
A. 存储空间管理
B. 目录管理
C. 文件安全性管理
D. 文件读写管理
4. 文件管理实际上是对________的管理。
A. 主存空间
B. 辅助存储空间
C. 逻辑地址空间
D. 物理地址空间
5. 树形目录中的主文件目录称为________。
A. 父目录
B. 子目录
C. 根目录
D. 用户文件目录
6. 逻辑文件可分为流式文件和________两类。
A. 索引文件
B. 链接文件
C. 记录式文件
D. 只读文件
7. 数据库文件的逻辑结构形式是________。
A. 链接文件
B. 流式文件
C. 记录式文件
D. 只读文件
8. 在文件系统中，________要求逻辑记录顺序与磁盘块顺序一致。
A. 顺序文件
B. 链接文件
C. 索引文件
D. 串联文件
9. 索引结构为每个文件建立一张索引表，用来存放________。
A. 逻辑记录的地址
B. 部分数据信息
C. 主键内容
D. 逻辑记录存放位置的指针
10. 文件系统中，要求物理块必须连续的物理文件是________。
A. 顺序文件
B. 链接文件
C. 串联文件
D. 索引文件

二、填空题

1. 文件系统是操作系统中的重要组成部分，它对________进行管理。

2. 文件管理的主要工作是管理用户信息的存储、________、更新、________和保护。

3. 文件管理为用户提供________存取文件的功能。

4. 文件存取有多种方式，采用哪一种方式与用户的使用要求和________的特征有关。

5. 存储介质上连续信息所组成的一个区域称为________，它是存储设备与主存之间信息交换的物理单位。

6. 从对文件信息的存取次序考虑，存取方法可分为________和________两类。

7. 一级目录结构在文件目录中登记的各个文件都有________文件名。

8. 在二级目录结构中，第一级为________，第二级为________。

9. 在树形目录结构中，________是从根目录出发到某文件的通路上所有各级子目录名和该文件名的顺序组合。

10. 索引结构为每个文件建立一张________，把指示每个逻辑记录存放位置的指针集中在这张表中。

三、简答题

1. 简述文件、文件系统的概念。

2. 文件从不同角度可以分为哪几类？

3. 具体阐述常用的几种文件物理结构及其优缺点。

4. 文件目录结构有哪几种？各有什么优缺点？

四、计算题

1. 假设磁带的记录密度为1600Bpi(字节/英寸)，每个逻辑记录长为200字节，块与块之间的间隔为0.5英寸，请回答下列问题：(1)不采用成组操作时，磁带空间的利用率是多少？(2)采用块因子为6做成组操作时，磁带空间的利用率为百分之几？(3)为了使磁带空间的利用率大于80%，采用记录成组时其块因子至少为多少？

2. 假设一个磁盘组共有100个柱面，每键面有8个磁道，每个盘面被分成4个扇区。若逻辑记录的大小与扇区大小一致，柱面、磁道、扇区的编号均从“0”开始，现用字长为16位的200个字(第0字至第199字)组成位示图来指示磁盘空间的使用情况。请问：(1)文件系统发现位示图中第15字第7位为0而准备分配给某一记录时，该记录会存放到磁盘的哪一块上？此块的物理位置(柱面号，磁头号和扇区号)如何？(2)删除文件时要归还存储空间，第56柱面第6磁道第3扇区的块就变成了空闲块，此时，位示图中第几字第几位应由1改为0？

习题6参考答案

一、选择题

1. A 2. C 3. B 4. B 5. C 6. C 7. C 8. A 9. D 10. A

二、填空题

1. 信息 2. 检索，共享 3. 按文件名 4. 存储介质 5. 块(或物理记录) 6. 顺序存取，随机存取 7. 不同 8. 主文件目录，用户文件目录 9. 路径名(或绝对路径名) 10. 索引表

三、简答题

1. **答**：文件(file)是具有符号名的、在逻辑上具有完整意义的一组相关信息项的集合。文件系统，就是操作系统中实现文件统一管理的一组软件和相关数据的集合，专门负责管理和存取文件信息的软件机构。

2. **答**：按文件性质和用途分类，可将文件分为系统文件、库文件和用户文件。按信息保存期限分类，可将文件分为临时文件、档案文件和永久文件。按文件的保护方式分类，可将文件分为只读、读写、可执行和不保护文件。目前常用的文件系统类型有FAT、NTFS、Ext2、Ext3、HPFS等。

3. **答**：

(1) 顺序结构：这是一种最简单的物理结构，它把逻辑上连续的文件信息依次存放在连续编号的物理块中。只要知道文件在存储设备上的起始地址和文件长度就能很快地进行存取。

(2) 链接结构：这种结构将逻辑上连续的文件分散存放在若干不连续的物理块中，每个物理块没有一个指针，指向其后续的物理块。只要指明文件第一个块号，就可以按链指针检索整个文件。这种结构的优点是文件长度容易动态变化，其缺点是不适合随机访问。

(3) 索引结构：采用这种结构，逻辑上连续的文件存放在若干不连续的物理块中，系统为每个文件建立一张索引表，索引表记录了文件信息所在的逻辑块号。索引表也以稳健的形式存放在磁盘上。给出索引地址，就可以查找与文件逻辑块号对应的物理块号。如果索引表过大，可以采用多级索引结构。

(4) 索引顺序机构：索引表每一项在磁盘上按顺序连续存放物理块中。

4. **答**：文件目录结构一般有一级目录结构、二级目录结构和多级目录结构。一级目录结构的优点是简单，缺点是文件不能重名，限制了用户对文件的命名。二级目录结构实现了文件从名字空间到外存地址空间的映射，其优点是有利于文件的管理、共享和保护；不同的用户可以命名相同文件名的文件，不会产生混淆，解决了命名冲突问题。缺点是不能对文件分类，当用文件较多时查找速度慢。多级目录结构优点是便于文件分类，可为每类文件建立一个子目录；查找速度快，因为每个目录下的文件数目较少；可以实现文件共享。缺点是比较复杂。

四、计算题

1. **答案**：(1)间隔＝1600×0.5＝800(字节)；200/(200＋800)＝20%。所以不采用成组操作时磁带空间的利用率为20%。

(2) (200×6)/(200×6＋800)＝60%；所以采用成组操作时磁带空间的利用率为60%。

(3) 设块因子为x，则$200x/(200x+800)>0.8$；$250x>200x+800$；$50x>800$；$x>16$。所以块因子至少为17。

2. (1)块号＝15×字长＋7＝15×16＋7＝247；柱面号＝[块号/每柱面扇区数]＝[247/(8×4)]＝7；磁头号＝[(块号 mod 每柱面扇区数)/每盘面扇区数]＝[(247 mod 32)/4]＝5；扇区号＝(块号 mod 每柱面扇区数)mod 每盘面扇区数＝(247 mod 32) mod 4＝3。所以该记录会存放在第247块上，即在第7个柱面，第5磁头，第3个扇区上。

(2) 块号＝柱面号×每柱面扇区数＋磁头号×每盘面扇区数＋扇区号＝56×(8×4)＋6×4＋3＝1819；字号＝[块号/字长]＝[1819/16]＝113；位号＝块号 mod 字长＝1819 mod 16＝11。所以位示图中第113字第11位应由1变成0。

第7章 输入/输出管理

输入/输出是用户与系统交互的工具，输入/输出管理是操作系统的重要组成部分之一。如果说处理器和存储器是计算机系统的大脑，输入/输出设备就是计算机系统的五官与四肢，它们把外部的信息传送给操作系统，再把经过加工的信息返送给用户。因此，有效地管理和利用这些设备是操作系统的主要任务之一。

本章主要讨论输入/输出管理的基本概念，包括输入/输出设备的分类、层次结构、控制方式、中断、缓冲、设备分配及 Linux 设备的管理等。

7.1 I/O 管理概述

7.1.1 I/O 设备分类

从不同的角度出发，I/O 设备可分成不同的类型。下面列举几种常见的分类方法。

1. 按设备的使用特性分类

按设备的使用特性可以将计算机设备分为存储设备和 I/O 设备两大类。存储设备是计算机用来保存各种信息的设备，如磁盘、磁带等。I/O 设备是向 CPU 传输信息或输出经 CPU 加工处理过信息的设备，如键盘是输入设备，显示器和打印机是输出设备。

2. 按设备的共享属性分类

按设备的共享属性可以将设备分为独占设备、共享设备和虚拟设备。

独占设备是指在一段时间内只允许一个用户进程使用的设备。系统一旦把这类设备分配给某个进程后，便由该进程独占，直至用完释放。多数低速 I/O 设备都属于独占设备，如打印机就是典型的独占设备，若几个用户进程共享一台打印机，则它们的输出结果可能交织在一起难以识别。

共享设备是指在一段时间内允许多个进程使用的设备。如磁盘就是典型的共享设备，若干个进程可以交替地从磁盘上读写信息，当然，在每一个时刻，一台设备只允许一个用户进程访问。

虚拟设备是指通过虚拟技术将一台独占设备改造成若干台逻辑设备，供若干用户进程同时使用，通常把这种经过虚拟技术处理后的设备称为虚拟设备。

3. 按信息交换单位分类

按信息交换单位可以将 I/O 设备分为块设备和字符设备。字符设备所处理信息的基本单位是字符，如键盘、打印机和显示器是字符设备。

4. 按传输速度分类

按传输速度的高低，可将 I/O 设备分为低速设备、中速设备、高速设备 3 类。

低速设备是指其传输速率仅为每秒钟几个字节至几百个字节的一类设备。如鼠标、键盘、语音的输入和输出等设备。

中速设备是指其传输速率在每秒钟数千个至数万个字节的一类设备。如行式打印机、激光打印机等。

高速设备是指其传输速率在每秒钟数百万个至数十兆字节的一类设备。如磁带机、磁盘机、光盘机等。

7.1.2 I/O 设备管理功能

I/O 设备管理的主要任务是完成用户提出的 I/O 请求，为用户分配 I/O 设备，以提高设备的利用率，方便用户使用。为了完成上述任务，I/O 设备管理应具备以下功能：

(1) 设备分配。按照设备类型和相应的分配算法决定将 I/O 分配给哪一个要求使用该设备的进程。如果 I/O 设备和 CPU 之间还存在着设备控制器和通道，则还需要分配相应的设备控制器和通道，以保证 I/O 设备与 CPU 之间有传递信息的通路。凡未分配到所需设备的进程应放入一个等待队列。为了实现设备分配，系统中应设置一些数据结构，用于记录设备的状态。

(2) 设备处理。设备处理程序实现 CPU 和设备控制器之间的通信。进行 I/O 操作时，由 CPU 向设备控制器发出 I/O 指令，启动设备；当操作完成时，I/O 能对设备发来的中断请求做出及时的响应和处理。

(3) 缓冲管理。设置缓冲区的目的是缓和 CPU 与 I/O 设备速度不匹配的矛盾。缓冲管理程序负责完成缓冲区的分配、释放及有关的管理工作。

(4) 设备独立性。是指应用程序独立于实际使用的物理设备。用户在编制应用程序时，要尽量避免直接使用实际设备名。

7.1.3 设备控制器与 I/O 通道

1. 设备控制器

设备一般由机械和电子两部分组成，设备的电子部分通常称为设备控制器。设备控制器处于 CPU 和 I/O 设备之间，它接收从 CPU 发来的命令，并控制 I/O 设备工作，这使得处理机可从繁杂的设备控制事务中摆脱出来。设备控制器是一个可编址设备，当它仅控制一个设备时，它只有一个设备地址；当它可以连接多个设备时，则应具有多个设备地址，每个地址对应一个设备。

设备控制器应具有以下功能：

(1) 接收和识别来自 CPU 的各种命令。CPU 向设备控制器发送的命令有多种，如读、写等，设备控制器应能够接收并识别这些命令。为此设备控制器中应设置控制寄存器，用以存放接收的命令及参数，并对所接收的命令进行译码。

(2) 实现 CPU 与设备控制器、设备控制器与设备之间的数据交换。为了实现数据交换，应设置数据寄存器，以存放传输的数据。

(3) 记录设备的状态供 CPU 查询。应设置状态寄存器记录设备状态，用其中的一位来反映设备的某种状态，如忙状态、闲状态等。

(4) 可识别控制的每个设备的地址。系统中的每一个设备都有一个设备地址，设备控制器应能够识别它所控制的每个设备地址，以正确地实现信息的传输。

大多数设备控制器由控制器与处理机的接口、控制器与设备的接口及 I/O 逻辑三部分组成，如图 7-1 所示。设备控制器与处理机的接口实现 CPU 与设备控制器之间的通信；设备控制器与设备的接口实现设备与设备控制器之间的通信；I/O 逻辑用于实现对设备的控制，它负责对接收到的 I/O 命令进行译码，再根据所译出的命令对所选择的设备进行控制。

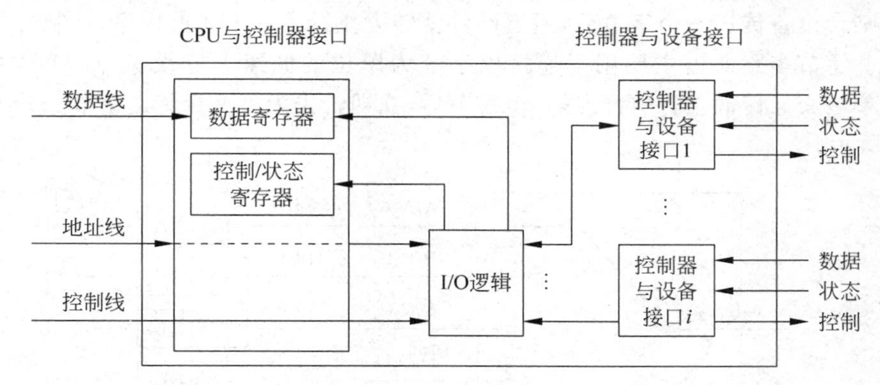

图 7-1　设备控制器的组成

2. I/O 通道

实际上，I/O 通道是一种特殊的处理机，专门负责输入/输出工作。I/O 通道与处理机一样，有运算控制逻辑，有自己的指令系统，也在程序控制下工作。但 I/O 通道又与一般的处理机不同，主要表现在以下两个方面：一是通道的指令系统比较简单，一般只有数据传送指令、设备控制指令等，这是由于通道硬件比较简单，其所能执行的命令，主要局限于与 I/O 操作有关的指令；二是通道没有自己的内存，通道所执行的通道程序是放在主机的内存中的，换言之，通道与 CPU 共享内存。

I/O 通道具备以下几个功能：

(1) 接收 CPU 发来的 I/O 指令，根据指令要求选择一台指定的外围设备与通道相连接。

(2) 执行 CPU 为通道组织的通道程序，从主存中取出通道指令，对通道指令进行译码，并根据需要向被选中的设备控制器发出各种操作命令。

(3) 给出外围设备的有关地址，即进行读/写操作的数据所在的位置。如磁盘存储器的柱面号、磁头号、扇区号等。

(4) 给出主存缓冲区的首地址，这个缓冲区用来暂时存放从外围设备上输入的数据，或者暂时存放将要输出到外围设备中去的数据。

(5) 控制外围设备与主存缓冲区之间数据交换的个数，对交换的数据个数进行计数，并判断数据传送工作是否结束。

(6) 指定传送工作结束时要进行的操作。

(7) 检查外围设备的工作状态是正常或故障。根据需要将设备的状态信息送往主存指定单元保存。

(8) 在数据传输过程中完成必要的格式变换。例如，把字拆解为字节，或者把字节装配成字。

根据信息交换方式的不同，可以将通道分成 3 种类型：字符多路通道、数据选择通道、数据多路通道。

1) 字节多路通道(Byte Multiplexor Channel)

字节多路通道以字节为单位传输信息，它可以分时地执行多个通道程序。当一个通道程序控制某台设备传送一个字节后，通道硬件就转去执行另一个通道程序，控制另一台设备传送信息。字节多路通道主要用于连接以字节为单位的低速 I/O 设备，如打印机、终端。以字节为单位交叉传输，当一台传送一个字节后，立即转去为另一台传送字节。其工作原理如图 7-2 所示。

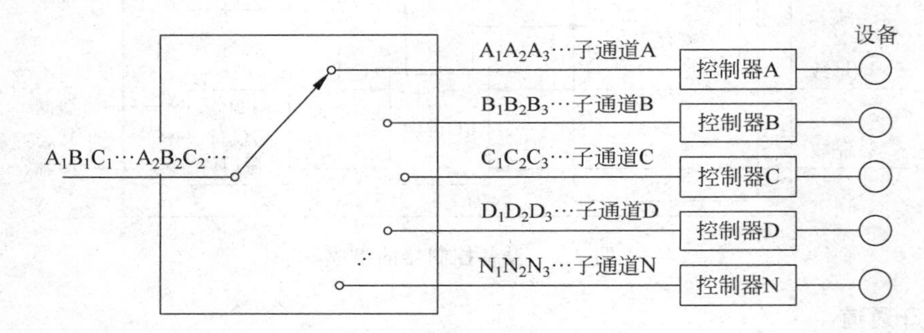

图 7-2　字节多路通道的工作原理

2) 数组选择通道(Block Selector Channel)

字节多路通道不适于连接高速设备，这推动了按数组方式进行数据传送的数组选择通道的形成。这种通道虽然可以连接多台高速设备，但由于它只含有一个分配型子通道，在一段时间内只能执行一道通道程序，控制一台设备进行数据传送，致使当某台设备占用了该通道后，便一直由它独占，即使它无数据传送，通道被闲置，也不允许其他设备使用该通道，直至该设备传送完毕释放该通道。可见，这种通道的利用率很低。

3) 数组多路通道(Block Multiplexor Channel)

数组选择通道虽有很高的传输速率，但它每次只允许一个设备传输数据。数组多路通道是将数组选择通道传输速率高和字节多路通道能使各子通道(设备)分时并行操作的优点相结合形成的一种新通道。数组多路通道先为一台设备执行一条通道指令，然后自动转接，为另一台设备执行通道指令。对于连接多台磁盘机的数组多路通道，可以同时执行移臂定位操作，然后，按序交叉地传输一批批数据。

数组多路通道含有多个非分配型子通道，因而这种通道既具有很高的数据传输速率，又能获得令人满意的通道利用率。也正因为如此，该通道被广泛地用于连接多台高、中速的外围设备，其数据传送是按数组方式进行的。

7.2 I/O 软件层次

I/O 软件设计的基本思想是将设备管理软件组织成一种层次结构。其中低层软件与硬件相关，用来屏蔽硬件的具体细节，而高层软件则为用户提供一个友好、清晰而统一的接口。

I/O 设备管理软件一般分为 4 层，分别是：中断处理程序、设备驱动程序、与设备无关的软件和用户空间的软件。下面将按自底向上的次序讨论每一层软件。

7.2.1 中断处理程序

中断是指计算机系统内发生了某一急需处理的事件，使得 CPU 暂时中止当前正在执行的程序，而转去执行相应的事件处理程序，待处理完毕后又返回到原来被中断处继续执行。

当设备完成 I/O 操作时，便向 CPU 发送一个中断信号，CPU 响应中断后便转入中断处理程序。无论是哪种 I/O 设备，其中断处理程序的处理过程大体相同，步骤如下：

(1) 唤醒被阻塞的驱动程序进程。当中断处理程序开始执行时，必须唤醒被阻塞的驱动程序进程。

(2) 保护被中断进程的 CPU 环境。中断发生时，应保存被中断进程的 CPU 现场信息，以便中断完成后继续执行被中断进程。

(3) 分析中断原因，转入相应的设备中断处理程序。由 CPU 确定引起本次中断的设备，然后转到相应的中断处理程序执行。

(4) 进行中断处理。设备中断处理程序从设备控制器读出设备状态，并判断本次设备中断是正常结束还是异常结束。若为正常结束，设备驱动程序便可做结束处理；若为异常结束，则需根据发生异常的原因做相应处理。

(5) 恢复被中断进程的现场。当中断处理完成后，便可恢复现场信息，使被中断的进程继续执行。

7.2.2 设备驱动程序

所有与设备相关的代码放在设备驱动程序中，由于设备驱动程序与设备密切相关，因此应为每一类设备配置一个驱动程序，或为一类密切相关的设备配置一个驱动程序。例如，系统支持若干不同品牌的终端，这些终端之间只有很细微的差别，可以为所有这些终端设计一个终端驱动程序；若系统支持的终端性能差别很大，则必须为它们分别设计不同的终端驱动程序。

设备驱动程序的任务是接收来自与设备无关的上层软件的抽象请求，将这些请求转换成设备控制器可以接受的具体命令，再将这些命令发送给设备控制器，并监督这些命令是否正确执行。如果请求到来时设备驱动程序是空闲的，它立即开始执行这个请求；若设备驱动程序正在执行一个请求，则它将新到来的请求插入到等待队列中。设备驱动程序是操作系统中唯一知道设备控制器中设置了多少个寄存器、这些寄存器有何用途的程序。

以磁盘为例，实现一个 I/O 请求的第一步是将这个抽象请求转换成具体的形式。对于磁盘驱动程序来说，要计算请求块实际在磁盘上的位置，检查驱动器的电机是否正在运转，确定磁头是否定位在正确的柱面上，等等。简言之，它必须决定需要设备控制器做哪些操作，以及按照什么样的次序执行操作。一旦明确应向设备控制器发送哪些命令，它就向设备控制器写入这些命令。一些设备控制器一次只能接收一条命令，另一些设备控制器则可以接收一个命令表，然后自行控制命令的执行，不再求助于操作系统。

在设备驱动程序发出一条或多条命令后，系统有两种处理方式。多数情况下，设备驱动程序必须等待控制器完成操作，所以设备驱动程序阻塞自己，直到中断信号将其唤醒。而在有的情况下，操作很快完成，基本没有延迟，因而设备驱动程序不需要阻塞。例如，某些终端的滚屏操作，只要把几个字节写入设备控制器的寄存器中即可。无须任何机械操作，整个操作几微秒就能完成，因此，设备驱动程序不必阻塞。

对于前一种情况，被阻塞的设备驱动程序将由中断唤醒；而后一种情况，设备驱动程序从没有进入阻塞状态。上述任何一种处理方式，在操作完成后，都必须检查是否有错。若一切正常，设备驱动程序负责将数据传送到与设备无关的软件层(如刚刚读的一块)。最后，它向调用者返回一些用于错误报告的状态信息。若还有其他未完成的请求在排队，则选择一个启动执行。若队列中没有未完成的请求，则设备驱动程序等待下一个请求。

7.2.3 与设备无关的 I/O 软件

虽然 I/O 软件中的一部分(如设备驱动程序)与设备相关，但大部分软件是与设备无关的。至于设备驱动程序与无关软件之间的界限，则随操作系统的不同而不同。具体划分取决于系统的设计者怎样权衡系统与设备的独立性、设备驱动程序的运行效率等诸多因素。对于一些按照设备独立方式实现的功能，出于效率和其他方面的考虑，也可以由设备驱动程序实现。

与设备无关的 I/O 软件的基本任务是实现一般设备都需要的 I/O 功能，并向用户空间软件提供一个统一的接口。与设备无关软件通常应实现的功能包括：设备命名、设备保护、提供与设备无关的逻辑块、缓冲、存储设备的块分配、独占设备的分配和释放、出错处理。

1. 设备命名

如何给文件和设备命名是操作系统中的一个主要问题。与设备无关的 I/O 软件负责把设备的符号名映射到相应的设备驱动程序上。例如，在 UNIX 系统中，像/dev/tty00 这样的设备名，唯一确定了一个特殊文件的 i 节点，这个 i 节点包含了主设备号和次设备号。主设备号用于寻找对应的设备驱动程序，而次设备号提供了设备驱动程序的有关参数，用来确定要读写的具体设备。

2. 设备保护

设备保护与设备命名机制密切相关。对设备进行必要的保护，防止无授权的应用或用户非法使用设备等是设备保护的主要任务。在操作系统中如何防止无授权的用户存取设备取决于具体的系统实现。比如在 MS-DOS 中，操作系统根本没有对设备设计任何保护机制。在大多数大型计算机系统中，用户进程对 I/O 设备的直接访问是完全禁止的；而 UNIX 系统则采用一种更灵活的保护方式，对于系统中的 I/O 设备使用存取权限来进行保护，系统管理员可以根据需要为每一个设备设置适当的存取权限。

3. 提供与设备无关的逻辑块

不同的磁盘可以采用不同的扇区尺寸，与设备无关软件的一个任务就是向较高层软件屏蔽这一事实，并给上层提供大小统一的块尺寸。例如，可以将若干扇区合并成一个逻辑块。这样较高层软件只与抽象设备打交道，不考虑物理扇区的尺寸而使用等长的逻辑块。同样，一些字符设备一次传输一个字符的数据，而其他字符设备却一次传输更多的数据，这些差别也必须在这一层隐藏起来。

4. 缓冲

常见的块设备和字符设备一般都会使用缓冲区。对于块设备而言，硬件一般一次读写一个完整的块，而用户进程是按任意单位读写数据的。如果用户进程只写了半块数据，则操作系统通常将数据保存在内部缓冲区中，等到用户进程写完整块数据后才将缓冲区的数据写到磁盘上。对于字符设备，当用户进程输出数据的速度快于设备输出数据的速度时，也必须使用缓冲。

5. 存储设备的块分配

在创建一个文件并向其中写入数据时，通常要为该文件分配新的存储块。为完成这一分配工作，操作系统需要为每个磁盘设置一张空闲磁盘块表或位示图，因查找一个空闲块的算法是与设备无关的，所以可以将其放在设备驱动程序上面和设备无关的软件层中处理。

6. 独占设备的分配和释放

由于设备在任一时刻只能被单个进程使用，这就要求操作系统对设备的使用请求进行检查，并根据设备的可用状况决定是否接收该请求。一个简单的处理方法是，要求进程直接通过 OPEN 打开设备特殊文件来提出请求。若设备不能用，则 OPEN 失败，关闭这种独占设备的同时释放该设备。

7. 出错处理

大多数情况下，出错处理是由设备驱动程序完成的。大多数错误是与设备密切相关的，因此只有设备驱动程序知道应如何处理(如重试、忽略或放弃)。但还有一些典型的错误不是由设备驱动程序处理的，如由于磁盘块受损而不能再读，设备驱动程序将尝试重读一定次数，若仍有错误，则放弃重读并通知与设备无关的软件，这样，如何处理这个错误就与设备无关了。如果在读一个用户文件时出现错误，操作系统会将错误信息报告给调用者。若在读一些关键的系统数据结构时出现错误，比如磁盘的空闲块表或位示图，操作系统则需打印错误信息，并向系统管理员报告相应错误。

7.2.4 用户空间的I/O软件

一般来说,大部分I/O软件都包含在操作系统中,但是仍有一小部分是由与用户程序链接在一起的库函数,甚至运行于内核之外的程序构成。通常的系统调用,包括I/O系统调用,就是由库函数实现的。例如,一个C语言编写的程序可以含有如下的系统调用:

```
count = write(fd, buffer, nbytes);
```

在该程序运行期间,库函数write将与程序链接在一起,并包含在运行时的二进制程序代码中。显然,这一类库函数也是I/O系统的组成部分。

通常,这些库函数所做的工作主要是把系统调用时所用的参数放在合适的位置,也有一些库函数完成非常实际的工作。例如,格式化输入/输出就是由库函数实现的,C语言中的一个例子是printf,它以一个格式字符串作为输入,其中可能带有一些变量,然后调用write输出格式化后的一个ASCII码串。标准I/O的过程包含许多涉及I/O的过程,它们都是作为用户程序的一部分运行。

并非所有的用户空间I/O软件都由库函数组成,Spooling系统是另一种用户空间I/O软件类型。Spooling系统是多道程序设计系统中处理独占I/O设备一种方法。以打印机为例,打印机是一种独占设备,若一个进程打开它后很长时间不使用,就会导致其他进程都无法使用这台打印机。避免这种情况的方法是创建一个特殊的守护进程以及一个特殊目录,称为Spooling目录。当某个进程要打印一个文件时,首先生成完整的待打印文件并将其存放在Spooling目录下,然后由守护进程完成该目录下文件的打印工作,守护进程是唯一一个拥有使用打印机特殊文件权限的进程。通过保护特殊文件以防止用户直接使用,可以解决进程空占打印机的问题。

需要指出的是,Spooling技术不仅适用于打印机这类输入/输出设备,还可以应用到其他一些情况。例如,在网络上传输文件常使用网络守护进程,发送文件前用户先将文件放在一个特定目录下,然后由网络守护进程将其取出发送。这种文件传送方式的一个用途便是Internet的电子邮件系统。Internet通过网络将大量的计算机连在一起,当用户需要发送电子邮件时,使用发送程序,该程序接收要发送的信件并将其送入一个Spooling目录,待以后发送。整个电子邮件系统在操作系统之外运行。

7.3 输入/输出控制方式

随着计算机技术的进步,输入/输出控制方式也在不断地发展。本节介绍几种常用的输入/输出控制方式。

7.3.1 程序直接控制方式

在早期的计算机系统中,由于没有中断机构,处理机对I/O设备的控制采用程序直接控制方式。

以数据输入为例，当用户进程需要输入数据时，由处理机向设备控制器发出一条 I/O 指令，启动设备进行输入，在设备输入数据期间，处理机通过循环执行测试指令，不间断地检测设备状态寄存器的值，当状态寄存器的值显示设备输入完成时，处理机将数据寄存器中的数据取出，送入内存指定单元，这一切完成后再启动设备去读下一个数据。相应地，当用户进程需要向设备输出数据时，也必须同样发出启动命令启动设备输出并等待输出操作完成。其工作流程如图 7-3(a)所示。

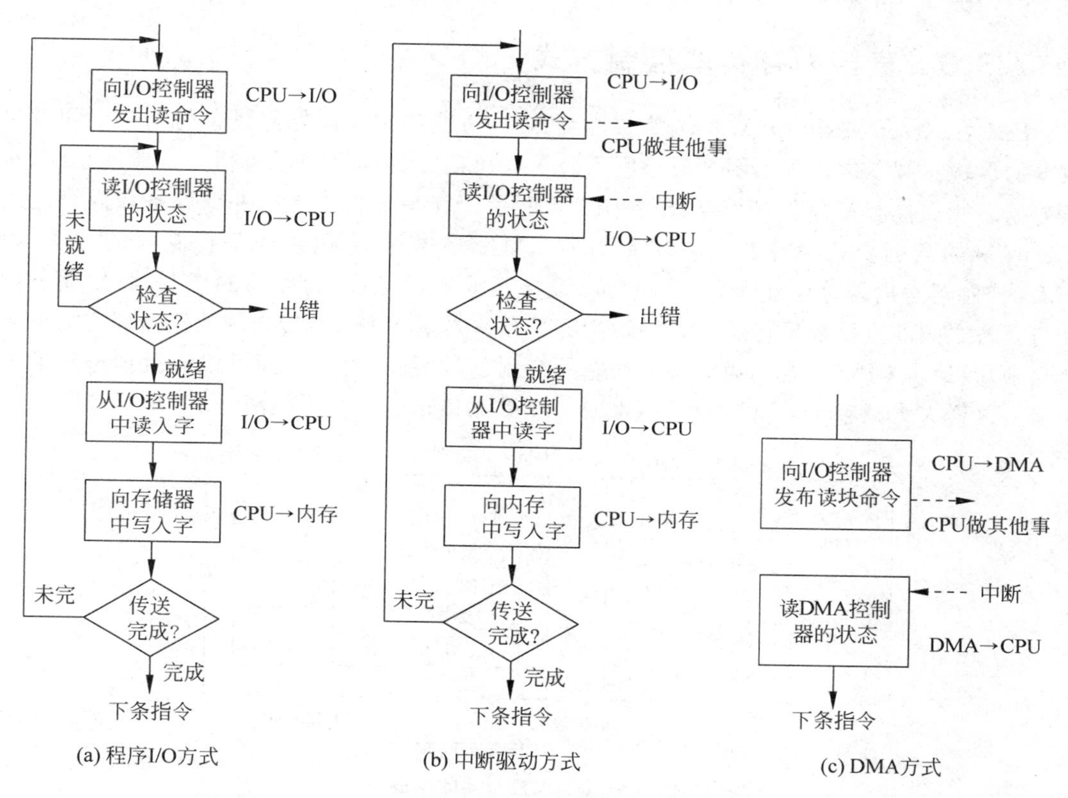

图 7-3 程序 I/O 和中断驱动方式的流程

程序直接控制方式的工作过程非常简单，但由于 CPU 的高速性和 I/O 设备的低速性间的矛盾，CPU 的绝大部分时间都处于等待 I/O 设备完成数据 I/O 的循环测试中，致使 CPU 的利用率相当低。因为 CPU 执行指令的速度高出 I/O 设备几个数量级，在循环测试中造成对 CPU 的极大浪费。在该方式中，CPU 之所以要不断地测试 I/O 设备的状态，就是因为无中断机构，I/O 设备无法向 CPU 报告它已完成了一个字符的输入操作。

7.3.2 中断控制方式

为了减少 CPU 等待时间，提高 CPU 与设备的并行工作程度，现代计算机系统中广泛采用中断控制方式对 I/O 设备进行控制。

以数据输入为例，当用户进程需要数据时，由 CPU 向设备控制器发出指令启动外设输入数据。在设备输入数据的同时，CPU 可以去做其他工作。当设备输入完成时，设备控制器会向 CPU 发送一个中断信号，CPU 接收到中断信号之后，执行设备中断处理程序。设备中断处理程序会将输入数据寄存器中的数据传送到某一特定内存单元中，供要求输入的进程使用，然后就可准备读下一个数据。

与程序直接控制方式相比，中断控制方式大大提高了 CPU 利用率，并且支持 CPU 与设备的并行工作。但这种控制方式仍然存在一些问题，如设备每输入/输出一个数据，都要求中断 CPU，这样在一批数据传送过程中，中断发生次数较多，这会耗费大量的 CPU 时间。图 7-3(b)描述了中断驱动方式的流程。

7.3.3 直接内存存取控制方式

DMA(Direct Memory Access，直接内存存取)方式用于高速外部设备与内存之间批量数据的传输。其工作流程如图 7-3(c)所示。一般而言，DMA 控制器包括一条地址总线、一条数据总线和控制寄存器三个部分，如图 7-4 所示。其基本思想是在外围设备和内存之间开辟直接的数据交换通路。它使用专门的 DMA 控制器，利用总线程控制权的方法，由 DMA 控制器送出内存地址和发出内存读、设备写或者设备读、内存写的控制信号，完成内存与设备之间的直接数据传送，而不用 CPU 干预。当本次 DMA 传送的数据全部完成时才产生中断，请求 CPU 进行结束处理。在它的控制下，设备和内存之间可以成批地进行数据交换。这样大大减轻了 CPU 的负担，也使 I/O 数据传送速度大大提高。

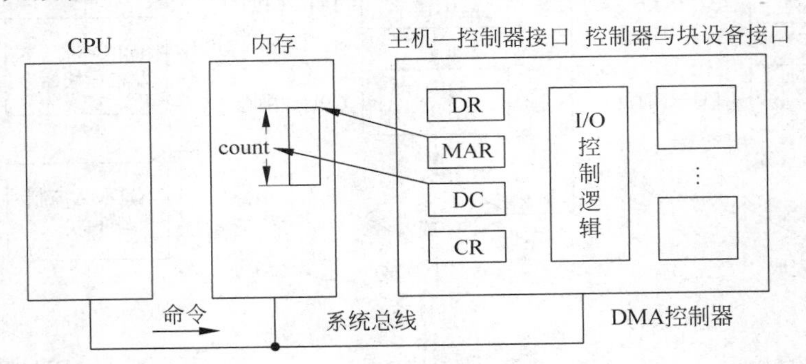

图 7-4 DMA 控制器的组成

这种方式一般用于设备的数据传输。当用户进程需要数据时，CPU 将准备存放输入数据的内存起始地址以及要传送的字节数，分别送入 DMA 控制器中的内存地址寄存器和传送字节计数器中，并启动设备开始进行数据传输。在设备输入数据的同时，CPU 可以去做其他工作。输入设备不断地挪用 CPU 工作周期，将数据寄存器中的数据源源不断地写入内存，直到要求传送的数据全部传送完毕。同样，DMA 控制器在传送完成时，向 CPU 发送中断信号，CPU 收到中断信号后执行中断处理程序，中断结束后返回中断程序。

DMA 控制方式与中断控制方式的主要区别是：中断控制方式在每个数据传送完成后中断 CPU，而 DMA 控制方式则是在所要求传送的数据全部传送结束时中断 CPU；中断控制方式的数据传送是在中断处理时由 CPU 控制完成，而 DMA 控制方式的数据传送则是在 DMA 控制器的控制下完成。不过，DMA 控制方式仍然存在一定局限性，如数据传送的方向、存放数据的内存起始地址及传送数据的长度等都由 CPU 控制，并且每台设备需要一个 DMA 控制器，当设备增加时，多个 DMA 控制器的使用也不经济。

7.3.4 通道控制方式

通道控制方式与 DMA 方式类似，也是一种以内存为中心，实现设备与内存直接交换数据的控制方式。与 DMA 方式相比，通道所需要的 CPU 干预更少，而且可以做到一个通道控制多台设备，从而更进一步减轻了 CPU 的负担。

在通道控制方式中，CPU 只需发出启动指令，指出要求通道执行的操作和使用的 I/O 设备，该指令就可以启动通道并使该通道从内存中调出相应的通道程序执行。

以数据输入为例，当用户进程需要数据时，CPU 发出启动指令明确要执行的 I/O 操作、所使用的设备和通道。当对应通道接收到 CPU 发来的启动指令后，把存放在内存中的通道程序读出，并执行通道程序，控制设备将数据传送到内存中指定的区域。在设备进行输入的同时，CPU 可以去做其他工作。当数据传送结束时，设备控制器向 CPU 发送中断请求。CPU 收到中断信号后转去执行中断处理程序，中断结束后返回中断程序。

通道作为一个用来控制外部设备工作的硬件机制，相当于一个功能简单的处理机。通道是独立于 CPU 的、专门负责数据的输入/输出传输工作的处理器，它对外部设备实行统一管理，代替 CPU 对 I/O 操作进行控制，从而使 I/O 操作可以与 CPU 并行工作。通道是实现计算机和传输并行的基础，可以提高整个系统的效率。

7.4 缓冲技术

提高处理机与外设并行程度的另一项技术是缓冲技术。缓冲技术是为了协调吞吐速度相差很大的设备之间数据传送的工作而出现的。在数据到达与离去速度不匹配的地方，就应该使用缓冲技术。缓冲好比是一个水库，上游来的水太多，下游来不及排走，水库就起到“缓冲”作用，先让水在水库中停一些时候，等下游能继续排水，再把水送往下游。图 7-5 是利用缓冲寄存器实现缓冲方式示意图。

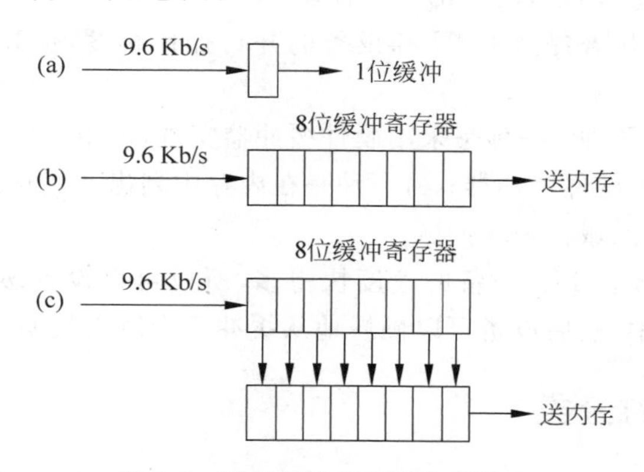

图 7-5 利用缓冲寄存器实现缓冲

7.4.1 缓冲技术的引入

虽然中断、DMA 和通道控制技术使得系统中设备和设备、设备和 CPU 得以并行工作，但是设备和 CPU 处理速度不匹配的问题客观存在。设备和 CPU 处理速度不匹配的问题制约了计算机系统性能的进一步提高。

例如，当用户进程一边计算一边打印输出数据时，若没有设置缓冲，则进程输出数据时，必然会因打印机的打印速度大大低于 CPU 计算数据的速度而使 CPU 停下来等待；另外，在用户进程进行计算时，打印机又因无数据输出而空闲等待。如果设置一个缓冲区，则用户进程可以将数据先输出到缓冲区中，然后继续执行；而打印机则可以从缓冲区中取出数据慢慢打印。因此，缓冲技术的引入缓和了 CPU 与设备速度不匹配的矛盾，提高了设备和 CPU 的并行操作程度、系统吞吐量和设备利用率。

而且，引入缓冲技术后可以减少设备对 CPU 的中断频率，放宽对中断响应时间的限制。例如，假设某设备在没有缓冲区之前传输一个字节中断 CPU 一次，如果在设备控制器中增设一个 100 字节的缓冲区，则设备控制器要等到存放 100 个字符的缓冲区装满以后才向 CPU 发出一次中断，从而使设备控制器对 CPU 的中断频率降低 100 倍。

因此，引入缓冲的主要原因，可归结为以下几点：

(1) 改善 CPU 与 I/O 设备间速度不匹配的矛盾。

例如一个程序，它时而进行长时间的计算而没有输出，时而又阵发性把输出送到打印机。由于打印机的速度跟不上 CPU，而使得 CPU 长时间的等待。如果设置了缓冲区，程序输出的数据先送到缓冲区暂存，然后由打印机慢慢输出。这时，CPU 不必等待，可以继续执行程序，实现了 CPU 与 I/O 设备之间的并行工作。事实上，凡在数据的到达速率与其离去速率不同的地方，都可设置缓冲，以缓和它们之间速度不匹配的矛盾。众所周知，通常的程序都是时而计算，时而输出的。

(2) 可以减少对 CPU 的中断频率，放宽对中断响应时间的限制。

如果 I/O 操作每传送一个字节就要产生一次中断，那么设置了 n 个字节的缓冲区后，可以等到缓冲区满才产生中断，这样中断次数就减少到 $1/n$，而且中断响应的时间也可以相应的放宽。

(3) 提高 CPU 和 I/O 设备之间的并行性。

缓冲技术的引入可显著提高 CPU 和设备的并行操作程度，提高系统的吞吐量和设备的利用率。

缓冲的实现方法有两种：一种是采用硬件缓冲器实现，但由于成本太高，除一些关键部位外，一般情况下不采用硬件缓冲器；另一种是在内存中划出一块存储区，专门用来临时存放输入/输出数据，这个区域称为缓冲区。

通常 CPU 的速度要比 I/O 设备的速度快得多，所以可以设置缓冲区，对于从 CPU 来的数据，先放在缓冲区中，然后设备可以慢慢地从缓冲区中读出数据。

7.4.2 缓冲的分类

根据系统设置的缓冲区个数，可以将缓冲区技术分为单缓冲、双缓冲、循环缓冲和缓冲池。

1. 单缓冲

单缓冲是操作系统提供的一种最简单的缓冲形式，即在设备和处理机之间设置一个缓冲器。设备和处理机交换数据时，先把被交换数据写入缓冲器，然后，需要数据的设备或处理机从缓冲器取走数据。由于缓冲器属于临界资源，即不允许多个进程同时对一个缓冲器操作，因此，尽管单缓冲能匹配设备和处理机的处理速度，但是，设备和设备之间不能通过单缓冲达到并行操作。也就是说，由于只设置了一个缓冲区，设备和处理机交换数据时，应先把要交换的数据写入缓冲区，然后，需要数据的设备和处理机从缓冲区取走数据，故设备与处理机对缓冲区操作是串行的。

单缓冲工作原理示意图如图 7-6 所示。当用户进程发出一个 I/O 请求时，操作系统便在内存中为它分配一个缓冲区。在块设备输入时，先从磁盘把一块数据输入缓冲区，假设所花费的时间为 T；然后由操作系统将缓冲区的数据传送到用户区，假设花费时间为 M；接下来 CPU 对这一块数据进行计算，假设计算时间为 C；则系统对每一块数据的处理时间为 $\max(C,T)+M$。通常，M 远小于 T 或 C。而如果没有缓冲区，数据将直接进入用户区，则每块数据的处理时间将为 $T+C$。同样在块设备输出时，要先将要输出的数据从用户区复制到缓冲区，然后再将缓冲区中的数据写入设备。

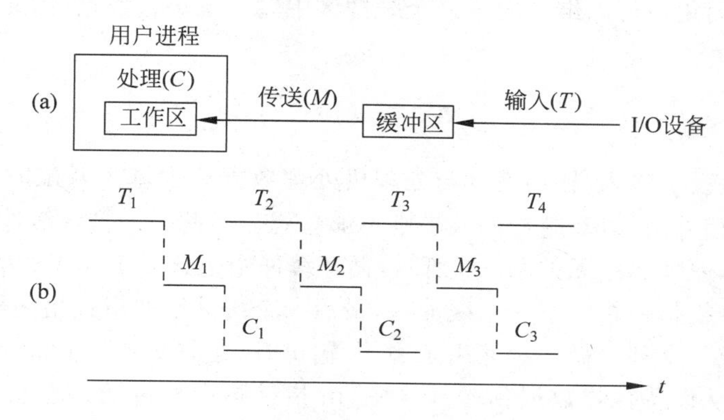

图 7-6　单缓冲工作原理示意图

在字符设备输入时，缓冲区用于暂存用户输入的一行数据。在输入期间，用户进程阻塞以等待一行数据输入完毕；在输出时，用户进程将一行数据送入缓冲区后继续执行计算。当用户进程已有第二行数据要输出时，若第一行数据尚未输出完毕，则用户进程阻塞。

2. 双缓冲

引入双缓冲可以提高处理机与设备的并行操作程度。其工作原理示意图如图 7-7 所示，在块设备输入时，输入设备先将第一个缓冲区装满数据，在输入设备装填第二个缓冲区的同时，操作系统可以将第一个缓冲区中的数据传送到用户区，供处理机计算；当第一个缓冲区中的数据处理完后，若第二个缓冲区已装填满，则处理机又可以处理第二个缓冲区中的数据，而输入设备又可以装填第一个缓冲区。显然，双缓冲的使用提高了处理机和输入设备并行操作的程度。

只有当两个缓冲区都空，进程还要提取数据时，该进程阻塞。采用双缓冲时系统处理一块数据的时间可以粗略地估计为 $\max(C,T)$。如果 $C<T$，则可使块设备连续输入；如果 $C>T$，则可使处理机连续计算。

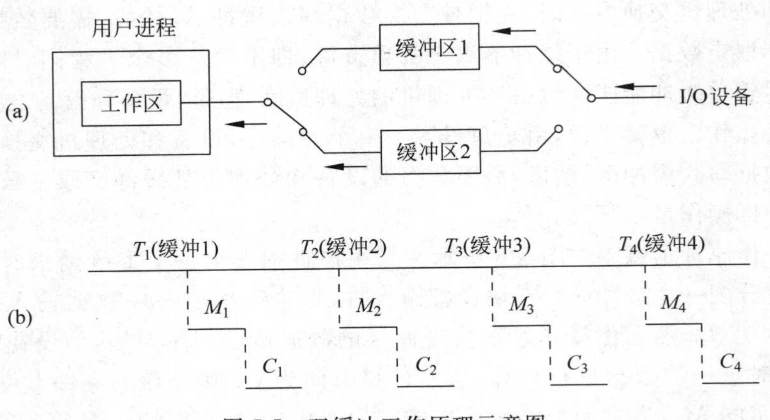

图 7-7 双缓冲工作原理示意图

在字符设备输入时，若采用行输入方式和双缓冲，则在用户输入完第一行后，CPU 可执行第一行的命令，而用户可以继续向第二个缓冲区中输入下一行数据，因此用户进程一般不会阻塞。

3. 循环缓冲

双缓冲方案在设备输入/输出速度与处理机处理数据速度基本匹配时能获得较好的效果，但若两者速度相差甚远，双缓冲的效果则不够理想。为此引入循环缓冲技术。

循环缓冲工作原理示意图如图 7-8 所示，循环缓冲中包含多个大小相等的缓冲区，每个缓冲区中有一个链接指针指向下一个缓冲区，最后一个缓冲区的指针指向第一个缓冲区，这样多个缓冲区构成一个环。循环缓冲用于输入/输出时，还需要有两个指针 in 和 out。对于输入而言，首先要从设备接收数据到缓冲区中，in 指针指向可以输入数据的第一个空缓冲区；当用户进程需要数据时，从循环缓冲中取一个装满数据的缓冲区，并从此缓冲区中提取数据，out 指针指向可以提取数据的第一个满缓冲区。显然，对输出而言正好相反，进程将处理过的需要输出的数据送到空缓冲区中，而当设备空闲时，从满缓冲区中取出数据向设备输出。

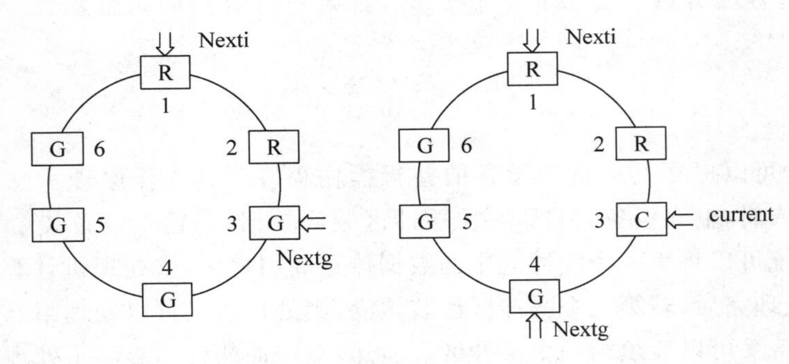

图 7-8 循环缓冲工作原理示意图

4. 缓冲池

循环缓冲一般适用于特定的 I/O 进程和计算进程，因而当系统中进程很多时，将会有许多这样的缓冲，这不仅要消耗大量的内存空间，而且其利用率也不高。目前计算机系统中广泛使用缓冲池，缓冲池中的缓冲区可供多个进程共享。

缓冲池是由多个缓冲区组成的，其中的缓冲区可供多个进程共享，且既能用于输入又能用于输出。缓冲池中的缓冲区按其使用状况可以形成3个队列：空缓冲队列、装满输入数据的缓冲队列（输入队列）和装满输出数据的缓冲队列（输出队列）。

除上述3个队列以外，还应具有4种工作缓冲区，如图7-9所示：用于收容输入数据的工作缓冲区hin、用于提取输入数据的工作缓冲区sin、用于收容输出数据的工作缓冲区hout及用于提取输出数据的工作缓冲区sout。

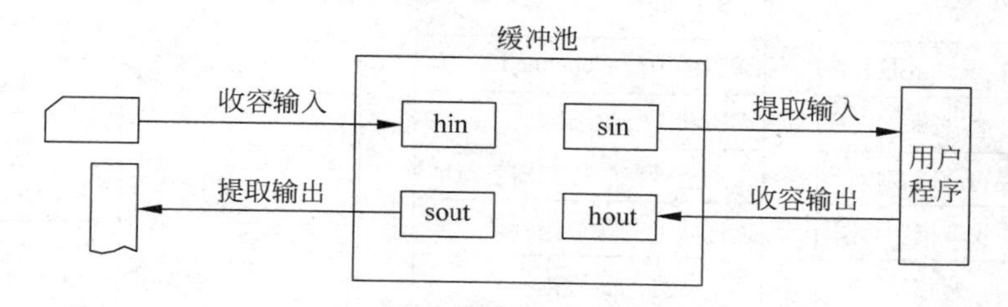

图7-9 缓冲区的工作方式

当输入进程需要输入数据时，便从空缓冲队列的队首摘下一个缓冲区，把它作为收容输入工作缓冲区，然后把数据输入其中，装满后再将它挂到输入队列队尾。当计算进程需要输入数据时，便从输入队列取得一个缓冲区，作为提取输入工作缓冲区，计算进程从中提取数据，数据用完后再将它挂到空缓冲队列队尾。当计算进程需要输出数据时，便从空缓冲队列的队首取一个空缓冲区，作为收容输出的工作缓冲区，当其中装满输出数据后，再将它挂到输出队列队尾。当要输出时，由输出进程从输出队列中取得一个装满输出数据的缓冲区，作为提取输出工作缓冲区，当数据提取完后，再将它挂到空缓冲队列的末尾。

7.5 设备分配

设备分配是设备管理的功能之一，当进程向系统提出I/O请求之后，设备分配程序将按照一定的分配策略为其分配所需的设备，同时还要分配相应的设备控制器和通道，以保证CPU与设备之间的通信。

7.5.1 设备分配中的数据结构

为了实现对I/O设备的管理和控制，需要对每台设备、通道、控制器的有关情况进行记录。设备分配依据的主要数据结构有设备控制表(DCT)（如图7-10(a)所示）、控制器控制表(COCT)（如图7-10(b)所示）、通道控制表(CHCT)（如图7-10(c)所示）和系统设备表(SDT)（如图7-10(d)所示）。以上4张表构成了设备分配中的数据结构。

系统为每一个设备配置一张设备控制表，用于记录设备的特性及与I/O设备控制器连接的情况。设备控制表中包括设备标识符、设备类型、设备状态、设备等待队列指针、与设备连接的控制器表指针等。其中，设备状态用来指示设备是忙是闲，设备等待队列指针指向由等待使用该设备的进程组成的等待队列，控制器表指针指向与该设备连接的控制器的控制表。

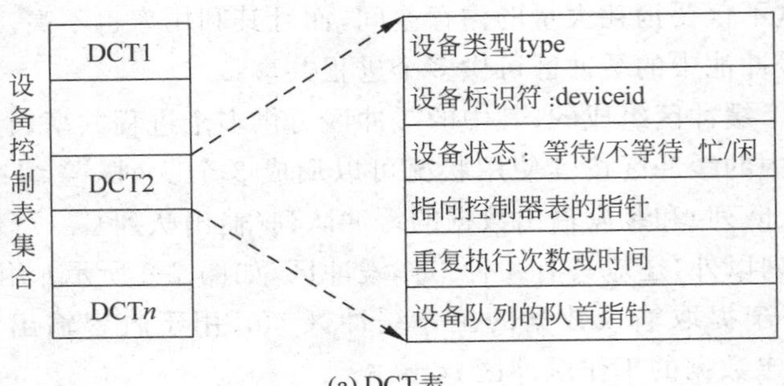

(a) DCT表

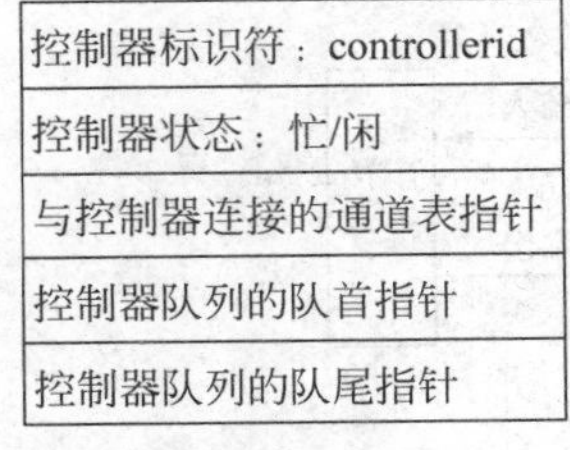

(b) 控制器控制表COCT

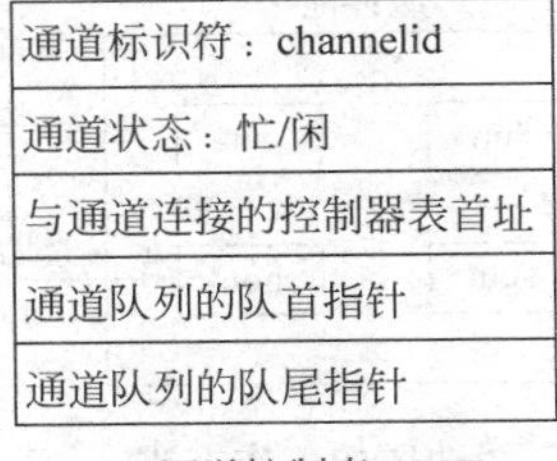

(c) 通道控制表CHCT

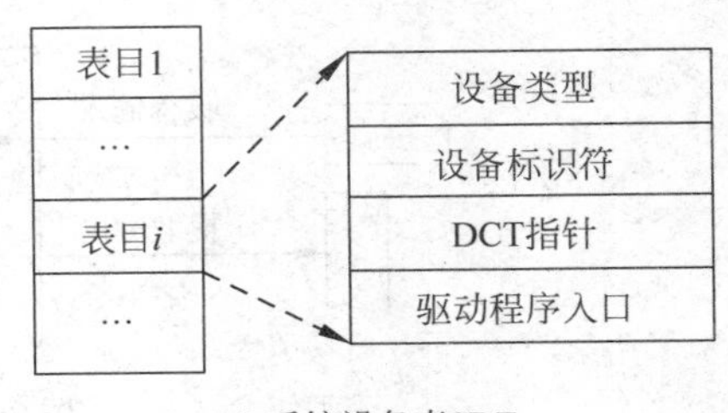

(d) 系统设备表SDT

图 7-10 DCT、COCT、CHCT 和 SDT 表

控制器控制表也是每个控制器一张，它反映控制器的使用状态以及和通道的连接情况等。控制器控制表内容包括：控制器标识符、控制器状态、与控制器连接的通道表指针、控制器等待队列指针等。

每个通道都配有一张通道控制表。通道控制表内容包括通道标识符、通道状态、等待获得该通道的进程等待队列指针(即通道等待队列指针)等。

系统设备表是整个系统一张，它记录已连接到系统中的所有物理设备的情况，每个物理设备占一个表目。系统设备表的每个表目包括设备类型、设备标识符、设备控制表指针等。其中，设备控制表指针指向该设备对应的设备控制表。

7.5.2 设备分配策略

在计算机系统中，请求设备为其服务的进程数往往多于设备数，这样就出现了多个进程对某类设备的竞争问题。为了保证系统有条不紊地工作，系统在进行设备分配时，应考虑以下问题。

1. 设备的使用性质

在分配设备时，应考虑设备的使用性质。例如，有的设备在一段时间内只能给一个进程使用，而有的设备可以被多个进程共享。按照设备自身的使用性质，可以采用 3 种不同的分配方式。

(1) 独享分配。对独享设备(即独占设备)应采用独享分配方式，即在将一个设备分配给某个进程后便一直由它独占，直至该进程完成或释放设备后，系统才能再将该设备分配给其他进程使用。如打印机，就不能由多个进程共享，而应采取独享分配方式。实际上，大多数低速设备都适合采用这种分配方式，这种分配方式的主要缺点是 I/O 设备通常得不到充分利用。

(2) 共享分配。对于共享设备,可将它同时分配给多个进程使用。如磁盘是一种共享设备,因此可以分配给多个进程使用。共享分配方式显著提高了设备利用率,但对设备的访问需进行合理调度。

(3) 虚拟分配。虚拟分配是针对虚拟设备而言的,其实现过程是,当进程申请独享设备时,系统给它分配共享设备上的一部分存储空间;当进程要与设备交换信息时,系统就把要交换的信息存放在这部分存储空间中;在适当的时候,将设备上的信息传输到存储空间中或将存储空间中的信息传送到设备。

2. 设备分配算法

设备分配除了与设备的使用性质相关外,还与系统所采用的分配算法有关。设备分配主要采用先请求先服务和优先级高者优先两种算法。

(1) 先请求先服务。当有多个进程对同一设备提出 I/O 请求时,该算法根据进程发出请求的先后次序,将这些进程排成一个设备请求队列,设备分配程序总是把设备首先分配给请求队列的队首进程。

(2) 优先级高者优先。即按照进程优先级的高低进行设备分配。当多个进程对同一设备提出 I/O 请求时,哪个进程的优先级高,就先满足哪个进程的请求。对优先级相同的 I/O 请求,则按先请求先服务的算法排队。

3. 设备分配的安全性

所谓设备分配的安全性,是指在设备分配中应保证不发生进程的死锁。

在进行设备分配时,可以采用静态分配方式和动态分配方式。静态分配是在用户作业开始执行之前,由系统一次分配该作业所要求的全部设备、设备控制器和通道。设备、设备控制器和通道一旦分配,就一直为该作业所占用,直到该作业被撤销为止。静态分配方式不会出现死锁,但设备的使用效率低。

动态分配是在进程执行过程中根据执行需要进行设备分配。当进程需要设备时,通过系统调用命令向系统提出设备请求,由系统按照事先规定的策略给进程分配所需要的设备、设备控制器和通道,一旦使用完之后便立即释放。动态分配方式有利于提高设备的利用率,但如果分配算法使用不当,则有可能造成进程死锁。

在设备的动态分配方式中,也分为安全分配和不安全分配两种情况。在安全分配方式中,每当进程发出 I/O 请求后便立即进入阻塞状态,直到所提出的 I/O 请求完成才唤醒进程并释放设备。当采用这种分配策略时,一旦进程获得某种设备后便阻塞,使该进程不可能再请求其他设备,因而这种设备分配方式是安全的,但进程推进缓慢。

在不安全分配方式中,允许进程发出 I/O 请求后仍然继续运行,并且在进程需要时又可以发出第二个 I/O 请求、第三个 I/O 请求……仅当进程所请求的设备已被另一个进程占用时才进入阻塞状态。这样,一个进程有可能同时操作多个设备,从而使进程推进迅速,但这种设备分配方式有可能产生死锁。

4. 设备独立性

为了提高操作系统的可适应性和可扩展性,在现代操作系统中都毫无例外地实现了设备独立性,也称为设备无关性。外设数量和类型可能动态变化,版本不断更新,新技术层出不穷,故操作系统本身必须具有对设备的独立性,否则操作系统就需经常修改和重编译。其基本含义是:应用程序独立于具体使用的物理设备。为了实现设备独立性引入了逻辑设备和物理设备这两个概念。在应用程序中,使用逻辑设备名称来请求使用某类设备;而系统在实际执行时,还必须使用物理设备名称。因此,系统须具有将逻辑设备名称转换为某物理设备名称的功能,这非常类似于存储器管理中所介绍的逻辑地址和物理地址的概念。

为了实现设备独立性,系统必须能够将应用程序中所使用的逻辑设备名映射为物理设备名。为此在驱动程序之上设置一层软件,称为设备无关层(或设备独立性软件),用以执行所有设备的公共操作,包括设备分配、缓冲管理、完成设备逻辑名到物理地址的转换,并向用户提供统一的逻辑操作接口,而驱动程序完成设备的逻辑操作到物理操作的转换,从而实现设备的独立性。

为此系统设置一张逻辑设备表,其中的每个表项包括:逻辑设备名、物理设备名和设备驱动程序的入口地址,如表7-1所示。当进程用逻辑设备名请求分配I/O设备时,系统为它分配相应的物理设备,并在逻辑设备表中建立一个表目,填上应用程序中使用的逻辑设备名和系统分配的物理设备名,以及该设备驱动程序的入口地址。以后进程再利用逻辑设备名请求I/O操作时,系统通过查找逻辑设备表,即可找到物理设备和设备驱动程序。

表7-1 逻辑设备表

逻辑设备名	物理设备名	设备驱动程序入口地址
/dev/tty	3	1024
/dev/print	5	2035
…	…	…

实现设备独立性功能可带来以下两方面的好处:设备分配时的灵活性和易于实现I/O重定向。

7.5.3 设备分配程序

1. 单通路I/O系统的设备分配

当某一进程提出I/O请求后,系统的设备分配程序可按下述步骤进行设备分配:

(1) 分配设备。根据进程提出的物理设备名查找系统设备表,从中找到该设备的设备控制表。查看设备控制表中的设备状态字段,若该设备处于忙状态,则将进程插入设备等待队列;若设备空闲,便按照一定的算法来计算本次设备分配的安全性,若分配不会引起死锁则进行分配,否则仍将该进程插入设备等待队列。

(2) 分配设备控制器。系统在把设备分配给请求I/O的进程后,再到设备控制表中找到与该设备相连的控制器控制表,从该表的状态字段中可知该控制器是否忙碌。若控制器忙,则将进程插入该控制器等待队列;否则将该控制器分配给进程。

(3) 分配通道。从控制器控制表中找到与该控制器连接的通道控制表,从该表的通道状态字段中可知该通道是否忙碌。若通道处于忙状态,则将进程插入该通道的等待队列;否则将该通道分配给进程。若分配了通道,则此次设备分配成功,将相应的设备、控制器、通道分配给进程后，便可以启动I/O设备实现I/O操作。

2. 多通路I/O系统的设备分配

为了提高系统的灵活性和可靠性，通常采用多通路的I/O系统结构。在这种系统结构中，一个设备可以与多个控制器相连，而一个控制器又可以与多个通道相连，这使得设备分配的过程较单通路的情况要复杂些。若某进程向系统提出I/O请求，要求为它分配一台I/O设备，则系统可选择该类设备中的任何一台分配给该进程，其步骤如下：

(1) 根据进程所提供的设备类型，检索系统设备表，找到第一个该类设备的设备控制表，由其中的设备状态字段可知其忙闲情况。若设备忙，则检查第二个该类设备的设备控制表，仅当所有该类设备都处于忙状态时，才把进程插入到该类设备的等待队列中。只要有一个该类设备空闲，系统便可以对其计算分配该设备的安全性。若分配不会引起死锁则进行分配；否则仍将该进程插入该类设备的等待队列。

(2) 当系统把设备分配给进程后，便可以检查与此设备相连的第一个控制器的控制表，从中了解该控制器是否忙碌。若控制器忙，则再检查与此设备连接的第二个控制器的控制表，若与此设备相连的所有控制器都忙，则表明无控制器可以分配给该设备。只要该设备不是该类设备中的最后一个，便可以退回到第一步，再找下一个空闲设备，否则仍将该进程插入控制器等待队列中。

(3) 若给进程分配了控制器，便可以进一步检查与此控制器相连的第一个通道是否忙碌。若通道忙，再查看与此控制器相连的第二个通道，若与此控制器相连的全部通道都忙，表明无通道可以分配给该控制器。只要该控制器不是与设备连接的最后一个控制器，便可以返回到第二步，试图再找出一个空闲的控制器，只有与该设备相连的所有控制器都忙时，才将该进程插入通道等待队列。若有空闲通道可用，则此次设备分配成功。将相应的设备、控制器和通道分配给进程后，接着便可启动I/O设备，开始信息传送。

7.5.4 Spooling系统

独占设备的数量有限，往往不能满足系统中多个进程的需要，故而成为系统中的“瓶颈”资源，使许多进程因等待它们而阻塞。另外，分配到独占设备的进程，在其整个运行期间，往往占有却并不经常使用这些设备，因而使这些设备的利用率很低。为克服这种缺点，一种新的技术出现了。事实上当系统中引入了多道程序技术后，完全可以利用其中的一道程序，来模拟脱机输入时的外围控制机功能，把低速I/O设备上的数据传送到高速磁盘上；再用另一道程序来模拟脱机输出时外围控制机的功能，把数据从磁盘传送到低速输出设备上。这样，便可在主机的直接控制下，实现脱机输入、输出功能。此时的外围操作与CPU对数据的处理同时进行，我们把这种在联机情况下实现的同时外围操作称为Spooling技术。

Spooling的意思是外部设备同时联机操作，又称为假脱机输入/输出操作，是操作系统中采用的一项将独占设备改造成共享设备的技术。Spooling系统是对脱机输入/输出工作的模拟，它必须有高速大容量且可随机存取的外存(如磁盘、磁鼓等)支持。在该系统中，用一道程序来模拟脱机输入时外围设备控制机的功能，把低速输入设备上的数据传送到高速磁盘上；再用另一道程序来模拟脱机输出时外围设备控制机的功能，把数据从磁盘上传送到低速输出设备上。这样，便可以在主机的直接控制下，实现脱机输入/输出功能。

Spooling 系统的组成如图 7-11 所示，主要包括以下三部分：

(1) 输入井和输出井。这是在磁盘上开辟出来的两个存储区域。输入井模拟脱机输入时的磁盘，用于收容 I/O 设备输入的数据。输出井模拟脱机输出时的磁盘，用于收容用户程序的输出数据。

(2) 输入缓冲区和输出缓冲区。是在内存中开辟的两个缓冲区，输入缓冲区用于暂存由输入设备送来的数据，以后再将它们传送到输入井。输出缓冲区用于暂存从输出井送来的数据，以后再传送到输出设备。

(3) 输入进程和输出进程。输入进程模拟脱机输入时的外围控制机功能，将用户要求的数据从输入设备通过输入缓冲区再送到输入井。当 CPU 需要输入数据时，直接从输入井读入内存。输出进程模拟脱机输出时的外围控制机功能，把用户要求输出的数据，先从内存送到输出井，待输出设备空闲时，再将输出井中的数据经过输出缓冲区送到输出设备上。

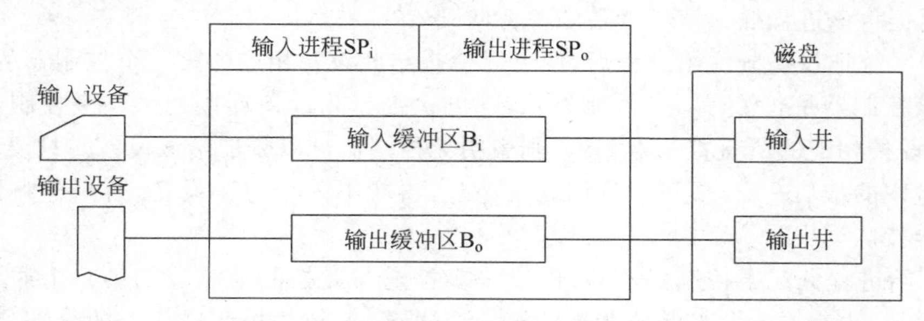

图 7-11　Spooling 系统的组成

下面以打印机为例来说明 Spooling 技术如何将独占设备(打印机)改造成可供多个用户使用的共享设备。当用户进程请求打印时，Spooling 系统同意为它打印输出，但并不真正把打印机分配给该用户进程，而只是为它做两件事：由输出进程在输出井中为之申请一个空闲磁盘区，并将要打印的数据送入其中；输出进程再为用户进程申请一张空闲的用户请求打印表，并将用户的打印要求填入其中，再将该表挂到请求打印队列上。如果还有进程请求打印输出，系统仍然可以接受其打印请求，也同样为该进程做上述两件事。

如果打印机空闲，输出进程将从请求打印队列的队首取出一张请求打印表，根据表中的要求将要打印的数据从输出井传送到内存缓冲区，再由打印机进行打印。打印完成后，输出进程再查看请求打印队列中是否还有等待打印的请求表。若有则再从队首取出一张请求打印表，并根据其中的要求进行打印，如此重复下去。直至请求打印队列为空，输出进程才将自己阻塞起来。当系统中再有打印请求时，唤醒输出进程。

Spooling 技术实现了虚拟设备功能，将独占设备改造成为共享设备，它提高了 I/O 的速度，从而提高了设备利用率和系统效率。

7.6 Linux 的 I/O 管理

在 Linux 中，I/O 子系统的任务是把各种设备硬件的复杂物理特性细节屏蔽起来，提供一个对各种不同设备均可使用统一方式进行操作的接口。

7.6.1　Linux的I/O管理概述

1. Linux设备的分类

在Linux中，设备分为块设备、字符设备和网络设备3类。字符设备是以字符为单位输入/输出设备，一般不需要使用缓冲区而直接对它进行读写；块设备是以一定大小的数据块为单位输入/输出数据的，一般要使用缓冲区在设备与内存之间传送数据；网络设备是通过通信网络传输数据的设备，一般指与通信网络连接的网络适配器等。

2. 设备的驱动程序

系统对设备的控制和操作是由设备驱动程序完成的。设备驱动程序由设备服务子程序和中断处理子程序组成。设备服务子程序包括了对设备进行各种操作的代码，中断处理子程序用来处理设备中断。设备驱动程序是输入/输出子系统的一部分。驱动程序是为某个进程服务的，其执行过程仍处在进程运行的过程中，即处于进程上下文中。若驱动程序需要等待设备的某种状态，它将阻塞当前进程，把进程加入到该设备的等待队列中。

Linux的驱动程序分为字符设备驱动程序和块设备驱动程序两个基本类型。

3. 设备文件

Linux设备管理的基本特点是把物理设备看成文件，采用处理文件的接口和系统调用来管理控制设备，因此Linux的设备又称为设备文件。设备文件也有文件名，设备文件名一般由两部分组成，第一部分2～3个字符，表示设备的种类，如软盘是fp，IDE普通硬盘是hd，串口设备是cu，并口设备是lp等。第二部分通常是字母或数字，用于区分同种设备中的单独设备，如hda、hdb、hdc、…分别表示第一块、第二块、第三块等IDE硬盘。而hda1、hda2分别表示第一、第二个磁盘分区。设备文件一般置于/dev目录下，如/dev/hda1、/dev/lp0等。Linux使用虚拟文件系统VFS作为统一的操作接口来处理文件和设备。与普通的目录和文件一样，每个设备也使用一个VFS inode来描述，其中包含着该设备的主、次设备号。

7.6.2　Linux的I/O控制

Linux的I/O控制方式有3种：查询等待方式、中断方式和DMA(直接内存存取)。

1. 查询等待方式

查询等待方式又称为轮询方式。对于不支持中断方式的计算机只能采用这种方式来控制I/O过程，所以Linux中也配备了查询等待方式。并行接口的驱动程序中默认的控制方式就是查询等待方式。如函数lp_char_polled()就是以查询等待方式向与并口连接的设备输出一个字符。函数示例如下：

```
static inline in lp_cha_polled( char lpchar, int minor)
{
 int status,wait = 0;
 unsigned long count = 0;
```

```
 struct lp_stats * stats;
do{                                         /* 查询等待循环 */
    status = LP_S(minor);
    count++;
    if(need_resched)
        schedule();
    }while(!LP_READY(minor,status)&&count < LP_CHAR(minor));
if(count == LP_CHAR(minor))                 /* 超时退出 */
    return 0;
outb_p(lpchar,LP_B(minor));                 /* 向设备输出字符 */
```

2. 中断方式

在硬件支持中断的情况下,驱动程序可以使用中断方式控制 I/O 过程。对 I/O 过程控制使用的中断是硬件中断,当某个设备需要服务时就向 CPU 发出一个中断脉冲信号,CPU 接收到信号后根据中断请求号 IRO 启动中断服务进程。在中断方式中,Linux 设备管理的一个重要任务就是在 CPU 接收到中断请求后,能够执行该设备驱动程序的中断服务进程。

3. DMA 方式

虽然中断驱动输入/输出比程序输入/输出方式更有效,但是它是以字为单位进行输入/输出的,每完成一个字的输入/输出,控制器便要向 CPU 请求一次中断。为了进一步减小 CPU 对 I/O 的干预,引入了直接存储器存储访问(DMA)方式。

DMA 控制方式的基本思想是在外围设备和内存之间开辟直接的数据交换通路。在 DMA 控制方式下,设备控制器(DMA 控制器)具有更强的功能,在它的控制下,设备和内存之间可以成批地进行数据交换,而不用 CPU 干预。这样既大大减轻了 CPU 的负担,也使输入/输出数据传送速度大大提高。这种方式一般用于块设备的数据传输。

1) DMA 控制方式的特点

(1) 数据是在内存和设备之间直接传送的,不需要 CPU 干预。

(2) 仅在一个数据块传送结束后,DMA 才向 CPU 发出中断请求。

(3) 数据的传送控制完全由 DMA 控制器完成,速度快。

(4) 在传送过程中,CPU 与外设并行工作,提高系统效率。

2) DMA 的传送操作

DMA 控制器包括几个寄存器,如内存地址寄存器、字节计数寄存器及一个或多个控制寄存器。控制寄存器指明所用的端口、传送的方向(是读还是写)、传送的单位(一次一个字节还是一个字)以及本次传送的字节数。CPU 可以读/写这些寄存器。DMA 传送操作过程如图 7-12 所示。

DMA 的工作过程如下:

(1) CPU 把一个 DMA 命令块写入内存,该命令块包含传送数据的源地址、目标地址和传送的字节数;CPU 把这个命令块的地址写入 DMA 控制器的寄存器中。CPU 向磁盘控制器发送一个命令,让它把数据从磁盘读到内部缓冲区中,并进行校验。然后,CPU 就去处理其他任务。当有效数据存入磁盘控制器的缓冲区后,就开始直接存储器存取。

(2) DMA 控制器启动数据传送。通过总线,向磁盘控制器发送一个读(盘)请求,让它

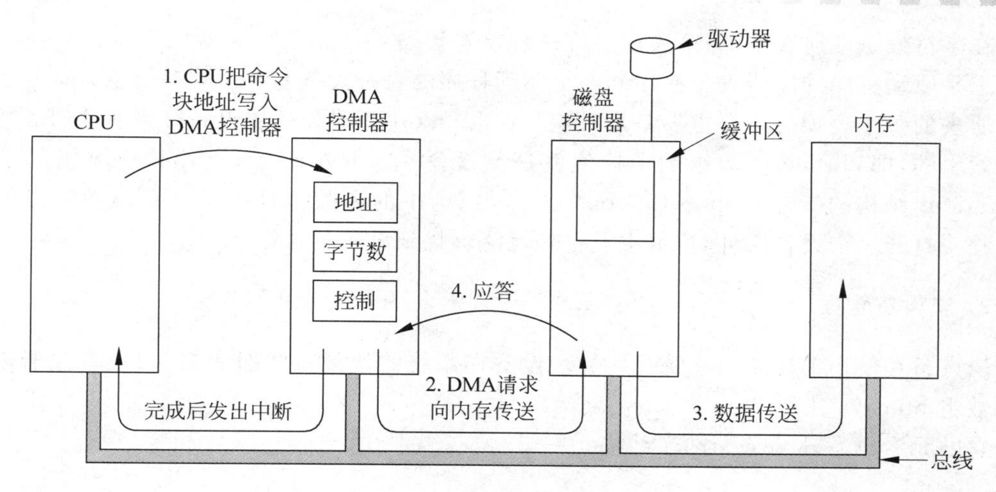

图 7-12　DMA 传送操作过程

把数据传送到指定的内存单元。

(3) 磁盘控制器执行从内部缓冲区到指定内存的数据传送工作,一次传送一个字。

(4) 当把数据字写入内存后,磁盘控制器通过总线向 DMA 控制器发一个应答信号。

DMA 控制器把内存地址增 1,并且减少字节计数。如果该计数值仍大于 0,则重复执行上述第(2)步至第(4)步,直至计数值为 0。此时,DMA 控制器中断 CPU,告诉 CPU 传送已经完成。

3) DMA 控制方式与中断控制方式的主要区别

中断控制方式在每个数据传送完成后中断 CPU,而 DMA 控制方式则是在所要求传送的一批数据全部传送结束时中断 CPU;中断控制方式的数据传送是在中断处理时由 CPU 控制完成的,而 DMA 控制方式的数据传送则是在 DMA 控制器的控制下完成的。不过,DMA 控制方式仍然存在一定局限性,如数据传送的方向、存放数据的内存起始地址及传送数据的长度等都由 CPU 控制,并且每台设备需要一个 DMA 控制器,当设备增加时,多个 DMA 控制器的使用也不经济。

7.6.3　字符设备与块设备管理

在 Linux 中,一个设备在使用之前必须向系统进行注册。设备注册是在设备初始化时完成的。

1. 字符设备管理

在系统内核保持着一个字符设备注册表,每种字符设备占用一个表项。字符设备注册表是结构数组 chrdevs[]:

```
#define MAX_CHRDEV 128
static struct device_struct chadevs[MAX_CHRDEV];
注册表的表项是 device_struct 结构:
struct device_struct{
    const char *name;                    /* 指向设备名字符串 */
    struct file_operations *fops;        /* 指向文件操作函数的指针 */
```

在字符设备注册表中,每个表项对应一种字符设备的驱动程序。所以字符设备注册表实质上是驱动程序的注册表。使用同一个驱动程序的每种设备有一个唯一的主设备号。所以注册表的每个表项与一个主设备号对应。在 Linux 中正是使用主设备号来对注册表数组进行索引的,即 chrdevs[]数组的下标值就是主设备号。device_struct 结构中有指向 file_opertations 结构的指针 f_ops。file_operations 结构中的函数指针指向设备驱动程序的服务进程。打开一个设备文件时,由主设备号就能够找到设备驱动程序。

2. 块设备管理

块设备在使用前也要向系统注册。块设备在系统的块设备注册表中,块设备注册表是结构数组 blkdevs[]。

它的元素也是 device_struct 结构:

```
static struct device_struct blkdevs[MAX_BLKDEV];
```

在块设备注册表中,每个表项同样对应一种块设备,注册表 blkdevs[]数组的下标是主设备号。块设备是以块为单位传送数据的,设备与内存之间的数据传送必须经过缓冲。当对设备读写时,首先把数据置于缓冲区内,应用程序需要的数据由系统在缓冲区内读写。只有在缓冲区内已没有要读的数据,或缓冲区已满而无写入的空间时,才启动设备控制器进行设备与缓冲区之间的数据交换。设备与缓冲区的数据交换是通过 blk_dev[]数组实现的:

```
struct blk_dev_struct blk_dev[MAX_BLKDEV];
```

每个块设备对应数组中的一项,数组的下标值与主设备号对应。数组元素是 blk_dev_struct 结构:

```
struct blk_dev_struct{
        void( * request_fn)(void);
        struct request * current_request;
        struct request plug;
        struct tq_struct plug_tq;
    };
```

其中,request_fn 为指向设备读写请求函数的指针;current_request 为指向 request 结构的指针。

当缓冲区需要与设备进行数据交换时,缓冲机制就在 blk_dev_struct 中加入一个 request 结构,每个 request 结构对应一个缓冲区对设备的读写请求。在 request 结构中有一个指向缓冲区信息的指针,由它决定缓冲区的位置和大小等。

本章小结

1. 按设备的共享属性可以将设备分为独占设备、共享设备和虚拟设备。
- 独占设备是指在一段时间内只允许一个用户进程使用的设备。
- 共享设备是指在一段时间内允许多个进程使用的设备。

- 虚拟设备是指通过虚拟技术将一台独占设备改造成若干台逻辑设备，以供若干个用户进程同时使用，通常把这种经过虚拟技术处理后的设备称为虚拟设备。

2. 设备独立性又称设备无关性，是指应用程序独立于物理设备。

3. 按信息交换单位可以将设备分为字符设备和块设备。字符设备处理信息的基本单位是字符，块设备处理信息的基本单位是字符块。

4. I/O通道是指专门负责输入/输出工作的处理机。通道所执行的程序称为通道程序。根据信息交换方式的不同，可以将通道分成3种类型：字符多路通道、数据选择通道、数据多路通道。

5. 常用的输入/输出控制方式有程序直接控制方式、中断控制方式、DMA控制方式和通道控制方式。

6. 中断是指计算机系统内发生了某一急需处理的事件，使得CPU暂时中止当前正在执行的程序，而转去执行相应的事件处理程序，待处理完毕后又返回到原来被中断处继续执行。

7. 缓冲技术的引入缓和了CPU与设备速度不匹配的矛盾；提高了设备和CPU的并行操作程度；减少了设备对CPU的中断频率，放宽了对中断响应时间的限制。

8. 与设备分配相关的主要数据结构有：设备控制表、控制器控制表、通道控制表和系统设备表。

9. 设备分配中主要采用先请求先服务和优先级高者优先两种算法。

10. 设备分配的安全性是指在设备分配中应保证不发生死锁。

11. 设备分配有静态分配方式和动态分配方式两种。静态分配是在用户作业开始执行之前，由系统一次分配给该作业所要求的全部设备、控制器和通道。动态分配是进程执行过程中根据需要进行设备分配。

12. Spooling的意思是外部设备同时联机操作，又称为假脱机输入/输出操作，是操作系统中采用的一项将独占设备改造成共享设备的技术。Spooling系统的组成包括三部分：输入井和输出井、输入缓冲区和输出缓冲区、输入进程和输出进程。

13. I/O设备管理软件一般分为4层：中断处理程序、设备驱动程序、与设备无关的软件和用户空间的软件。

14. Linux设备分为块设备、字符设备和网络设备3类。Linux的驱动程序分为字符设备驱动程序和块设备驱动程序两个基本类型。

15. Linux的I/O控制方式有3种：查询等待方式、中断方式和DMA(直接内存存取)。

习题7

一、单选题

1. 缓冲技术中的缓冲池在________中。

   A. 主存　　B. 外存　　C. ROM　　D. 寄存器

2. 引入缓冲技术的主要目的是________。

   A. 改善CPU和I/O设备之间速度不匹配的情况

   B. 节省内存

C. 提高CPU的利用率

D. 提高I/O设备的效率

3. CPU输出数据的速度远远高于打印机的打印速度，为了解决这一矛盾，可采用________。

A. 并行技术　B. 通道技术　C. 缓冲技术　D. 虚存技术

4. 为了使多个进程能有效地同时处理输入和输出，最好使用________结构的缓冲技术。

A. 缓冲池　B. 闭缓冲区环　C. 单缓冲区　D. 双缓冲区

5. 通过硬件和软件的功能扩充，把原来独立的设备改造成能为若干用户共享的设备，这种设备称为________。

A. 存储设备　B. 系统设备　C. 用户设备　D. 虚拟设备

6. 如果I/O设备与存储设备进行数据交换不经过CPU来完成，这种数据交换方式是________。

A. 程序查询　B. 中断方式　C. DMA方式　D. 无条件存取方式

7. 中断发生后，应保留________。

A. 缓冲区指针　B. 关键寄存器内容

C. 被中断的程序　D. 页表

8. 在中断处理中，输入/输出中断是指________。

Ⅰ. 设备出错　Ⅱ. 数据传输结束

A. Ⅰ　B. Ⅱ　C. Ⅰ和Ⅱ　D. 都不是

9. 设备管理程序对设备的管理是借助一些数据结构来进行的，下面的________不属于设备管理数据结构。

A. JCB　B. DCT　C. COCT　D. CHCT

10. 大多数低速设备都属于________设备。

A. 独享　B. 共享　C. 虚拟　D. Spooling

11. ________用作连接大量的低速或中速I/O设备。

A. 数据选择通道　B. 字节多路通道

C. 数据多路通道　D. Spooling

12. ________是操作系统中采用的以空间换取时间的技术。

A. Spooling技术　B. 虚拟存储技术

C. 覆盖与交换技术　D. 通道技术

13. 操作系统中的Spooling技术，实质是将________转化为共享设备的技术。

A. 虚拟设备　B. 独占设备　C. 脱机设备　D. 块设备

14. Spooling系统提高了________利用率。

A. 独占设备　B. 共享设备　C. 文件　D. 主存储器

15. 在操作系统中，________指的是一种硬件机制。

A. 通道技术　B. 缓冲池　C. Spooling技术　D. 内存覆盖技术

16. 在操作系统中，用户在使用I/O设备时，通常采用________。

A. 物理设备名　B. 逻辑设备名　C. 虚拟设备名　D. 设备牌号

17. 采用假脱机技术，将磁盘的一部分作为公共缓冲区以代替打印机，用户对打印机的操作实际上是对磁盘的存储操作，用以代替打印机的部分是________。

A. 独占设备　　B. 共享设备　　C. 虚拟设备　　D. 一般物理设备

18. ________算法是设备分配常用的一种算法。

A. 短作业优先　　B. 最佳适应　　C. 先来先服务　　D. 首次适应

19. 利用虚拟设备达到I/O要求的技术是指________。

A. 利用外存作缓冲，将作业与外存交换信息和外存与物理设备交换信息两者独立起来，并使它们并行工作的过程

B. 把I/O要求交给多个物理设备分散完成的过程

C. 把I/O信息先存放在外存，然后由一台物理设备分批完成I/O要求的过程

D. 把共享设备改为某个作业的独享设备，集中完成I/O要求的过程

20. 通道是一种________。

A. I/O端口　　B. 数据通道

C. I/O专用处理器　　D. 软件工具

二、填空题

1. 设备分配应保证设备有________和避免________。

2. 设备管理中采用的数据结构有________、________、________、________4种。

3. 从资源管理(分配)的角度出发，I/O设备可分为________、________和________3种类型。

4. 按所属关系对I/O设备分类，可分为系统设备和________两类。

5. 引起中断发生的事件称为________。

6. 常用的I/O控制方式有程序直接控制方式、中断控制方式、________和________。

7. 设备分配中的安全性是指________。

8. 通道指专门用于负责输入/输出工作的处理机。通道所执行的程序称为________。

9. 通道是一个独立于________的专管________，它控制________与内存之间的信息交换。

10. 虚拟设备是通过________技术把________设备变成能为若干用户________的设备。

11. 实现Spooling系统时，必须在磁盘上开辟出称为________和________的专门区域以存放作业信息和作业执行结果。

三、简答题

1. 简述引入缓冲技术的原因。

2. 简述Spooling系统的主要功能。

3. 为什么要引入设备独立性？如何实现设备独立性？

4. Spooling技术如何使一台打印机虚拟成多台打印机？

习题7参考答案

一、单选题

1. A　2. A　3. C　4. A　5. D　6. C　7. B　8. C　9. A　10. A　11. B　12. A

13. B 14. A 15. A 16. B 17. C 18. C 19. A 20. C

二、填空题

1. 高的利用率,死锁问题
2. 系统设备表,设备控制表,控制器控制表,通道控制表
3. 独享,共享,虚拟
4. 用户设备
5. 中断源
6. DMA 方式,通道控制方式
7. 设备分配中应保证不会引起进程死锁
8. 通道程序
9. CPU,输入/输出的处理机,外设或外存
10. Spooling,独享,共享
11. ①输入井,输出井

三、简答题

1. **答**:引入缓冲技术指在缓解 CPU 与 I/O 设备间速度不匹配的矛盾,提高它们之间的并行性,减少对 CPU 的中断次数,放宽 CPU 对中断响应时间的要求。缓冲区的大小一般和盘块大小相同,缓冲区的个数可以根据数据 I/O 速率和加工处理的速率之间的差异来确定,可设置单缓冲、双缓冲或多缓冲。

2. **答**:将独占设备改造为共享设备,实现虚拟设备功能。

3. **答**:引入设备独立性主要是为了提高系统的可适应性和可扩展性。外设数量和类型可能动态变化,版本不断更新,新技术层出不穷,故 OS 本身必须具有对设备的独立性,否则 OS 就需经常修改和重编译。

为了实现设备独立性,必须在驱动程序之上设置一层软件,称为设备无关层(或设备独立性软件),用以执行所有设备的公共操作,包括设备分配、缓冲管理、完成设备逻辑名到物理地址的转换,并向用户提供统一的逻辑操作接口,而驱动程序完成设备的逻辑操作到物理操作的转换,从而实现设备的独立性。

4. **答**:将一台独享打印机改造为可供多个用户共享的打印机,是应用 Spooling 技术的典型实例。具体做法是:系统对于用户的打印输出,并不真正把打印机分配给该用户进程,而是先在输出井中申请一个空闲盘块区,并将要打印的数据送入其中;然后为用户申请并填写请求打印表,将该表挂到请求打印队列上。若打印机空闲,输出程序从请求打印队首取表,将要打印的数据从输出井传送到内存缓冲区,再进行打印,直到打印队列为空。

图书资源支持

感谢您一直以来对清华版图书的支持和爱护。为了配合本书的使用，本书提供配套的资源，有需求的读者请扫描下方的"书圈"微信公众号二维码，在图书专区下载，也可以拨打电话或发送电子邮件咨询。

如果您在使用本书的过程中遇到了什么问题，或者有相关图书出版计划，也请您发邮件告诉我们，以便我们更好地为您服务。

我们的联系方式：

地　　址：北京市海淀区双清路学研大厦 A 座 714

邮　　编：100084

电　　话：010-83470236　010-83470237

客服邮箱：2301891038@qq.com

QQ：2301891038（请写明您的单位和姓名）

资源下载：关注公众号"书圈"下载配套资源。

资源下载、样书申请

书圈

图书案例

清华计算机学堂

观看课程直播